纳米纤维素的
基础与应用

张　永　马　迪　编著

黑龍江大學出版社
HEILONGJIANG UNIVERSITY PRESS
哈尔滨

图书在版编目（CIP）数据

纳米纤维素的基础与应用 / 张永，马迪编著．-- 哈尔滨：黑龙江大学出版社，2022.10
ISBN 978-7-5686-0801-5

Ⅰ．①纳… Ⅱ．①张… ②马… Ⅲ．①纳米材料一纤维素一研究 Ⅳ．①TB383

中国版本图书馆 CIP 数据核字（2022）第 056163 号

纳米纤维素的基础与应用
NAMI XIANWEISU DE JICHU YU YINGYONG
张 永 马 迪 编著

责任编辑 李 卉
出版发行 黑龙江大学出版社
地 址 哈尔滨市南岗区学府三道街 36 号
印 刷 三河市佳星印装有限公司
开 本 720 毫米 ×1000 毫米 1/16
印 张 19.25
字 数 305 千
版 次 2022 年 10 月第 1 版
印 次 2022 年 10 月第 1 次印刷
书 号 ISBN 978-7-5686-0801-5
定 价 76.00 元

本书如有印装错误请与本社联系更换。联系电话：0451-86608666

前　言

纳米纤维素是一种新型的天然高分子材料，具有比表面积大、机械强度高、轻质、无毒、生物降解性强，以及在水性介质中可调节自组装等优点，可以从生物质资源中提取。纳米纤维素的表面基团具有较高的表面能和结合活性，可以通过各种方法进行改性，进而改变其物理化学性能。基于上述特性，纳米纤维素有望在超强复合材料、储能、催化剂、工程塑料、功能薄膜等众多领域得到应用。在化石资源不断枯竭的21世纪，具有大量天然来源的纳米纤维素将是最有前景的先进材料之一。

目前，根据微观形貌、合成方法、功能和材料来源的不同，纳米纤维素可以大致分为纤维素纳米晶、纤维素纳米纤维和细菌纳米纤维素三大类。这三类纳米纤维素由于其结构和化学组成的差异，又具有不同的应用领域。纳米纤维素的来源非常广泛，可以从木材、农作物及其副产品、细菌和被囊动物中获得。这些原料经过一系列预处理以及活化，去除掉木质素、半纤维素、脂质、蜡质、果胶、海藻酸盐等非纤维素成分，再通过化学、物理、生物等分离工艺即可制备出纳米纤维素。纳米纤维素的来源不仅决定了它的性质，还决定了提取纳米纤维素的过程中所使用的手段和能量消耗。纳米纤维素的最终性质依赖于来源，因此，必须根据预计的纳米纤维素的性质和应用领域确定其原材料来源以及制备方法。

本书根据纳米纤维素的最新研究与发展动态，参考了国内外大量的相关资料和科研文献，从纳米纤维素的基础知识、制备方法、化学改性、表征技术、结构成形、复合材料的制备等几个方面探讨了纳米纤维素的理论基础及应用前景。另外，本书还详细论述了纳米纤维素在储能器件、医学、食品以及环保领域的应用。因此，本书适合于无机非金属材料工程专业、高分子材料与工程专业、复合材料与工程专业、材料化学专业以及材料加工工程专业的本科生和研究生以及从事相关领域的工程技术人员参考使用。

本书分为10章，其中第1、2、5、6、7章由齐齐哈尔大学材料科学与工程学院张永编写，第3、4、8、9、10章由齐齐哈尔大学人事处马迪编写。全书的统稿和审定工作由张永完成。本书的编写过程中，参考的书籍和文献资料很多，在本书末尾列出主要的参考文献。

由于编著者水平有限，书中难免有不当之处，敬请读者批评指正。

编著者

目　录

第1章　纳米纤维素概述

1.1　引言

当今世界,人类社会在快速发展的同时也造成了地球资源的极大消耗。因此,为了解决不可再生资源的日益枯竭、环境污染、全球变暖以及能源危机等问题,绿色、可再生材料的开发与应用渐渐成了各国关注的重点。在这种大环境之下,纤维素、甲壳素、壳聚糖、淀粉、海藻酸盐和吸收性明胶海绵等绿色材料因其丰富的储量和可获得性而越来越受到相关研究人员和大型工业企业的青睐。

在众多的天然材料当中,纤维素有着不同种类的来源(植物、藻类、动物、细菌),经过评估其年产量可达到 7.5×10^{10} t,是来源最为丰富的可再生天然聚合物材料。因此,这种天然聚合物被人们视为“永不枯竭”的原材料来源,并且通过改性和功能化的方式具有多种工业化应用的潜力。在数千年前,纤维素以草木、棉花和其他植物纤维的形式被用作纺织、燃料和建筑材料。自纸莎草出现以来,人类文化的很大一部分是由纤维素材料塑造的(图1-1)。目前,纤维素已经被广泛应用于军事、食品包装、医疗、传感器、能量存储及转换、催化剂等领域。

图 1－1　早期纤维素的应用历史示意图

图 1－2 中一棵树从宏观尺度到纳米尺度的层次结构可以描述如下：整棵树可达十几米甚至几十米、上百米，横截面包含厘米尺度的结构，年轮以毫米为单位，细胞可解剖为几十微米，纤维素微纤丝中半纤维素和木质素的构型为几十纳米，纤维素的分子结构为纳米级。纤维素纤维是由植物细胞自发形成的结构实体，其结构在氢键和范德瓦耳斯力作用下稳定。这种纤维含有结晶区和无定形区（木质素、半纤维素等），后者可以通过一些物理和化学手段进行降解，从纤维素源中释放出纳米级成分。纤维素是一种多分散线性聚合物，具有杂化构型。纤维素分子内含有大量羟基，这使得纤维素的结构中充满了由同一纤维素分子内和相邻纤维素分子间的羟基所形成的氢键。其中，由分子间氢键所形成的纤维结构和半结晶堆积，直接决定了纤维素具有高强度和高柔韧性等物理性质。此外，纤维素结构中的伯羟基非常容易被化学修饰，这极大地拓宽了其应用领域。

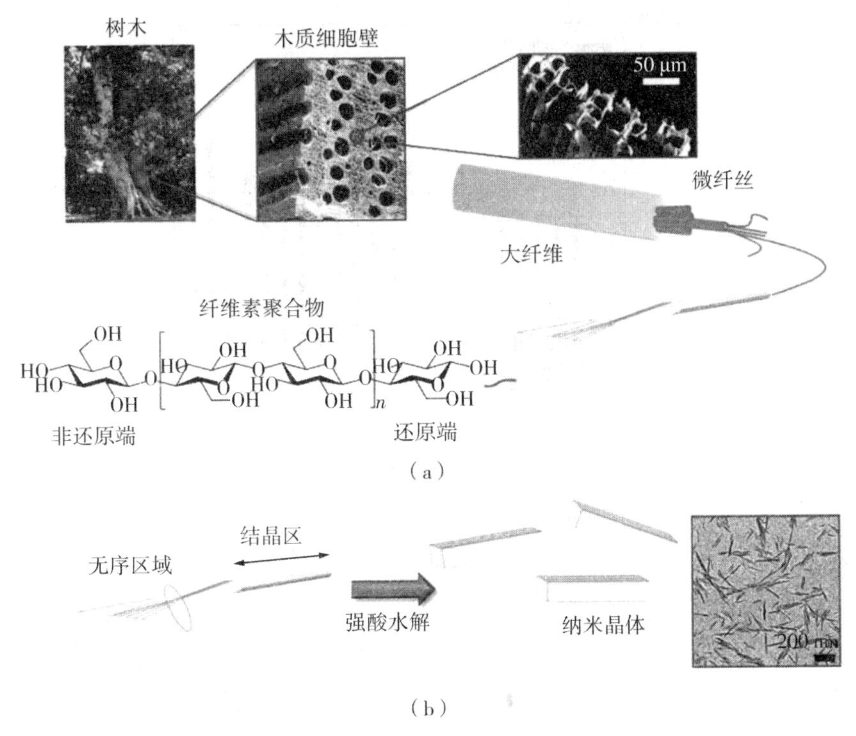

图 1-2　(a)树木中的纤维素从米到纳米的层次结构
(b)纤维素与强酸反应制备纳米纤维素

纳米纤维素是从植物中提取或由细菌等生物合成的,它具有纤维素已知的许多理想特性。但由于其独特的形状、尺寸和高结晶度,它也具有独特的性质,如比表面积大、机械强度高、质轻、无毒、生物降解性好,以及在水性介质中可调节自组装等优点。如图 1-3 所示,在过去的几十年中,涉及这些纤维素基质的纳米技术引起了极大的关注,相关的专利数和文章数都在稳步提升。随着相关研究的不断深入,许多物理、化学方法可作为纳米纤维素改性的途径,使其具有阻燃、透明和高柔韧性等增强性能,从而极大地扩展了其应用领域。

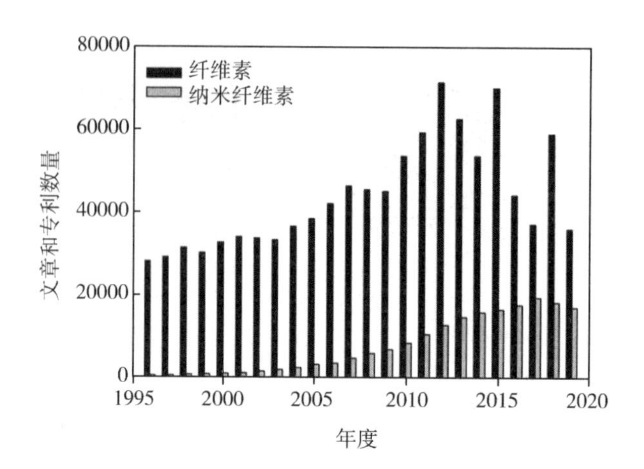

图 1－3 关于“纤维素”和“纳米纤维素”各年度文章和专利数量

1.2 纳米纤维素的命名和类型

纳米纤维素相关名称可以在很多文献中找到，包括纤维素纳米纤丝、纳米纤化纤维素、微纤化纤维素、纤维素纳米纤维、纤维素晶须、纤维素纳米晶须、纤维素纳米晶体和纳米晶纤维素等。目前，还没有一个专用的术语用于命名纳米纤维素。如图 1－4 所示，根据外观形貌、合成方法、功能和材料来源的不同，纳米纤维素可以大致分为纤维素纳米晶（CNC）、纤维素纳米纤维（CNF）和细菌纳米纤维素（BNC）三大类。

图 1－4 （a）纤维素纳米晶、（b）纤维素纳米纤维和（c）细菌纳米纤维素的 SEM 图

纤维素纳米晶是纤维素微纤维的结晶区域，具有较小的纵横比，直径为

5 ~ 70 nm,长度在 100 ~ 250 nm 之间。纤维素纳米晶的结晶度可以达到 90%,一般使用化学法(酸水解)进行合成。纤维素纳米纤维可以被视为具有交替结晶和非晶区域的基本原纤维或微原纤维的纤维素集合体。纤维素纳米纤维通常具有较高的纵横比和网状结构,直径通常在 5 ~ 60 nm 之间。纤维素纳米纤维的结构会适度降解,一般使用物理方法(研磨、高压均质、高压微流化和高强度超声等)进行制备。细菌纳米纤维素是由微生物合成的,具有较高的聚合度和结晶度,但是其制备时间相对较长,成本较高。

1.3　纳米纤维素的性质

1.3.1　纤维素纳米晶的性质

纤维素纳米晶是从天然纤维素中大量提取的,如木材、植物种子、海洋植物或细菌等,是一种具有良好刚性和较大比表面积的棒状纳米粒子(图 1 - 5)。这些纳米晶体的尺寸和结晶度取决于纤维素纤维的来源以及获得它们的过程。例如,从木材和棉花中提取的纤维素纳米晶通常比从囊藻和细菌纤维素中提取的短,因为后者一般具有更高的结晶度。纤维素纳米晶的制备成本较低,生物降解性好,对染料有很强的吸附作用。

纤维素纳米晶是一种具有广泛应用潜力的生物材料,如与亲水聚合物结合形成复合材料、透明薄膜和水凝胶等。目前,纤维素纳米晶的工业化应用主要集中在食品包装、纺织和造纸行业。在这些应用中,纤维素纳米晶主要是作为一种增强材料使用,其结构不均匀,既有结晶相,又有无序的畴,通常被认为是无定形的。此外,其良好的生物可持续性、较高的生物利用度和低细胞毒性则使其成为不同领域应用研究的热点。如图 1 - 6 所示,纤维素纳米晶的表面状态对其宏观性质有着非常大的影响。

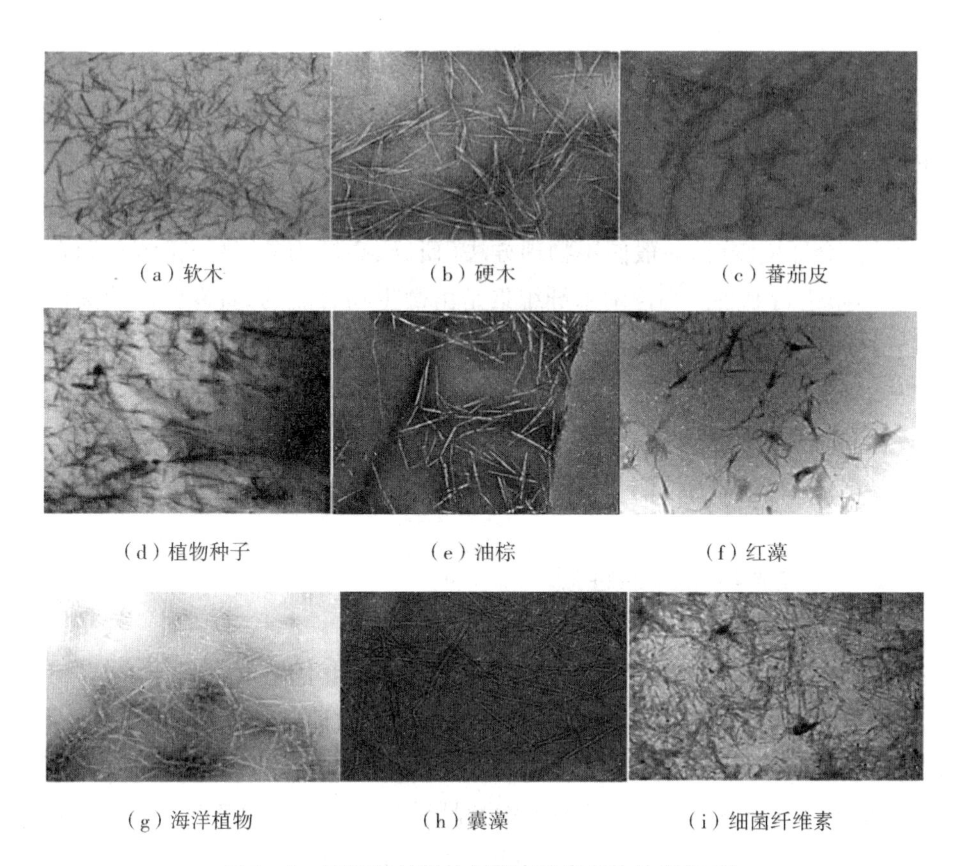

图 1－5　不同原材料的纤维素纳米晶体的 TEM 图

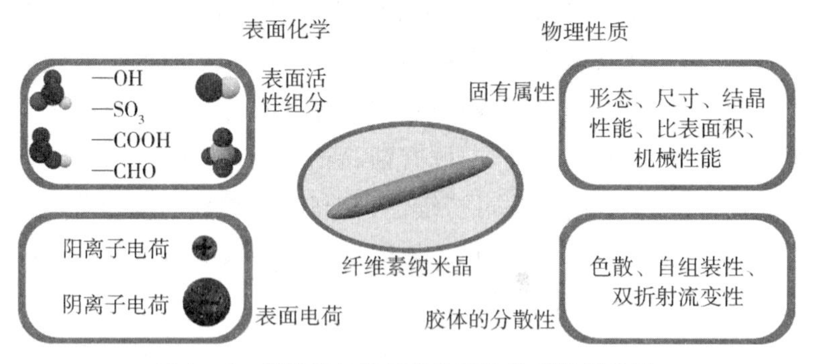

图 1－6　纤维素纳米晶的物理和化学性质总结

1.3.1.1　纤维素纳米晶的热学性质

如图 1 –7 所示，Liu 等人通过添加 1 – 烯丙基 – 3 – 甲基咪唑氯化物离子液体作为增塑剂制备了具有可调柔韧性和着色的彩虹色纤维素纳米晶薄膜。以未干燥的纤维素纳米晶薄膜作为过滤膜，离子液体溶液作为浸出液，他们发现由于纤维素纳米晶和 1 – 烯丙基 – 3 – 甲基咪唑氯化物之间的强离子相互作用，离子液体能够均匀地渗透到纤维素纳米晶薄膜中。此外，过滤过程还引起了纤维素纳米晶薄膜的部分脱硫，有利于其热稳定性的提高。

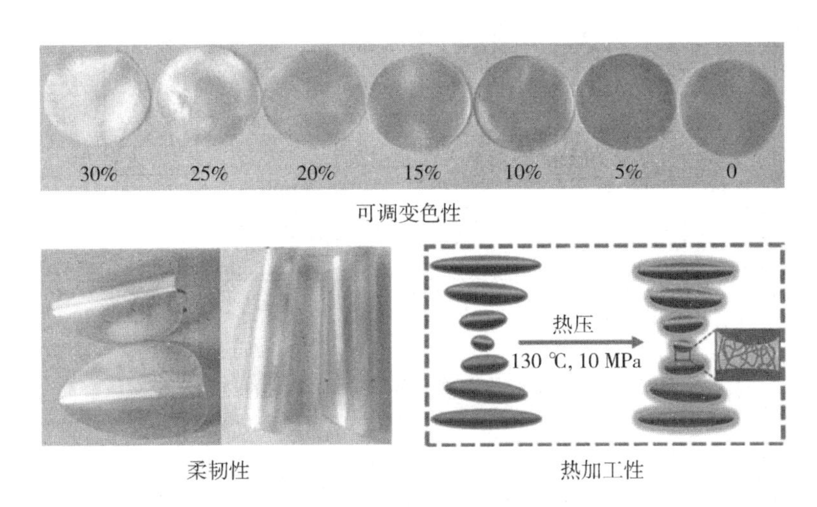

图 1 –7　掺杂离子液体的纤维素纳米晶薄膜的热学性能

Kargarzadeh 等人从洋麻韧皮纤维中分离出纤维素纳米晶用于增强液态天然橡胶（LNR）– 不饱和聚酯树脂（UPR）复合材料，纤维素纳米晶的表面用硅烷改性，并研究了这种处理对所得复合材料的热性能的影响。结果表明，纤维素纳米晶很好地分散在聚酯树脂和橡胶中，并且纳米纤维素复合材料中的橡胶颗粒较小。添加处理过和未经处理的纤维素纳米晶后，复合材料的黏弹性行为和耐热性得到了明显改善（图 1 –8）。

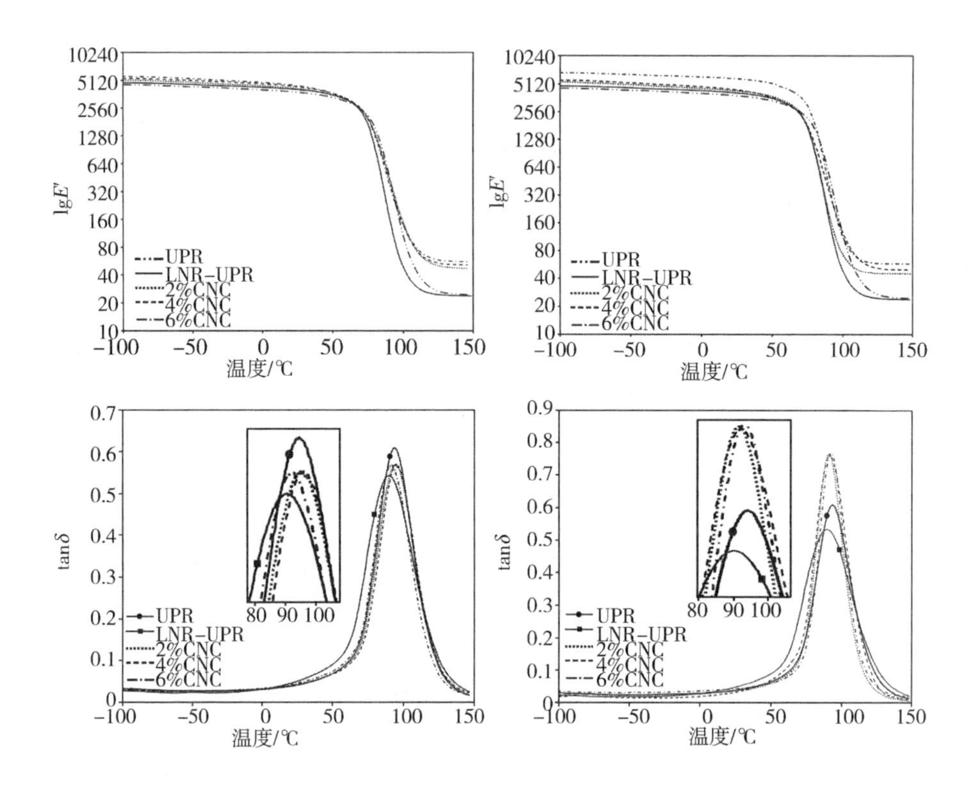

图 1-8 不同纤维素纳米晶添加量样品的热稳定性

1.3.1.2 纤维素纳米晶的机械性能

纤维素纳米晶的直径非常小，因此沿多轴测量纳米材料机械性能的局限性使得对纤维素纳米晶拉伸模量和强度的定量评估极具挑战性。除此之外，纤维素纳米晶的各向异性、缺陷、结晶度、样品尺寸等不同因素也会影响测量的结果。因此，一般同时使用理论计算和间接实验测量，采用原子力显微镜、X 射线衍射、非弹性 X 射线散射、拉曼散射等计算纤维素纳米晶的弹性性能。经过计算，纤维素纳米晶的理论抗拉强度在 7.5 ~ 7.7 GPa 范围内，远高于钢丝和凯夫拉。

Iwamoto 等人通过原子力显微镜测量了源自囊藻的纤维素纳米晶的弹性模量。他们以 2,2,6,6-四甲基哌啶-1-氧基自由基(TEMPO)作为催化剂氧化纤维素，随后在水中机械分解并在硫酸中水解，获得了横截面尺寸为 8 nm ×

20 nm 和几微米长的纤维素纳米晶。将纤维素纳米晶沉积在带有宽度为 227 nm 的凹槽的硅晶片上，并使用原子力显微镜进行了三点弯曲实验以确定其弹性模量（图 1-9）。结果表明，TEMPO 氧化和酸水解制备的纤维素纳米晶的弹性模量分别为（145.2 ± 31.3）GPa 和（150.7 ± 28.8）GPa。通过该实验测定的纤维素纳米晶的弹性模量与天然纤维素晶体的弹性模量一致。

图 1-9　用 TEMPO 氧化法制备的纤维素纳米晶在硅片上的 AFM 图

Lahiji 等人使用原子力显微镜对单个木材衍生的纤维素纳米晶的形貌、弹性和黏合性进行了详细研究。他们分别在相对湿度为 30% 的环境条件和 0.1% 的 N_2 气氛中进行了高分辨率动态模式成像和跳跃模式测量的 AFM 实验。通过比较在纤维素纳米晶上测量的实验力 - 距离曲线与纤维素纳米晶上尖端压痕的 3D 有限元计算，他们还开发了一种计算纤维素纳米晶横向弹性模量的程序。单个纤维素纳米晶的横向弹性模量在 18 ~ 50 GPa 之间。然而，该方法无法确定纤维素纳米晶的相关晶格取向。他们发现，上述环境条件对纤维素纳米晶的几何形状影响最小，证实了纤维素纳米晶对水渗透有较强的抵抗力。

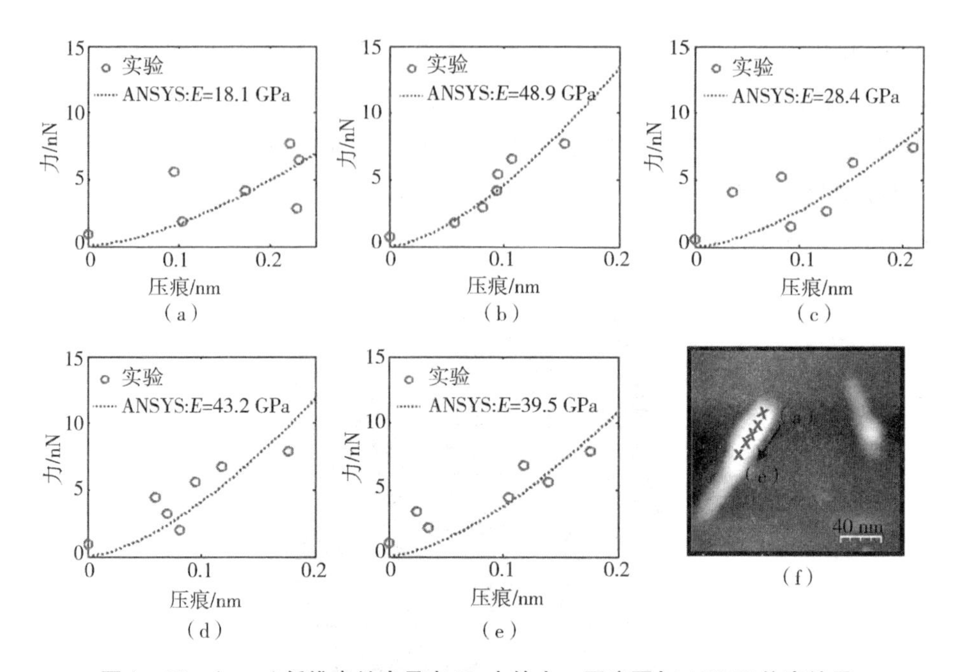

图 1-10 (a~e)纤维素纳米晶在 N_2 中的力-压痕图与 ANSYS 仿真结果叠加,以及由此产生的横向弹性模量;(f)十字表示纤维素纳米晶上每个力压痕的位置

1.3.1.3 纤维素纳米晶的液晶性质

在合适的条件和临界浓度下,所有不对称的棒状或板状颗粒都会自发形成有序结构,从而形成向列相。棒状纤维素纳米晶分散在水中时,会自发排列形成具有液晶特性的手性向列相。它们的刚度、纵横比和在特定条件下排列的能力使它们成为展示液晶行为的理想材料。然而,众所周知,纤维素纳米晶沿长轴呈螺旋状扭曲。在不同的浓度下,纤维素纳米晶要么呈现手性向列相,要么呈现堆积平面沿垂直轴取向的胆甾相。

Revol 等人观察到许多来源于不同材料的纤维素纳米晶具有类似的手性排序。他们首先使用牛皮纸和亚硫酸盐木浆、棉短绒、苎麻、细菌纤维素,以及几丁质配制了纤维素纳米晶的悬浮液。经过测试发现这些棒状物质的悬浮液在螺旋阵列中会发生自组装,然后可以固化,形成模仿自然界生物聚合物组织的结构。

Orts 等人采用小角中子散射法(SANS)表征了纤维素纳米晶的手性向列相

液晶在水悬浮液中磁性和剪切排列诱导的增强有序。在 2 T 左右的磁场中，手性向列相在 10 mL 样品中呈现均匀的取向。SANS 数据证实该相的胆甾轴沿磁场方向排列，表明纤维素纳米晶沿胆甾轴方向的距离比垂直于胆甾轴方向的距离短(图 1-11)。这与纤维素纳米晶是螺旋状扭曲棒的假设是一致的。在剪切流作用下，纤维素纳米晶的排列由手性向列变为向列，相对顺序随着剪切速率的增加而增加。

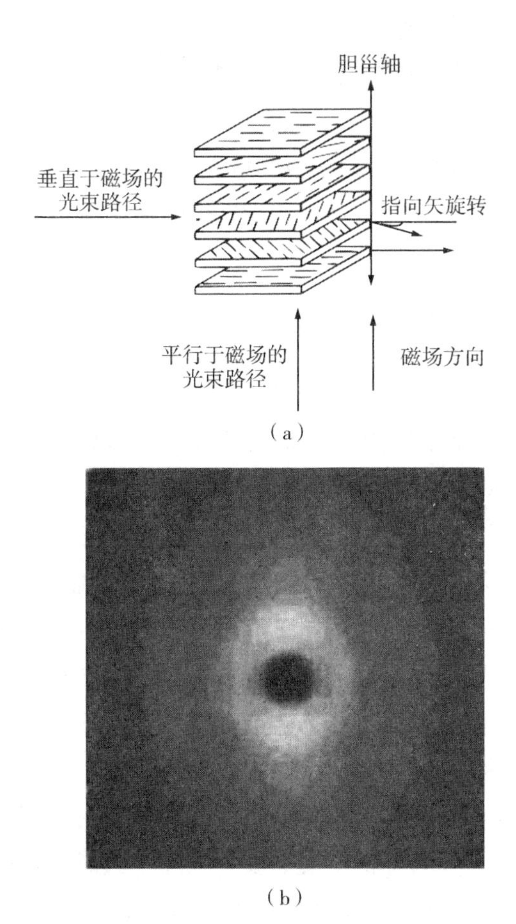

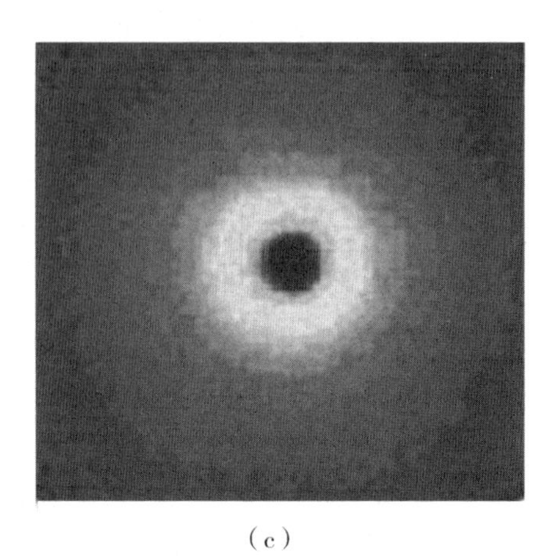

(c)

图 1－11　(a)手性向列相的示意图模型显示向列平面的“扭曲”堆叠；样品中收集 SANS 数据时，中子束路径与磁场方向垂直(b)和平行(c)

1.3.1.4　纤维素纳米晶的流变性能

纤维素纳米晶经超声或剪切后可以非常好地分散在溶液中形成悬浮液。其流变参数主要受有序性、液晶性和凝胶性影响。浓度较低的纤维素纳米晶悬浮液常常表现出剪切稀释行为，在低速率下表现出浓度依赖性。当浓度较高时，悬浮体呈溶致性，表现出异常行为。产生这种行为的主要原因是棒状的纤维素纳米晶倾向于临界剪切速率取向。当剪切速率达到临界值时，纤维素纳米晶悬浮液的手性向列发生分解，并倾向于形成简单的向列相结构。

Araki 等人以软木牛皮纸浆为原料，用盐酸代替硫酸水解制备了纤维素纳米晶，并向该材料引入作为表面电荷的硫酸酯基团。在 60 ℃下处理 2 h 后，得到的表面电荷与硫酸水解的纤维素纳米晶几乎相同，他们通过改变处理条件控制硫酸酯基团的数量。尽管制备方法不同，但微晶颗粒的微观尺寸和形状都是相同的，表面电荷的引入大大降低了其黏度并消除了其时间依赖性。这些黏度行为的变化被认为是由盐酸水解制备的初始无电荷微晶中存在的松散聚集体的电荷诱导分散作用引起的(图 1－12)。

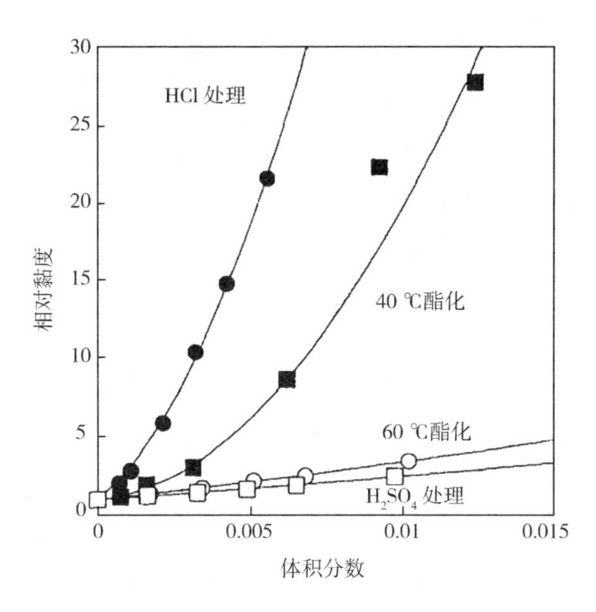

图 1 – 12　纤维素悬浮液的相对黏度随纤维素体积分数的变化曲线

Li 等人利用膨润土(BT)、聚阴离子纤维素(PAC)和纤维素纳米晶开发了低成本、环保、高性能的水基钻井液(WDF),研究了 BT、PAC 和 CNC 浓度对 PAC/CNC/BT – WDF 流变性能和过滤性能的影响。结果表明,PAC、CNC 和 BT 的存在改善了 WDF 的流变性能和过滤性能。在 PAC 和 CNC 浓度相同的情况下,CNC 对流变性能的影响较大,PAC 对过滤性能的影响较大。PAC 和 CNC 的联合使用获得了较好的流变性能和过滤性能(图 1 – 13)。

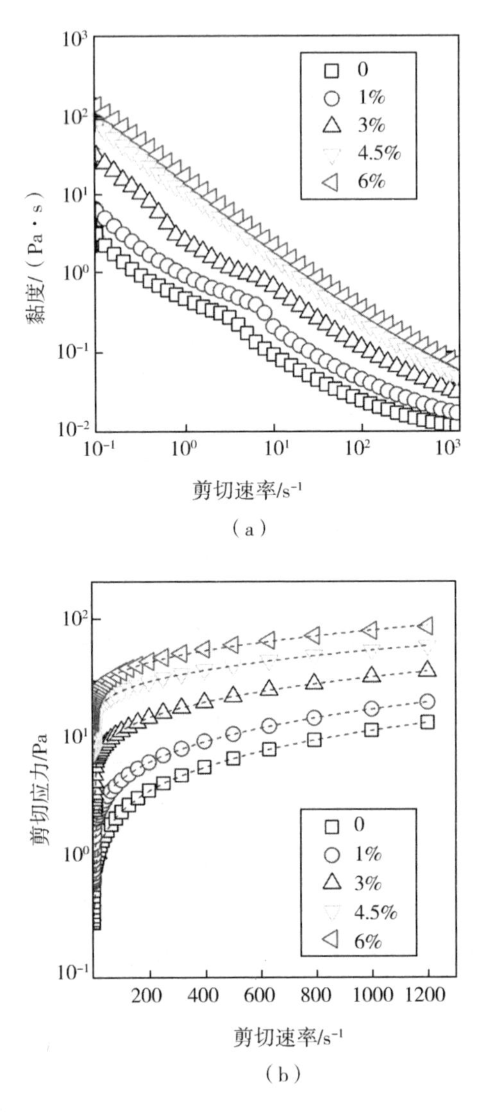

图 1－13 不同 BT 浓度下 PAC/CNC/BT－WDF 的（a）黏度和（b）剪切应力随剪切速率的变化曲线，（b）中的虚线表示采用 Sisko 模型拟合

1.3.2 纤维素纳米纤维的性质

如图 1－14 所示，纤维素纳米纤维的结构中含有结晶区域和非结晶区域。

结晶区域由纤维素链组成，凭借氢键和范德瓦耳斯力的复杂网络而聚集，这是它们稳定的原因。非结晶区域是由聚集过程的变化导致的结构缺陷。

纤维素纳米纤维是指直径为5～60 nm范围内、长度可达几微米的纤维素纤维(图1－15)，可以通过适当的化学/酶预处理，然后再经过机械处理，从木浆或非木质材料中获得。纤维素纳米纤维通常是一种高黏性的水凝胶，干燥后可以形成透明的薄膜。纤维素纳米纤维的比表面积可达100 $m^2 \cdot g^{-1}$，远高于纤维素纤维，其薄膜的抗拉强度高达180 MPa，杨氏模量高达45 GPa。由于其特殊的性质，纤维素纳米纤维一般被用在生物医学应用的凝胶、药物传递的载体、复合材料的增强材料等领域。

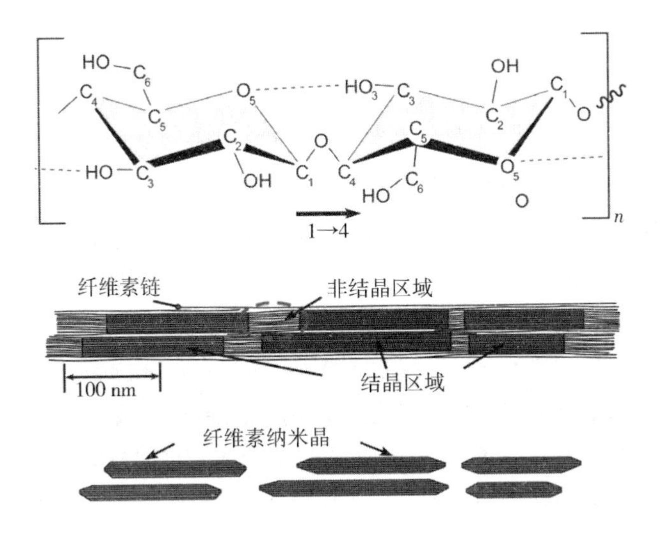

图1－14 构成纤维素的纳米纤维素纤维的结晶区域和非结晶区域

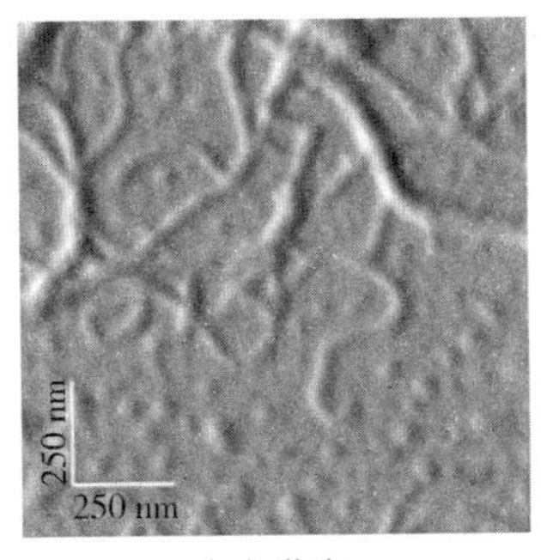

(a) 蕉麻

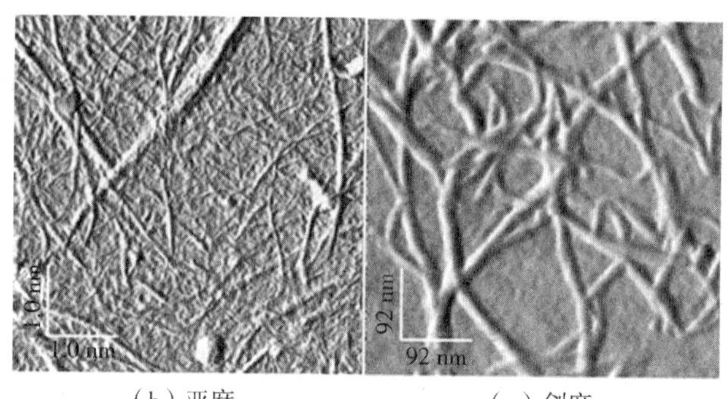

（b）亚麻　　（c）剑麻

图1－15　来自几种一年生植物的纤维素纳米纤维的AFM图

1.3.2.1　纤维素纳米纤维的机械性能

Wang等人使用一种GH5高耐热内切葡聚糖酶（Ph－GH5）和一种商业内切葡聚糖酶（FR）处理了漂白的桉树纸浆（BEP）纤维，生成了CNF，随后制备了CNF薄膜。他们对CNF薄膜的力学性能进行了表征。CNF薄膜在通过微流化器40次后，光学不透明度为3.7%，相比之下，BEP薄膜通过微流化器相同次数后的光学不透明度为18.2%。另外，CNF薄膜与BEP薄膜具有相似的热稳定性。

Trovatti等人将仅由11个氨基酸残基组成的黏附肽吸附到TEMPO氧化的纤维素纳米纤维（TO－CNF）上，并通过溶液浇铸法从吸附了黏附肽的TO－CNF的水悬浮液中制备了复合膜。他们通过拉伸实验和动态力学分析（DMA）表征了复合材料的力学性能。结果表明，在TO－CNF上吸附6.3%的黏附肽后，复合材料的模量为（12.5 ± 1.4）GPa，拉伸强度为（344.5 ± 15.3）MPa，断裂应变为（7.8 ± 0.4）%，分别比纯TO－CNF提高了34.4%、48.8%和23.8%（图1－16）。

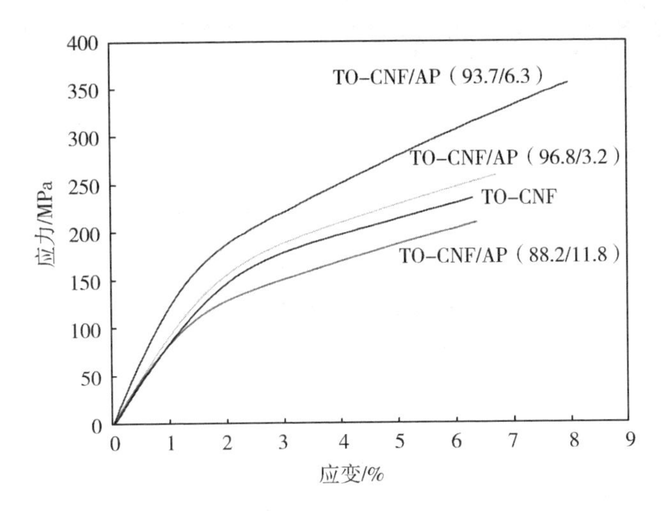

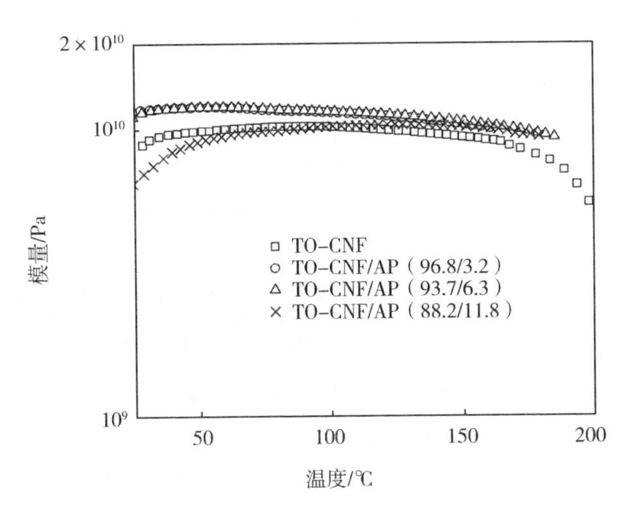

图 1－16　TO－CNF 和 TO－CNF/AP 复合材料的应力－应变曲线
（曲线从传统的准静态拉伸实验中获得）

1.3.2.2　纤维素纳米纤维的流变性能

Nechyporchuk 等人对纤维素纳米纤维水悬浮液在振荡和稳态流动模式下进行了广泛的流变学研究（图 1－17），所有悬浮液都表现出类似凝胶的剪切稀化特性。结果表明，所用酶的浓度和类型对所测试悬浮液的流变行为有影响。

动态模量以及黏度和剪切应力随着酶电荷的增加而降低，这可能与纤维素糖化和纳米原纤维分离有关。

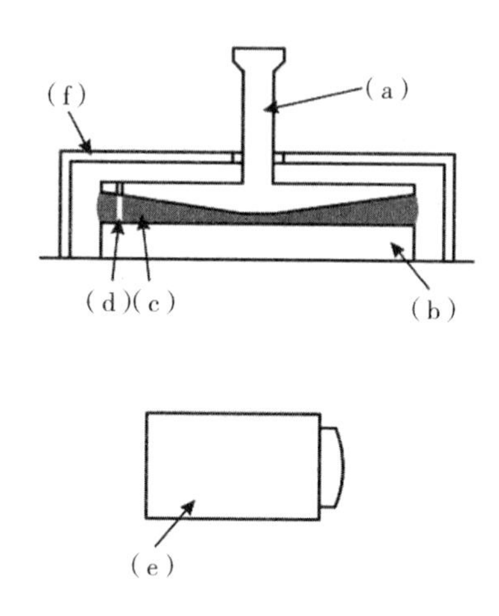

图 1－17　流变测量与试样内部应变场可视化相结合的装置示意图
(a)截锥；(b)板；(c)纤维素纳米纤维悬浮液；(d)丝状纤维素纳米纤维悬浮液，用二氧化钛着色；(e)CCD 相机；(f)透明盖(防止水分蒸发)

Gourlay 等人评估了高度精制的微/纳米原纤化纤维素(MNFC)赋予水性体系所需流变特性的潜力。当评估使用内切葡聚糖酶影响 MNFC 悬浮液流变学特性的能力时，短时间(< 30 min)范围内使用非常低的酶负载量(< 0.5 mg・g^{-1}纤维素)可以实现 MNFC 黏度和剪切稀化特性的显著变化(图 1－18)。观察到的黏度降低很可能不仅源于纤维素原纤维纵横比的降低，而且还来自于纤维表面的酶平滑所导致的纤维间相互作用的解开。他们认为，采用其他酶和处理方法很可能会选择性地增强纸浆的流变性能。

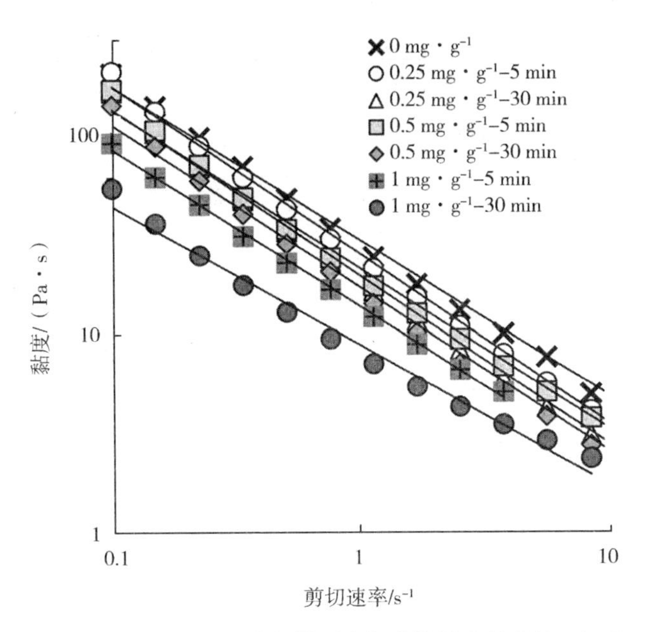

图 1－18　不同剪切速率扫描时内切葡聚糖酶处理的 MNFC 在 2% 固含量下反应 5 min 或 30 min 黏度的变化

1.3.2.3　纤维素纳米纤维薄膜的屏障研究

Fukuzumi 等人将不同的机械分解条件应用于 TEMPO 氧化纤维素，制备出宽度为 4 nm，平均长度为 200 nm、680 nm 和 1100 nm 的 TEMPO 氧化纤维素纳米纤维(TOCN)。TOCN 的平均聚合度分别为 250、350 和 400。

他们制备了自支撑的 TOCN、TOCN 包覆的聚对苯二甲酸乙二醇酯(PET)和聚乳酸(PLA)薄膜，并从纳米纤维长度的角度评价了薄膜的光学性能、力学性能和气阻性能。结果表明，薄膜的密度、含水量和弹性模量差异很小，但由较长的纳米纤维制备的 TOCN 薄膜具有较高的拉伸强度、断裂伸长率和结晶度。如图 1－19 所示，TOCN 包覆的 PET 和 PLA 薄膜的屏障性能随纳米原纤维的长度的增加而增加。相比之下，纳米原纤维的长度对水蒸气阻隔性能几乎没有影响，其主要受疏水基膜的水蒸气透过率影响。

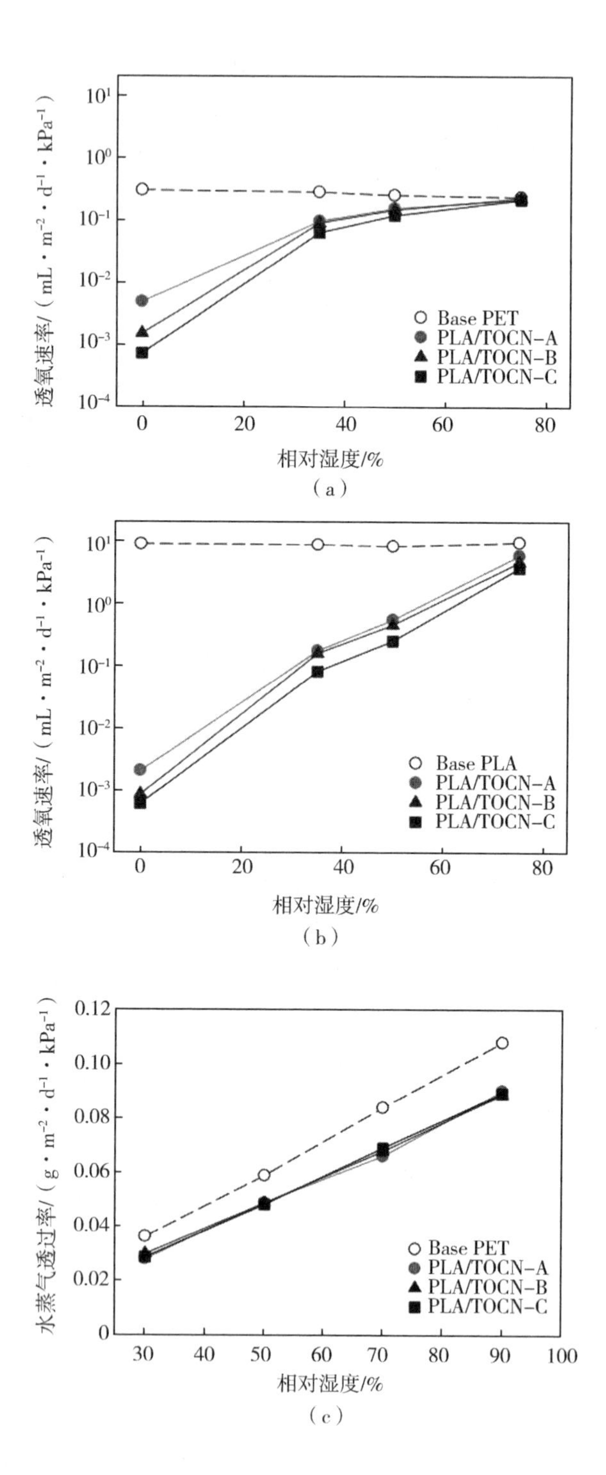
透氧速率/（mL · m⁻² · d⁻¹ · kPa⁻¹）
Base PET
PLA/TOCN-A
PLA/TOCN-B
PLA/TOCN-C
相对湿度/%
（a）
透氧速率/（mL · m⁻² · d⁻¹ · kPa⁻¹）
Base PLA
PLA/TOCN-A
PLA/TOCN-B
PLA/TOCN-C
相对湿度/%
（b）
水蒸气透过率/（g · m⁻² · d⁻¹ · kPa⁻¹）
Base PET
PLA/TOCN-A
PLA/TOCN-B
PLA/TOCN-C
相对湿度/%
（c）

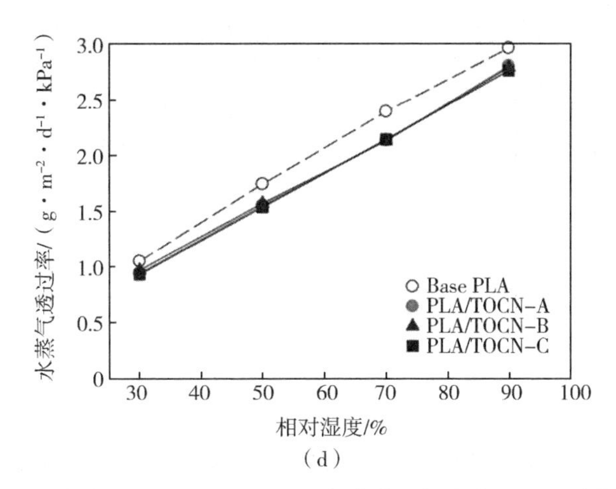

（d）

图 1-19　TOCN 涂覆 PET（a）和 PLA（b）薄膜的透氧速率；TOCN 涂覆 PET（c）和 PLA（d）薄膜的水蒸气透过率

Aulin 等人介绍了一种通过从水分散体中分散浇铸和通过在原纸上进行表面涂层来制备羧甲基化微纤化纤维素（MFC）薄膜的方法，并研究了在不同相对湿度下 MFC 薄膜的透氧性。在较低的相对湿度（0%）下，与由增塑淀粉、乳清蛋白和阿拉伯木聚糖制备的薄膜相比，MFC 薄膜显示出非常低的透氧性，其值与传统合成膜如乙烯-乙烯醇相当。在较高的相对湿度下，透氧速率呈指数增加，这可能是羧甲基化纳米纤维被水分子塑化和膨胀所致。他们使用水蒸气吸附等温线和动态力学分析中的湿度扫描进一步研究了水分对薄膜势垒和力学性能的影响（图 1-20）。

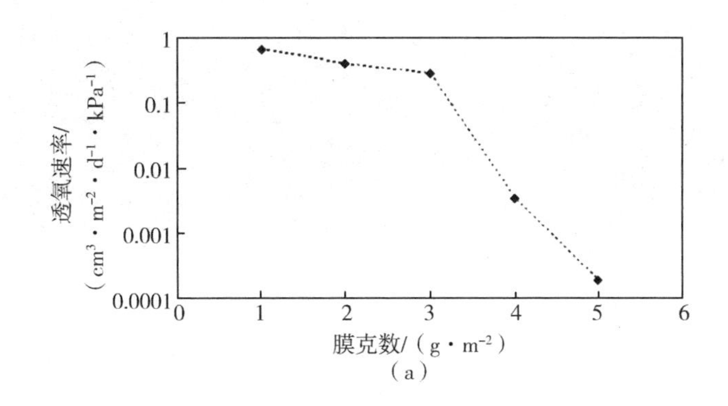

（a）

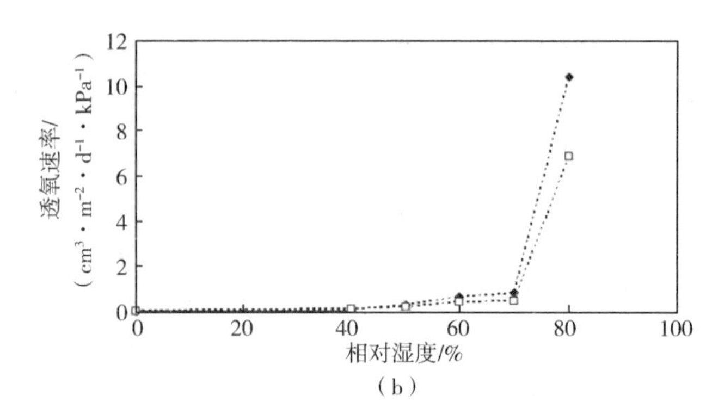

(b)

图 1-20 (a) MFC 膜克数对氧气透过率的影响；(b)不同相对湿度对 5 g · m^{-2}(实心菱形)和 8 g · m^{-2}(空心正方形)的 MFC 薄膜氧气透过率的影响

他们分别通过场发射扫描电子显微镜(FE-SEM)和透光率测量评估了纳米原纤化/分散程度对薄膜微观结构和光学性能的影响。FE-SEM 结果表明，MFC 膜中尽管也形成了一些较大的聚集体，但其主要由随机组装的纳米纤维组成，厚度为 5~10 nm。他们还发现，在原纸上使用 MFC 作为表面涂层大大降低了透气性。环境扫描电子显微镜(E-SEM)的照片表明，MFC 涂层降低了板材的孔隙率，即纳米纤维形成的致密结构使材料具有优异的阻油性能(图 1-21)。

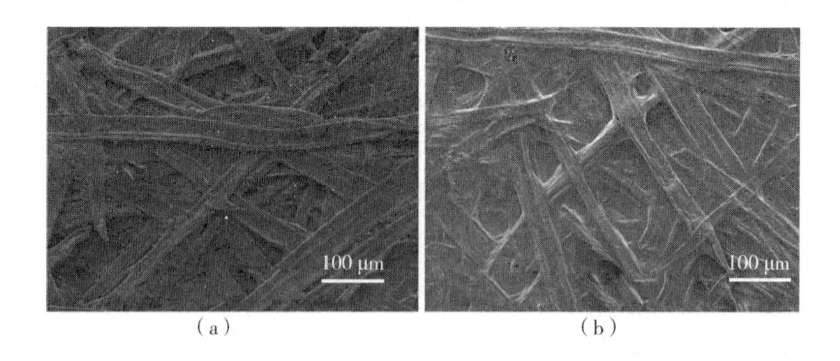

(a) (b)

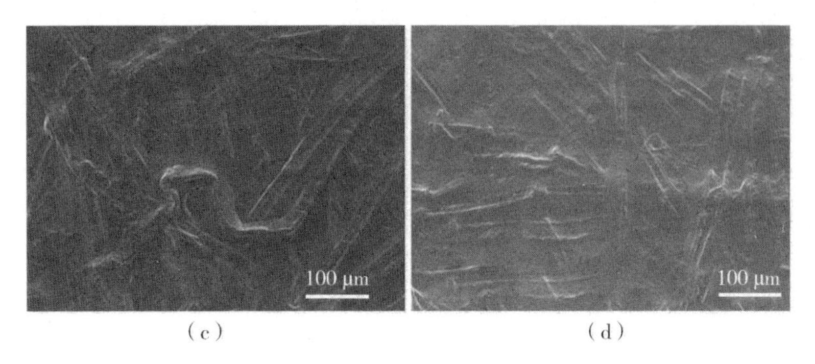

(c)　　(d)

图 1-21　(a)无涂层和(b)~(d)MFC 涂层未漂白纸的 E-SEM 图，涂层质量分别为(b)0.9 $g \cdot m^{-2}$、(c)1.3 $g \cdot m^{-2}$和(d)1.8 $g \cdot m^{-2}$

1.3.3　细菌纳米纤维素的性质

虽然植物纤维素是使用最多的纤维素基质，但细菌纳米纤维素目前被认为是一种具有广泛应用前景的纤维素，广泛应用在化妆品、食品、制药和生物医学等技术领域。图 1-22 为细菌纳米纤维素的表面和横截面的 SEM 图。细菌纳米纤维素的形貌会因培养方式和培养参数的不同而有所不同。

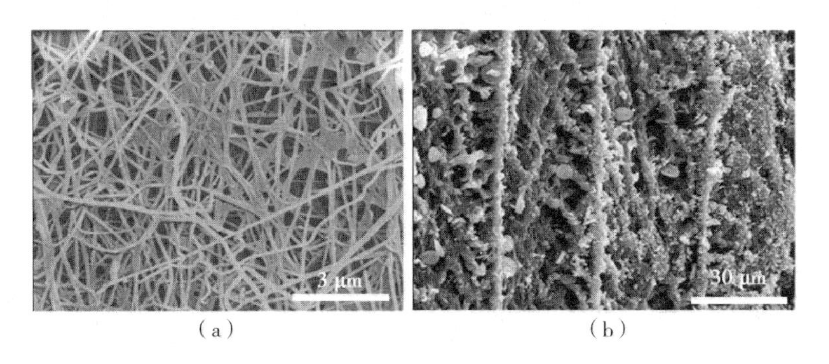

(a)　　(b)

图 1-22　细菌纳米纤维素的 SEM 图

(a)表面；(b)横截面

细菌纳米纤维素是由细菌产生的天然生物聚合物，主要是木醋杆菌。它由大小与胶原纤维相似的纤维素原纤维相互缠结的网络组成，拥有能容纳大量水的广大表面积，同时整个结构通过纤维内和纤维间的氢键相互连接和稳定。细菌纳米纤维素与水结合为材料提供了高拉伸强度和类似水凝胶的性质，与植物纤维素相比，细菌纳米纤维素不含木质素或半纤维素等大分子。

1.3.3.1 细菌纳米纤维素的可生物降解性

Dederko 等人基于模拟人血浆（SBF），在金黄色葡萄球菌、白色念珠菌和烟曲霉存在或不存在的情况下评估了 BNC 的生物降解性（图 1－23）。结果表明，在 6 个月的孵育期间，除了在有霉菌的情况下储存的样品干重减少了 40% 外，其余 BNC 的干重没有变化。孵育 2 个月后，所有 BNC 样品的湿重均增加。在这些条件下，微生物种群数量在第一个月内增长了大约 2 个对数周期，并在 6 个月的储存中保持这一水平。在无菌液体中储存 1 个月后，在细菌或真菌存在的情况下，BNC 的拉伸强度分别下降了 60% 和 70%。

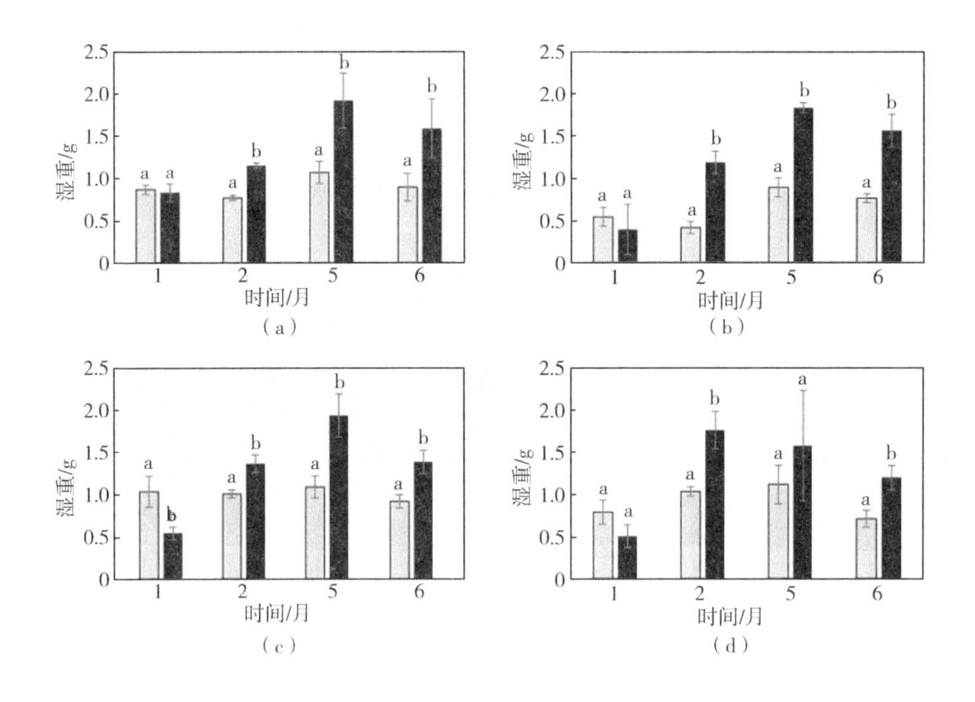

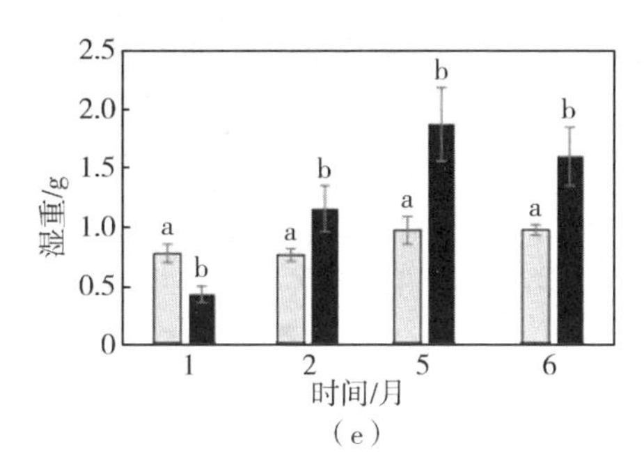

(e)

图 1-23　在不同环境中孵育 6 个月的 BNC 样品的湿重变化(深色矩形)和未孵育样品的湿重变化(浅色矩形)

(a)无菌 PBS;(b)SBF 液体;(c)金黄色葡萄球菌存在条件下的 SBF 液体;(d)白色念珠菌存在条件下的 SBF 液体;(e)烟曲霉存在条件下的 SBF 液体

1.3.3.2　细菌纳米纤维素的机械性能

Benavides 等人以 BNC 为原料,通过与异氰酸酯前驱体(ISO)反应和在多元醇前驱体(POL)中形成胶体分散体等两条路线合成了浓度为 0.5% 的硬质聚氨酯泡沫(RPUF)。结果表明,当 BNC 浓度仅为 0.1% 时,表观密度为(46.4 ± 4.7) $kg \cdot m^{-3}$的泡沫塑料的比弹性模量(+244.2%)和强度(+77.5%)得到了显著改善(图 1-24)。通过异氰酸酯值的测定和红外分析证实了 BNC 与前驱体的化学反应。BNC 使细胞尺寸减小 39.7%,形成显著的成核效应。差示扫描量热分析表明,BNC 对固化后的焓有很大的影响,特别是对 POL 路线。在弯曲条件下的动态力学热分析证明,无论 BNC 浓度如何,BNC 的加入都引起了各向异性,而 ISO 路线有助于在高温下增大阻尼因子。以上结果表明,ISO 路线是获得具有较好力学性能的发泡纳米复合材料的关键。

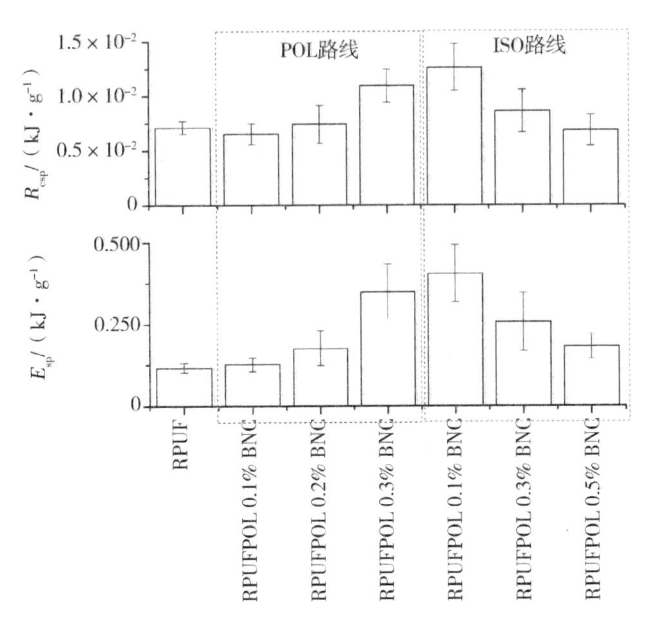

图 1-24　比弹性模量(下)和抗压强度(上)作为加工路线和 BNC 浓度的函数

1.3.3.3　细菌纳米纤维素的生物相容性

Ávila 等人考察了纤维素含量增加(17%)的 BNC 的生物相容性,以评估其体外和体内反应。他们制备了柱状 BNC 结构,在内置的室内灌注系统中纯化,并压缩,以增加 BNC 水凝胶中的纤维素含量。在整个纯化过程中,通过细菌内毒素分析来量化材料内毒性的降低。然后在体外和体内评估了纤维素含量为 17% 的纯化 BNC 水凝胶的生物相容性。未纯化的 BNC 中内毒素含量 2390 EU·mL^{-1},纯化后降低至 0.10 EU·mL^{-1},远低于医疗器械规定的内毒素阈值。此外,生物相容性测试表明,致密的 BNC 水凝胶无细胞毒性,并且引起的异物反应最小(图 1-25)。

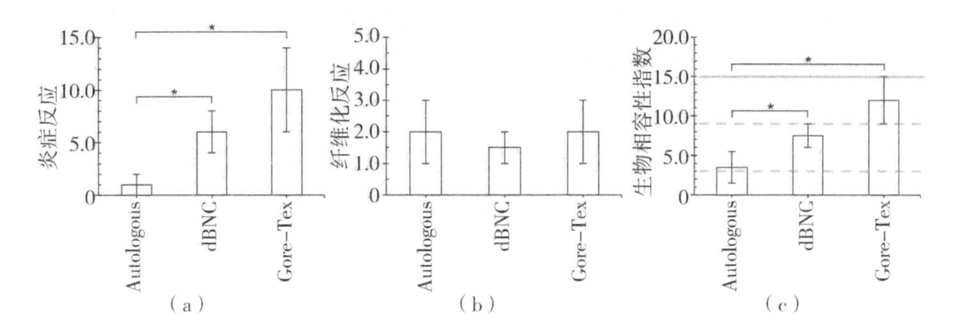

图1-25　皮内植入1周后自体软骨(Autologous)、致密BNC水凝胶(dBNC)和医用级Gore-Tex的体内生物相容性评价

(a)炎症反应;(b)纤维化反应;(c)生物相容性指数

如图1-26所示,Osorio等人首次研究了细菌纳米纤维素(3D BNC)微孔率对BNC血液相容性的影响以及与2D BNC架构的比较,然后对3D BNC的免疫反应进行了评价。

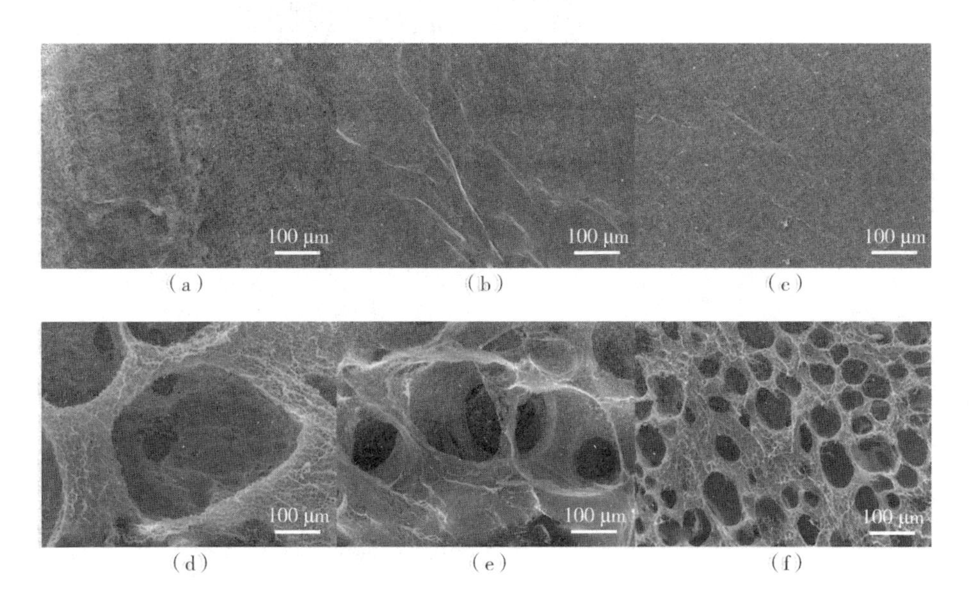

图1-26　2D BNC(a)BNC-ND(湿样)、(b)BNC-OD(烘干样)和3D BNC(c)BNC-FD(冻干样)以及(d)BNC-MD(微球直径280.7 μm)、(e)BNC-SM(微球直径136.3 μm)、(f)BNC-XS(微球直径61.2 μm)生物材料的SEM图

血液体外研究表明，与其他 2D 和 3D BNC 结构相比，未干燥的 2D BNC 具有抗溶血和抗血栓作用。然而，血液体内研究表明，3D BNC 不干扰伤口止血，并引起轻微的急性炎症反应，而不是异物或慢性炎症反应。12 周后细胞与组织浸润百分比增加至 91%，表现为成纤维细胞、毛细血管和细胞外基质浸润（图 1 -27）。因此，3D BNC 生物材料被认为是一种潜在的可植入生物材料，可用于软组织增强或替代。

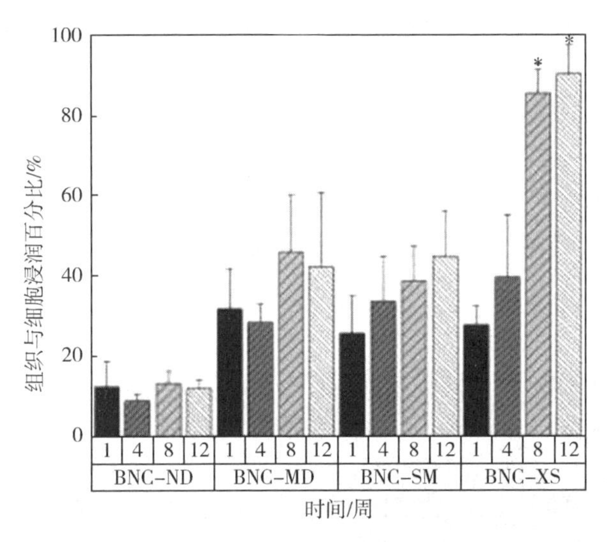

图 1 -27　生物材料中组织与细胞浸润的百分比（以周为时间单位，p 值小于 0.05）

第2章　纳米纤维素的制备

2.1　制备纳米纤维素的原材料

纤维素可以从多种来源获得，包括木材、农作物及其副产品、细菌和被囊动物。纤维素的来源不仅决定了它的大小和性质，还决定了提取纳米纤维素的过程所消耗的能量。纳米纤维素的最终性质依赖于其来源，因此，必须根据最终所需的纳米纤维素的特性和应用领域确定其原材料来源以及制备方法。表2-1为纳米纤维素的各种来源。

表2-1　纳米纤维素的各种来源

分类	同义名称	原料来源	平均尺寸
纤维素纳米纤维(CNF)	微纤化纤维素、纳米原纤化纤维素、纳米纤维和微纤维	木材、甜菜、马铃薯块茎、柠檬、玉米、香蕉、甘蔗渣、小麦秸秆、亚麻、红麻纤维、水草、棕榈油、菠萝叶、桑葚、木薯、水稻壳、荷叶柄、棉花、椰子壳、大豆皮等	直径:5~60 nm 长度:几微米
纤维素纳米晶(CNC)	纳米微晶纤维素、晶须、棒状纤维素微晶	棉花、木材、剑麻、菠萝叶、椰糠、香蕉、小麦秸秆、豌豆壳、桑树枝条、甘蔗渣、竹子、苎麻等	直径:5~70 nm 长度:100~250 nm

续表

分类	同义名称	原料来源	平均尺寸
细菌纳米纤维素(BNC)	细菌纤维素、微晶纤维素、生物纤维素	相对分子质量低的糖类和醇类在细菌作用下合成(木醋杆菌、农杆菌、假单胞菌、瘤菌、八叠球菌等)	直径:20 ~ 100 nm,具有不同类型的纳米纤维网络

2.2 纳米纤维素的化学法制备

如表2-1所示,纤维素的常见来源包括木材、农业副产品、海洋藻类、细菌、被囊动物等。这些原料经过一系列预处理,去除木质素、半纤维素、脂质、蜡质、果胶、海藻酸盐等非纤维素物质,通过化学、物理、生物等分离工艺即可制备出纳米纤维素。

2.2.1 酸水解法

使用酸溶液将多糖分解为单糖来处理纤维素、淀粉或半纤维素材料的方法被称为酸水解。木质纤维素纤维含有20%~40%的半纤维素,半纤维素是由戊糖和己糖组成的杂多糖。酸水解可以产生这些糖的单体形式。由于半纤维素比纤维素更无定形,因而更容易发生氧化和降解反应。糖苷键的水解在酸性和碱性介质中都是可能的,但在酸性条件下水解速度要快得多。

2.2.1.1 无机酸水解法

通过酸水解可以去除纤维素的非结晶区,制备出高结晶度的纳米纤维素。水解常用的无机酸为硫酸、盐酸、磷酸、氢溴酸等。通过控制酸浓度、水解反应的温度和时间等条件,可以制备出不同尺寸和结晶度的纳米纤维素。Dai等人对菠萝皮进行了一系列的预处理,以64%的硫酸水解得到针状纳米纤维素。纳米纤维素及其膜的具体制备过程如图2-1所示。

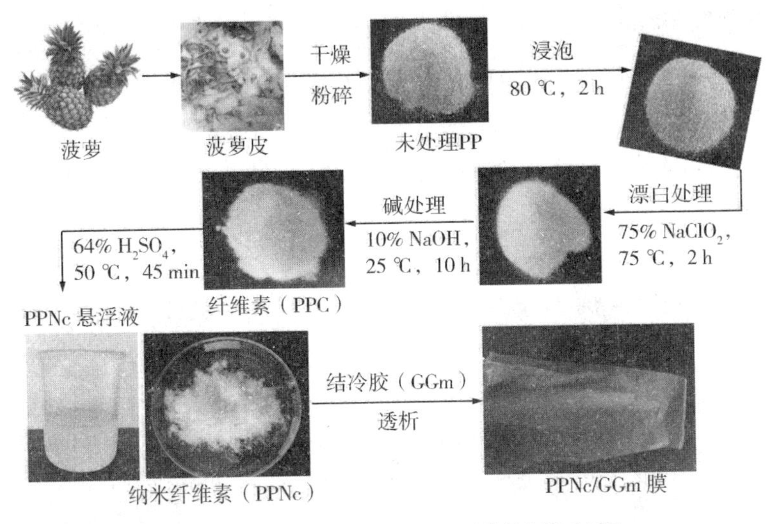

图 2－1　PPNc 及 PPNc/GGm 膜的制备过程

首先，他们将收集的菠萝皮用自来水彻底清洗，然后用蒸馏水浸泡 1.0 h 以去除污垢和灰尘。干燥粉碎后的菠萝皮粉（未处理 PP）用蒸馏水以 1∶20 g · mL^{-1}的料液比在 80 ℃下搅拌处理 2 h。残渣用 7.5% 的 $NaClO_2$ 溶液（pH＝3.8～4.0，用4 mol · L^{-1}盐酸溶液调节）在75 ℃条件下脱盐 2 h。过滤后残渣用蒸馏水洗涤，直至洗涤液变为无色。残渣（漂白处理后的 PP）经 10% 的 NaOH 溶液室温搅拌 10 h 去除半纤维素，然后依次用蒸馏水和 95% 乙醇洗涤至滤液变为中性。然后将残渣在 50 ℃的烘箱中烘干至恒重。最后，将菠萝皮纤维素（PPC）粉碎成粒径为 150～200 μm 的产品。

随后，他们采用硫酸水解的方法分离出了菠萝皮中的纳米纤维素。将上一步骤得到的 PPC 在 64% 的硫酸中水解，按 1∶20 g · mL^{-1}的料液比剧烈、恒定速率搅拌水解 45 min。随后加入 10 倍的冷蒸馏水稀释水解液，5000 r · min^{-1}离心 10 min。弃去上清液后，收集沉淀，用冷蒸馏水连续洗涤，再次离心。重复洗涤、离心过程，直至上清液变浑浊（约 4 个洗涤离心循环）。收集的悬浮液在 4 ℃ 下用蒸馏水透析 72 h。最后，将得到的悬浮液超声 30 min，于4 ℃储存，以便下一步制膜使用。

Mujtaba 等人以亚麻为原材料在盐酸中水解制备了纳米纤维素（图 2－2）。首先，他们对亚麻纤维进行了漂白处理。（1）使用 1.8 mol · L^{-1} NaOH 溶液在

120 ℃下萃取 90 min。(2)75 ℃的水浴条件下，在 pH 值为 4 的 ClO_2 溶液中反应 2 h。(3)用 3 mol·L^{-1}的 H_2O_2处理，pH 值为 11，用 NaOH 和硫酸镁(0.2%)稳定。与戊二酸(0.5%)进行二次螯合反应 150 min。漂白后的纸浆在每一阶段后都要用大量的水洗涤几次，直到达到中性。最后将处理过的纤维在 50 ℃烘箱中烘干 24 h。

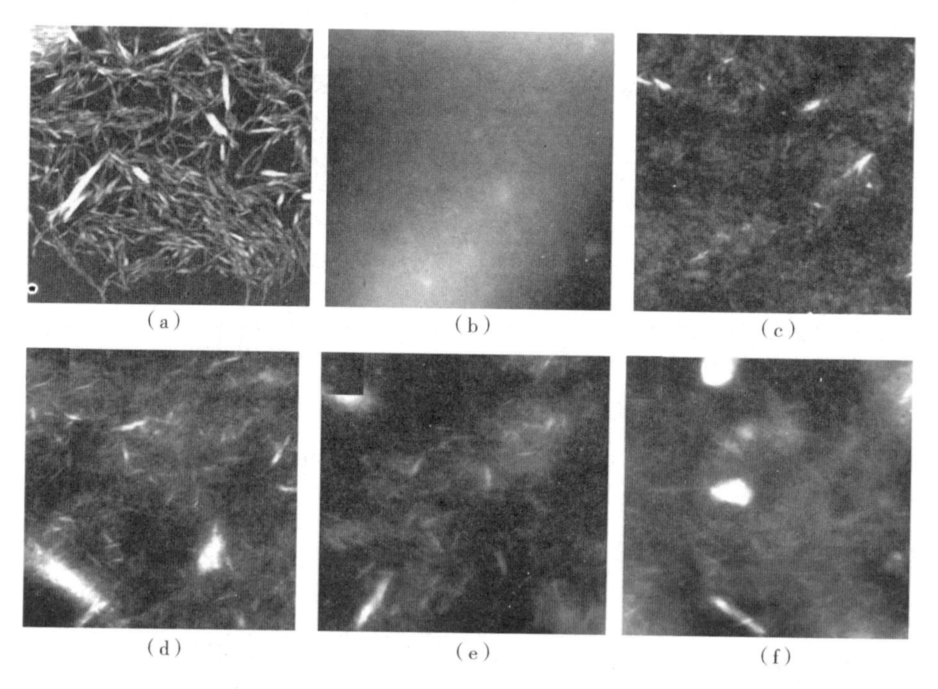

图 2-2 (a)从亚麻纤维中分离出来的 CNC、(b)没有 CNC 的壳聚糖薄膜、(c)CS5CNC、(d)CS10CNC、(e)CS20CNC 和(f)CS30CNC 的 AFM 图

随后，他们采用盐酸水解法制备了纳米纤维素。首先，将 5 g 亚麻纤维浸入 5 mol·L^{-1} HCl 溶液中，在 100 ℃下机械搅拌(250 r·min^{-1})90 min。所得悬浮液用蒸馏水透析至中性，超声 10 min。然后，使用真空过滤系统过滤样品。最后，将纤维素纳米晶收集在培养皿中，于 3 ℃储存，产率为 81.56%。他们将上述步骤制得的纳米纤维素制成薄膜，编码为 CS5CNC、CS10CNC、CS20CNC 和 CS30CNC，其中纤维素纳米晶含量分别为 5%、10%、20%和 30%。

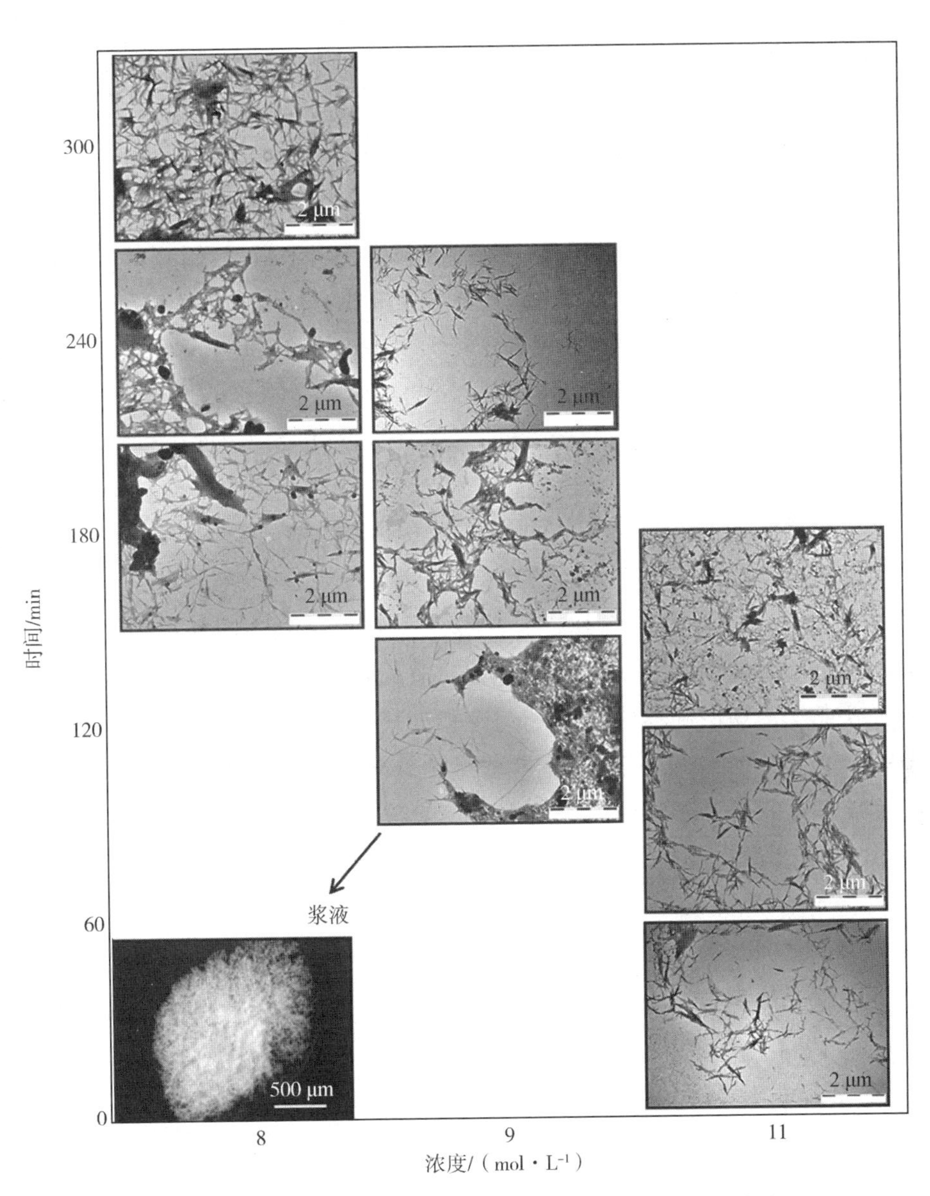

图2-3　磷酸水解棉花的TEM图与水解时间和H_3PO_4浓度的关系
（左下角显示的是非水解棉源的图片）

如图 2 - 3 所示,Espinosa 等人使用 Whatman 1 号滤纸在磷酸存在的条件下制备了纳米纤维素。具体操作如下:将 2 g Whatman 1 号滤纸在超纯水中浸泡 15 min,然后剧烈搅拌,直到获得纸浆液。将混合物转移至烧杯中,并在冰浴中冷却 15 min。通过滴液漏斗缓慢加入磷酸(85%,保持温度低于 30 ℃),直到磷酸浓度达到6.2 $mol \cdot L^{-1}$、7.8 $mol \cdot L^{-1}$、9 $mol \cdot L^{-1}$和 10.7 $mol \cdot L^{-1}$。加完磷酸后,将反应容器置于 50 ℃或 100 ℃的油浴中,并将混合物搅拌一定时间。随后将淡黄色反应混合物在冰浴中冷却至室温。3600 $r \cdot min^{-1}$下离心 15 min,将此纳米纤维素(P - CNC)从液体中分离出来。倒出上清液,用等量的新鲜超纯水代替,再次离心混合物。此过程至少重复 3 次,直至上清液无色。将由此产生的 P - CNC 分散体用超纯水透析 3 ~5 天,每天换水,直到 pH 值为 7。随后超声分散 15 min,经冻干后得到样品。如此分离的 P - CNC 的产率为 76% ~ 80%。他们发现,P - CNC 的产率很大程度上取决于反应温度和酸浓度。

2.2.1.2 有机酸水解法

由强无机酸水解生产纳米纤维素面临着几个关键问题,包括产生大量的污染废水、对设施的腐蚀性大和产量有限等。相比之下,有机酸可能是一种替代品,因为它的酸性较弱,没有腐蚀性或只有较弱的腐蚀性,而且更容易循环利用。大多数有机酸的沸点相对较低,使得通过蒸馏回收使用后的有机酸具有实际意义。如图2 - 4 所示,根据一个分子中羧酸基团的数目,用于纳米纤维素分离的有机酸可分为单羧酸(乙酸、丁酸)、二酸和三酸等。其他有机酸如对甲苯磺酸、过氧乙酸和一氯乙酸也被用来分离纳米纤维素。

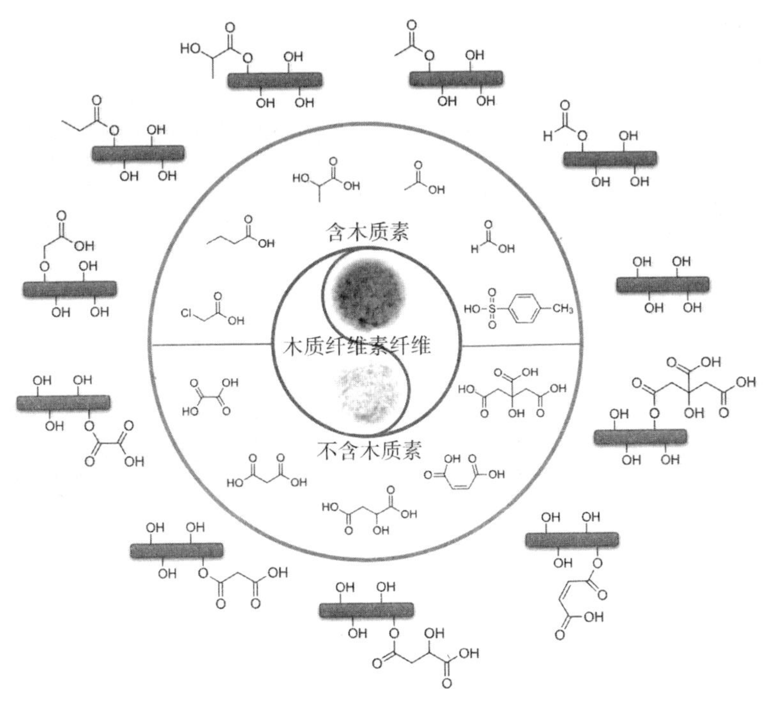

图2-4　基于衍生化和非衍生化有机酸的纳米纤维素分离

利用有机酸从生物质中分离纳米纤维素一般分为两个步骤。第一步,利用含有机酸的溶液对原料进行溶剂化。第二步,通过机械剪切将纳米纤维素从加工混合物中释放出来。

Jia 等人将滤纸(FP)切成 3 mm×3 mm(约 3 g)的小块用于纳米纤维素的制备。他们发现,对于草酸(OA)水解制备纳米纤维素来说,影响产物产率的主要参数为反应温度、搅拌速率、草酸的用量和反应时间。称取一定量的 OA(5.75 g、8.75 g、11.75 g 草酸二水合物每克滤纸)放入 250 mL 的三颈瓶中,油浴加热至 110 ℃。然后加入 3 g FP,以300 $r \cdot min^{-1}$ 开始水解反应。在设计的反应间隔(15 min、30 min、60 min、120 min)后,停止水解反应。然后将 30 mL 热去离子水倒入三颈瓶中,将溶液取出并立即过滤。残留固体用 60 mL 四氢呋喃(THF)在 55 ℃洗涤至滤液无色且 pH 值为中性。THF 汽化后,根据不同的 OA 用量和反应时间,得到 OA 水解的纳米纤维素。他们以相同原材料,利用硫酸法也提取了纳米纤维素。结果表明,草酸提取的纳米纤维素与硫酸提取的纳米纤维素的光学性质有很大的差别(图 2-5)。

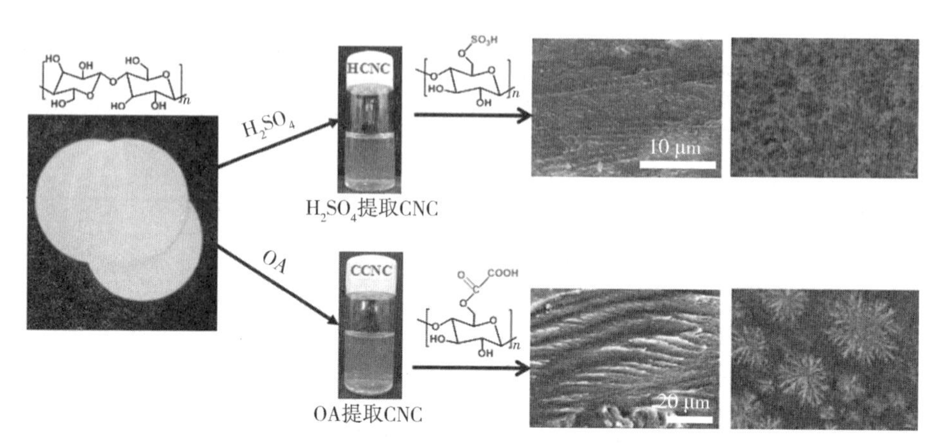

图 2-5　草酸与硫酸提取的纳米纤维素的光学性质比较

2.2.1.3　固体酸水解法

为了抵消无机酸水解的负面影响,如反应器的腐蚀和过度水解以及化学品回收和再利用的困难,采用固体酸(酸性阳离子交换树脂、木质素基固体酸等)分离纳米纤维素。固体酸水解法的主要优点是易于从反应混合物中回收固体酸,腐蚀小,工作环境相对安全。然而,固体酸和纤维素之间有限的接触显著延长了水解时间。有研究表明,磷钨酸($H_3PW_{12}O_{40}$, HPW)具有丰富的 Bronsted 酸位点,可以破坏纤维素中的β-1,4 -糖苷键。因此,它是传统无机酸水解纤维素生成葡萄糖的替代催化剂。因此,通过控制水解参数,HPW 可以生产纳米纤维素,且 HPW 易于回收。Liu 等人报道了一种可持续的硬木浆水解制备纳米纤维素的方法,并对浓缩的硬木浆的回收利用进行了论证。他们将起始木浆(0.5 g)加入 40 mL HPW 溶液中,所需浓度范围为 50%~85%。混合液在机械搅拌的 90 ℃油浴中加热,保温 15~30 h。反应完成后,在冰浴中迅速冷却反应器至室温,停止反应。然后,将所得混合物用过量的乙醚萃取两次。由于 HPW 能被二乙醚完全从水相中萃取,且 HPW 与二乙醚能形成具有较大密度的复合物(该复合物不能溶于二乙醚或水中),静置后形成三层结构。收集最底层(由二乙醚和 HPW 形成),二乙醚完全蒸发后回收 HPW。将回收的 HPW 在 45 ℃

干燥过夜后，与新鲜 HPW 一样，可重复使用二次水解。上层为密度较低的过剩二乙醚（0.7134 g · cm^{-3}，可能与少量水混合）。

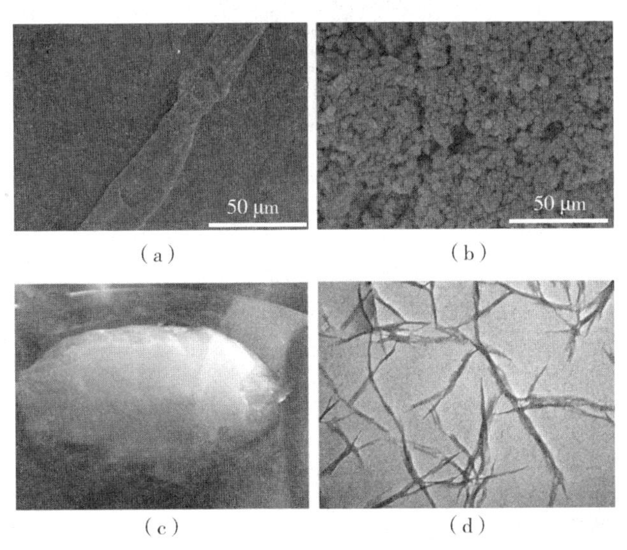

图 2－6　大纤维(a)在 90 ℃下用 50% HPW 水解 30 h 后的 SEM 图；
(b)在 90 ℃下用 85% HPW 水解 15 h 后的 SEM 图；(c)纳米纤维素凝胶照片；
(d)在 90 ℃下用 75% HPW 水解 30 h 后的纳米纤维素的 TEM 图

在用于纤维素水解的各种固体酸中，碳基固体酸具有优越的催化活性。另外，这些碳质酸具有良好的可回收性和廉价的天然原料特性。碳基固体酸是通过不完全炭化的天然聚合物（如糖、纤维素和淀粉）磺化或通过磺基多环芳族化合物在浓硫酸中不完全炭化制备的。如图 2－7 所示，碳基固体酸由均匀的功能化石墨烯片层组成，含有磺酸基、羧基和酚羟基。相关研究表明，含磺酸基、羟基和羧基官能团的碳基固体酸材料被证明是直接水解固体纤维素的高活性催化剂，其催化纤维素水解成葡萄糖的表观活化能为 110 kJ · mol^{-1}，比最佳条件下硫酸的表观活化能（170 kJ · mol^{-1}）小。

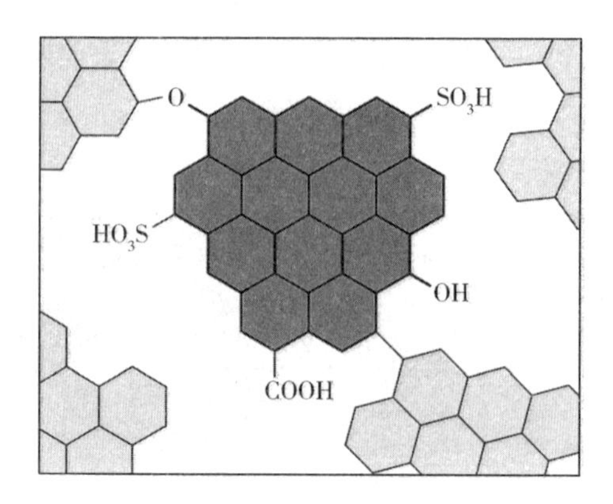

图 2 - 7　碳基固体酸的结构示意图

2.2.2　氧化降解法

2.2.2.1　TEMPO 氧化降解法

如图 2 - 8 所示，纤维素分子链上的 C6 羟基具有一定的反应活性，在氧化剂的作用下可以被氧化成醛基、酮基和羧基官能团。氧化反应的发生会显著降低纤维素的聚合度，据此可以合成纳米纤维素。Carlsson 等人通过 TEMPO 介导的氧化选择性地将纤维素中的 C6 羟基氧化为羧基，其中氧化物种（$TEMPO^+$）由共氧化剂（如 NaBrO、NaClO 或 $NaClO_2$）生成。利用刚毛藻高结晶的纳米纤维素证明了在电解装置中用电生 $TEMPO^+$ 代替共氧化剂，可以在大约相同的时间内实现相同程度的氧化。氧化程度受氧化时间的控制，最大氧化程度对应于纤维素表面受限 C6 的完全氧化。这表明 $TEMPO^+$ 不会在空间上完全氧化刚毛藻纳米纤维素的原纤维表面，这与早期基于木材衍生纳米纤维素结果的假设相反。

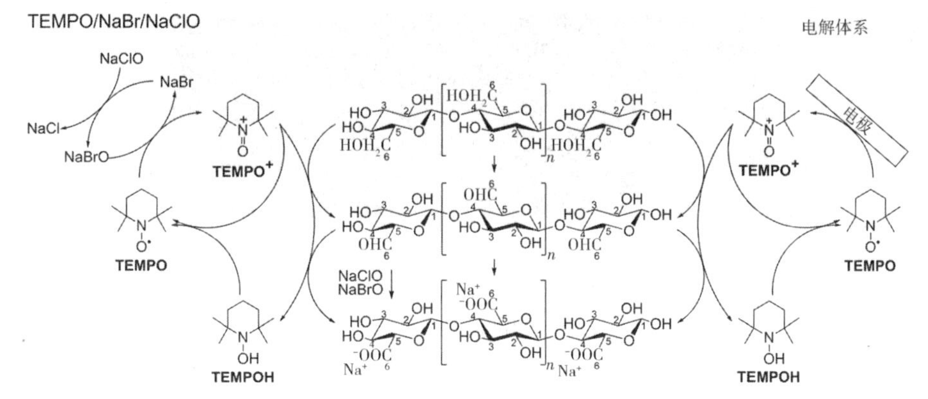

图2-8　在pH值为10的条件下，采用TEMPO/NaBr/NaClO体系（左）或电解体系（右），TEMPO催化氧化纤维素C6羟基

氧化过程不会显著影响干燥后获得的水不溶性纤维颗粒的形态、比表面积（$>115\ m^2 \cdot g^{-1}$）或孔隙特征，但他们观察到了约20%的解聚（图2-9）。当氧化时间被延长时，水不溶性原纤维的产物回收率显著降低，而大量电荷通过系统。他们认为，氧化可能在原纤维表面以外进行，这与目前认为TEMPO介导的氧化仅限于表面的观点相反。

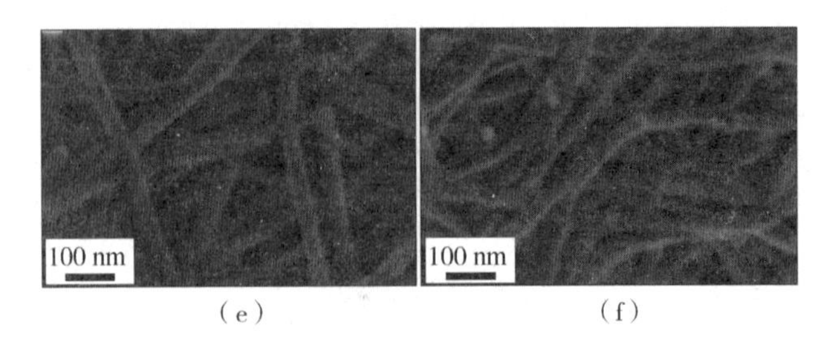

图 2-9 (a)、(c)、(e)初始原料和(b)、(d)、(f)经 4 h 氧化的样品不同放大倍数的 SEM 图

Iwamoto 等人使用 NaClO/NaBr 体系在 pH = 10 的条件下研究了 TEMPO 衍生物及其类似化合物的化学结构对木材纤维素 C6 伯羟基氧化效率的影响(图 2-10)。由于氧化选择性地发生在纤维素微纤表面，当纤维素微纤中均匀地形成足够数量的羧酸基团时，在水中通过简单的机械处理就可以得到个体化的或表面氧化的纤维素纳米纤维。4-乙酰胺-TEMPO 和 4-甲氧基-TEMPO 在木材纤维素氧化反应中表现出高效的催化行为，反应时间短，与 TEMPO 相当。

(1) TEMPO

(2) 4-acetamido-TEMPO

(3) 4-methoxy-TEMPO

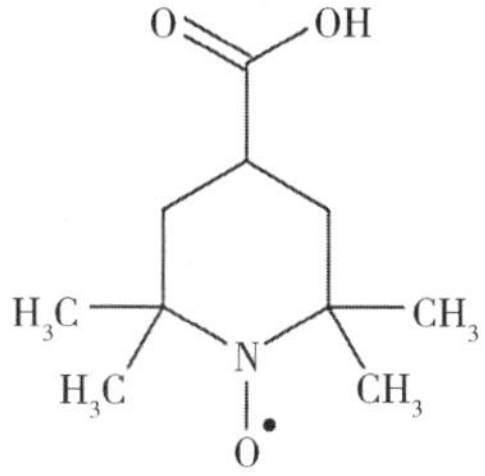

(4) 4-carboxy-TEMPO 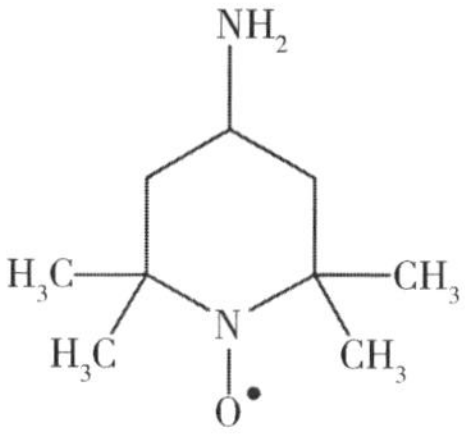　(5) 4-amino-TEMPO 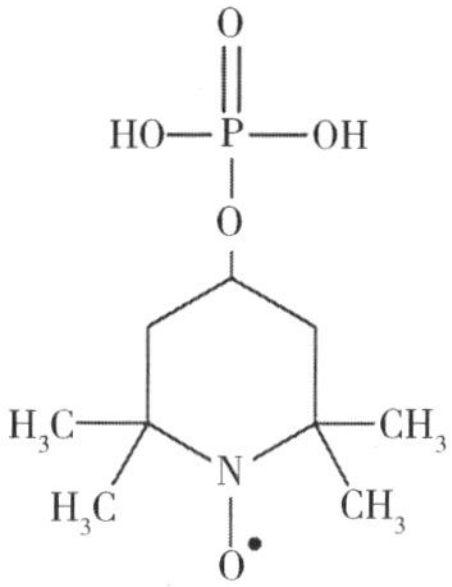　(6) 4-phosphonooxy-TEMPO

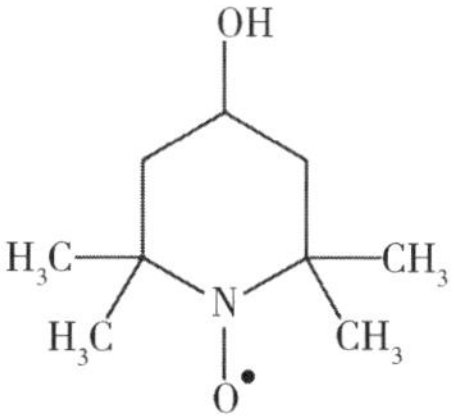

(7) 4-hydroxy-TEMPO 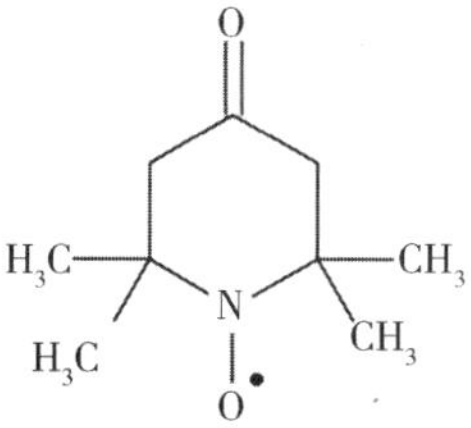　(8) 4-oxo-TEMPO 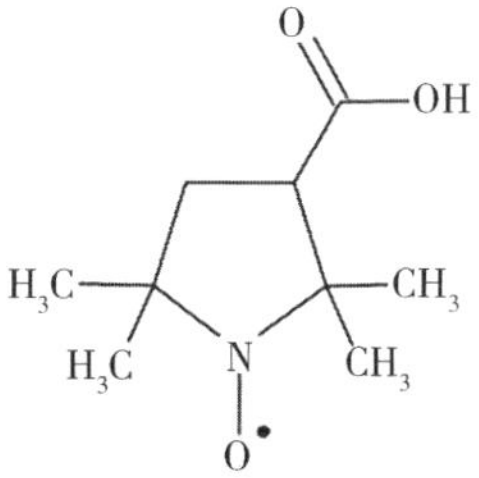　(9) 3-carboxy-PROXYL

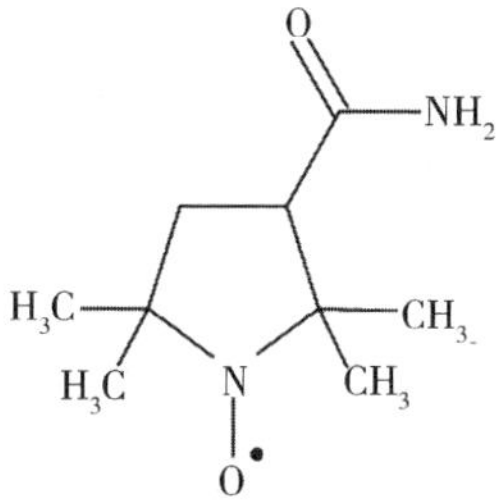

(10) 3-carbamoyl-PROXYL 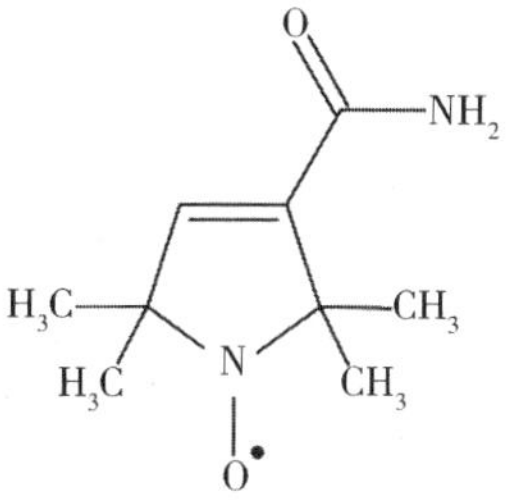　(11) 3-carbamoyl-2,2,5,5,-tetramethyl-3-pyrrolin-1-yloxyl

图 2-10　TEMPO 及其类似化合物的化学结构式

图 2-11 为氧化纤维素的羧酸盐含量与纳米纤维产率的关系。由图可知，氧化纤维素的羧酸盐含量越高，相应的纳米纤维产率也越高。根据氧化效率的不同，催化剂大致分为三类：(7) 和 (8) 为低效率催化剂；(4)(5)(6)(9)(10)(11) 为中间效率催化剂；(1)(2)(3) 为高效率催化剂。

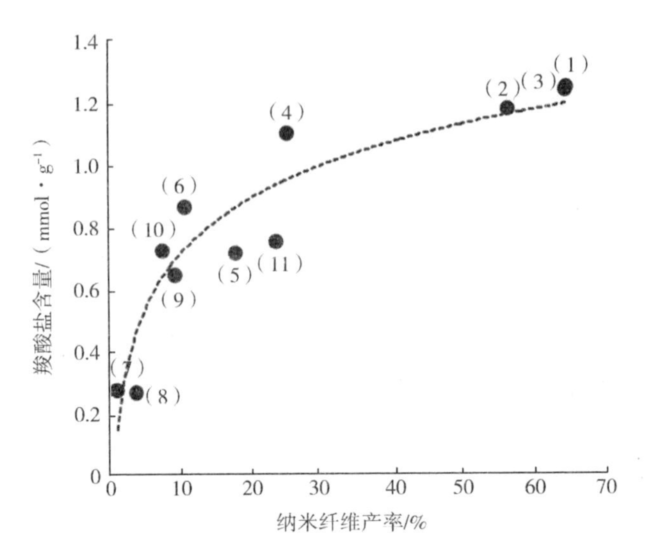

图 2-11 不同催化剂制备的氧化纤维素羧基含量与纳米纤维产率的关系，(1)~(11)对应于图 2-10 中的数字所代表的结构式

2.2.2.2 过硫酸铵氧化降解法

纳米纤维素的氧化是基于纤维素中特定的 C6 伯羟基转化为羧基的过程，利用高碘酸钾和亚氯酸钠在纤维素纤维表面的 C2 和 C3 位发生的选择性氧化。上面提到的 TEMPO 氧化法不能完全分解纤维素的无定形区域，因此需要结合机械分解或酸水解过程。过硫酸铵(APS)是一种廉价的氧化剂，具有高水溶性和低毒性，已用于制造氧化型纳米纤维素。基于 APS 的纳米纤维素制造是一种可持续的过程，比酸水解法的危害更小，并且能够原位去除一些木质素、半纤维素、果胶和其他植物成分，使纳米纤维素的生产成为一个单一步骤过程。此外，它不仅具有利用纤维素材料生产纳米纤维素的能力，还具有氧化 C6 羟基以转化为羧基功能化纳米纤维素的能力。

Oun 等人采用 APS 氧化降解法分别从棉绒(CL)和微晶纤维素(MCC)中分离出了纳米纤维素(CNC^{CL}和 CNC^{MCC})。

具体的操作步骤如下：使用搅拌机将棉绒分解 5 min。棉绒为长纤维状，直径为 10~30 μm；MCC 呈不规则形状，大小在 20~200 μm 范围内。然后，将 5 g CL 和 MCC 纤维素分别加入 500 mL 预热的 1 mol·L^{-1} APS 中，并在 75 ℃下剧烈搅拌 16 h。纳米纤维素的悬浮液用蒸馏水在 4000 r · min^{-1} 下离心洗涤 20 min，直到 pH 值变为 4 左右。通过加入 1 mol · L^{-1} NaOH 将 pH 值调至 8，然后超声处理，重新分散在 300 mL 蒸馏水中 15 min。如图 2 – 12 所示，所制得的纳米纤维素呈棒状，CNC^{CL} 和 CNC^{MCC} 的直径分别为 10.3 nm 和 11.4 nm，长度分别为 120 ~ 150 nm 和 103 ~ 337 nm，结晶度指数分别为 93.5% 和 79.1%。他们认为，纳米纤维素的尺寸取决于纤维素的来源、分离方法和分离条件等多种因素。

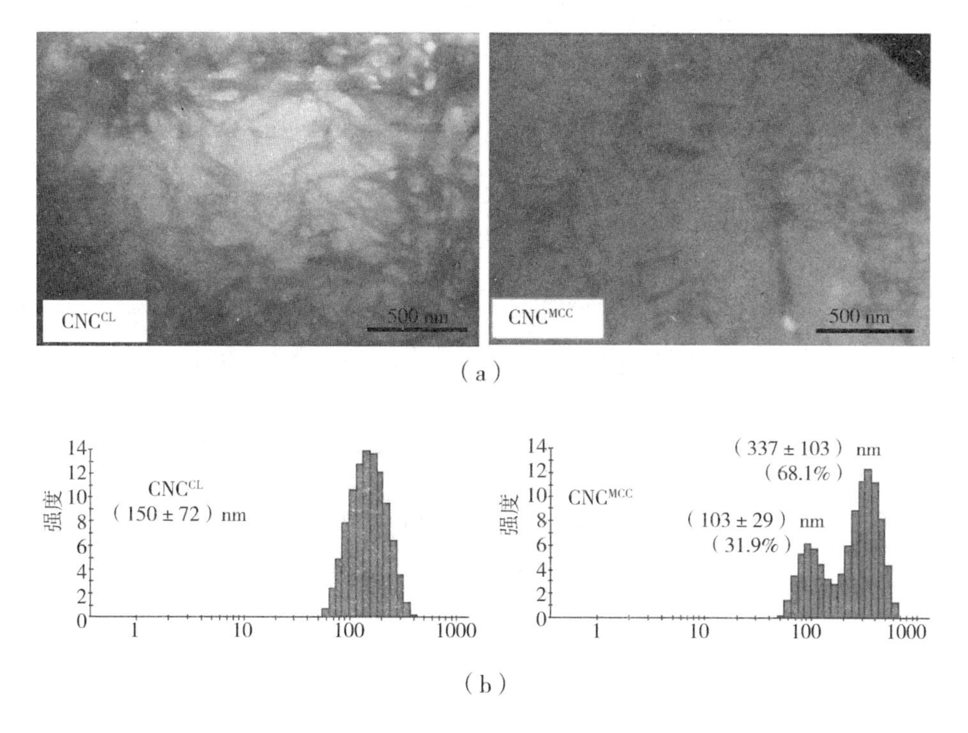

图 2 – 12　0.1% 纳米纤维素悬浮液的(a)SEM 图和(b)粒径分布图

Hu 等人以竹子蛀干粉和螟虫粉为原料，采用过硫酸铵一步法制得了羧化纤维素纳米晶(CCN)，采用硫酸两步法制得了纤维素纳米晶(CNC)。如图 2 – 13 所示，SEM 图清晰地显示了竹子蛀干粉和螟虫粉中提取的纤维素的微观形貌。竹子蛀干粉提取纤维素粉末颗粒为不规则形状的碎片，碎片表面凹凸不平，大小为 10 ~ 50 μm。相反，经过一系列化学处理后，从螟虫粉中分离得到的纤维素呈片状，表面光滑，类似鱼鳞，厚度约为 0.5 μm，直径约为 30 μm。通过

TEM观察,CCN和CNC显示出纳米尺寸的球体或纳米颗粒。它们之间在形貌和尺寸上也存在一些细微的差异。CCN颗粒呈球形,直径为20~50 nm。相比之下,CNC颗粒大致呈球形,直径范围为20~70 nm,多数在30~50 nm之间。

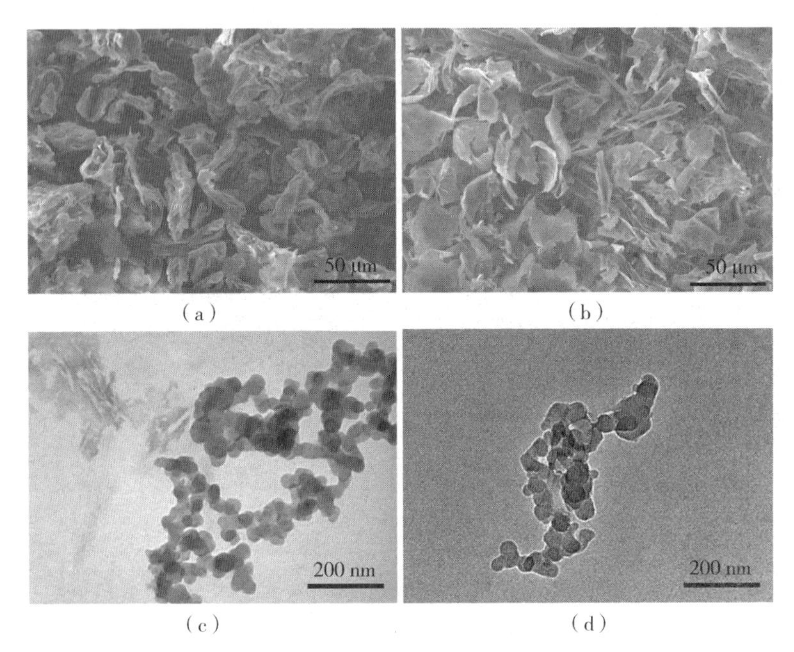

图2-13 (a)竹子蛀干粉和(b)螟虫粉中提取纤维素的SEM图;(c)CCN和(d)CNC的TEM图

相比于酸解法,过硫酸铵氧化降解法无须前期预处理脱除纤维素内部的木质素,因此可以直接以初始原料制备纳米纤维素。

2.3 纳米纤维素的物理机械法制备

一般而言,大多数文献中以机械处理作为生产纳米纤维素的处理方法,同时也作为纤维素纳米晶生产的后处理和纯化步骤。机械崩解是常用的将纤维素浆破碎成较小颗粒的方法。然而,纤维素纤维的高效机械崩解通常需要纤维素纤维的基本纤维分层而不是单纯的纤维碎裂,在干纤维素纸浆机械崩解过程中,纤维碎裂往往会产生力学性能较差的纳米纤维素。为了改善纳米纤维的分层效果,在机械崩解过程中采用水介质来松解纤维间的氢键,避免纤维的反向聚合或聚集。常用的纤维分层技术有均质、研磨和精炼等(图 2 - 14)。与化学预处理产生的结构细小或短棒状纳米纤维素不同,机械处理产生的纳米纤维素通常以较大的尺寸聚集。在纤维的机械崩解过程中,微观到纳米级的转变通常表现为黏度、热稳定性和结晶度的降低。在大多数情况下,主要的机械处理方法是水相碰撞、球磨、共混、冷冻粉碎、静电纺丝、挤压、研磨、均质、精炼、蒸汽爆破、超声等。

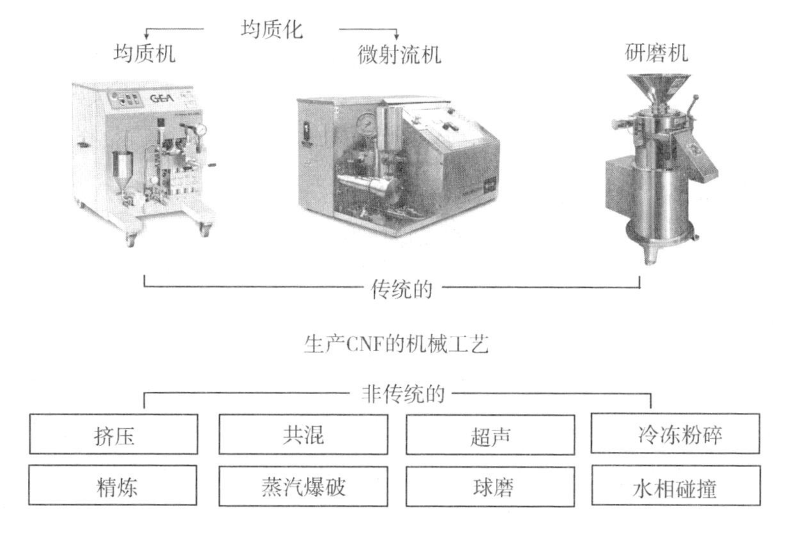

图 2 - 14　生产纳米纤维素的机械工艺

2.3.1　球磨法

球磨法是一种将研磨材料研磨成细颗粒的机械技术。作为一种环保、经济的技术,它在世界各地的工业中得到了广泛的应用。如图 2 - 15(a)所示,球磨设备通常由一个围绕其轴旋转的空心圆柱壳组成,其中部分填充了由钢、不锈钢、陶瓷或橡胶制成的球。它依赖于球(研磨介质)和研磨材料之间的冲击和摩擦来研磨。该技术的优点为性价比高、可靠性好、操作方便、可重复性好、在干湿条件下对多种材料(如纤维、聚合物、金属氧化物、颜料、催化剂)广泛适用等。

相比之下，潜在的缺点为样品有受到污染的可能、形成形状不规则的颗粒、球磨和清洗时间长等。

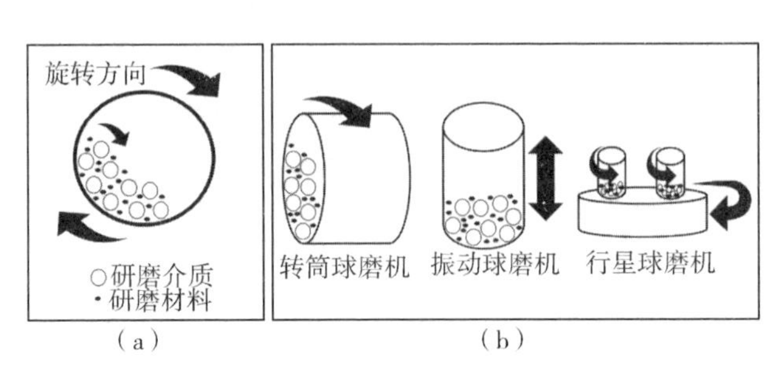

图 2-15 (a)球磨机(水平段)的示意图;(b)不同类型的球磨设备

根据操作模式的不同，球磨可分为两种情况：直接研磨和间接研磨。在第一种情况下，滚筒或机械轴直接作用于颗粒并传递动能。在第二种情况下，动能首先传递到球磨机本体，然后传递到研磨介质。这些球磨机是纤维素领域应用最广泛的球磨机，它们可以进一步分为转筒球磨机、振动球磨机和行星球磨机，如图 2-15(b)所示。

Ago 等人将来源于棉花的纤维素用一些亲水、疏水的溶剂(如水、甲苯、1-丁醇)或不加溶剂(干态)进行球磨，考察了溶剂对纤维素形态结构变化的影响(图 2-16)。原纤维状纤维素经水和干态球磨转变为聚集的球状颗粒，甲苯处理后为板状颗粒，1-丁醇处理后为粗糙的球状颗粒和板状颗粒的混合物。无溶剂制备的球形颗粒结晶度相当低，其分子间和分子内氢键发生变形，导致自由羟基增多。以水为原料制备的球形颗粒呈现纤维素Ⅰ、纤维素Ⅱ和非晶态的混合结晶结构。在含有甲苯的情况下，板状颗粒明显保留了原有的晶体结构和氢键。1-丁醇加工后呈现出由纤维素Ⅰ和少量非晶态或纤维素Ⅱ组成的颗粒。

图2-16 在(a)没有溶剂以及(b)水、(c)甲苯和(d)1-丁醇存在的情况下，球磨初期和末期(插图)纤维素的SEM图，图中箭头显示纤维方向

2.3.2 高压均质法

高压均质法用于将纤维素纤维机械分解成纳米纤维素。一般使用两种类型的设备:均质器和微流化器。这些设备通常用于食品、化妆品、制药和生物技术等行业。在均质过程中，纤维素浆通过均质阀和冲击环之间的微小间隙受到剪切力和冲击力，从而确保纤维素原纤化。均质器还可以用来生产纳米纤维素，无须生化预处理或初步酶水解、羧化、季铵化等。

如图2-17所示，Wang等人采用高压均质法从预处理后的木材粉(WP)和竹材废弃物(BR)中分离得到纳米纤维素(NCC)。预处理包括用活性氧、固体碱(CAOSA)蒸煮和过氧化氢(H_2O_2)漂白，用CAOSA预处理木材粉和竹材废弃物成功得到了高回收率的纤维素。结果表明，采用CAOSA和漂白处理工艺，基于竹材废弃物的纳米纤维素(BR-NCC)和基于木材粉的纳米纤维素(WP-

NCC)的结晶度指数分别提高到74%和83%。NCC在100 MPa下均质30 min，直径以10~40 nm为主。

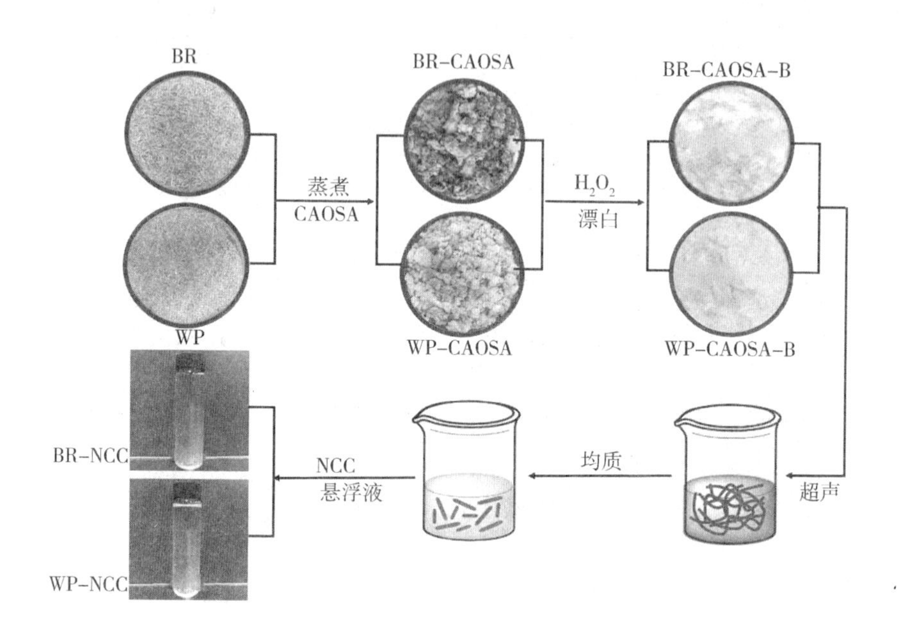

图2-17 纳米纤维素分离的示意图

由于半纤维素、木质素、油和蜡等黏合材料的存在，纤维有规律地排列并紧密地黏合在一起，形成一个硬束，如图2-18(a)所示。如图2-18(b)所示，在CAOSA处理之后，紧密结合的竹纤维被分离成清晰可见的纤维束。在CAOSA中，大部分无定形木质素和半纤维素被去除。图2-18(c)显示BR-CAOSA-B纤维的破坏发生在H_2O_2漂白中。对于BR-CAOSA-B试样，CAOSA处理破坏了BR纤维的主壁，除去了大部分木质素，并削弱了它们之间的相互作用，使残留的杂质在H_2O_2漂白后被除去，以暴露二次壁中均匀的微细纤维。如图2-18(d)所示，BR-NCC经HPH和冷冻干燥过程后聚集成二维片状结构。在均质过程中，高强度的剪切力破坏了纤维素微纤维之间的氢键，使微纤维脱落。

在随后的干燥过程中，纳米纤维会在冰晶边缘堆积，并在相邻表面形成大量氢键。因此，纳米纤维相互作用并最终自组装成较大的纤维素纤维或二维片状结构。WP在不同阶段的形态与BR各阶段形态相似，如图2-18(e)~(h)

所示。

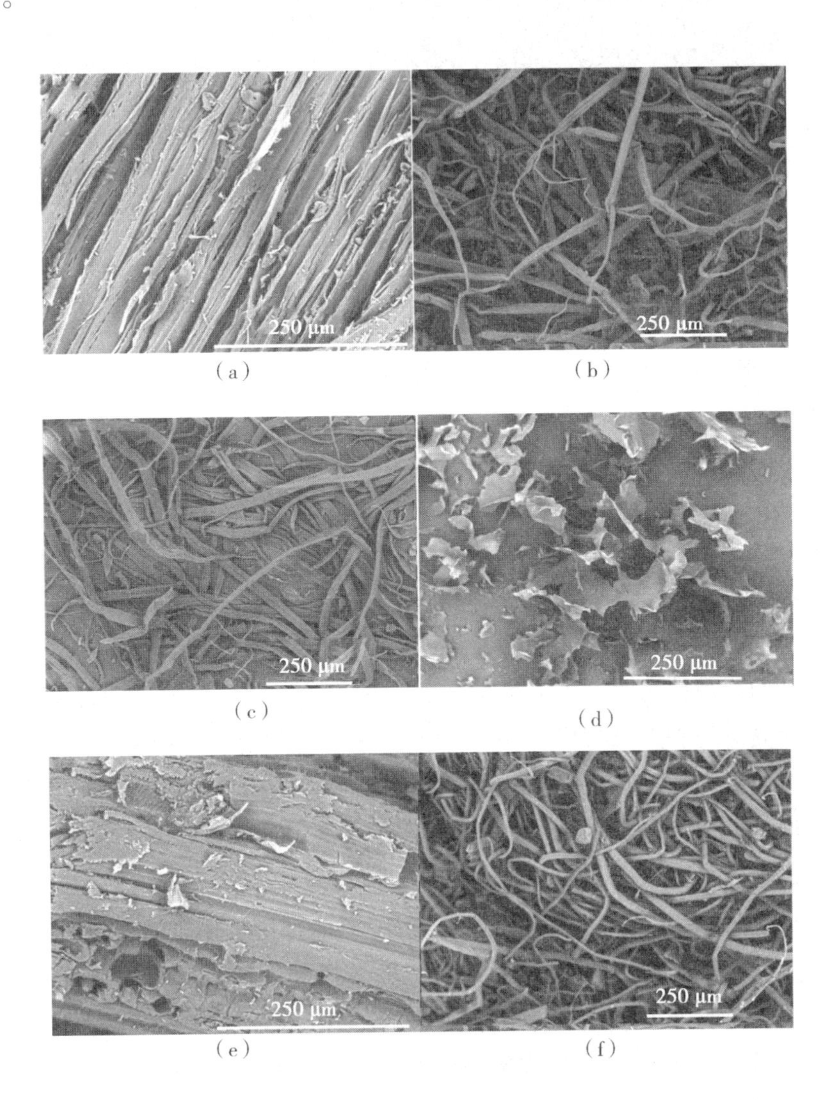

(a)　(b)　(c)　(d)　(e)　(f)

图 2 - 18 (a)BR、(b)BR - CAOSA、(c)BR - CAOSA - B、(d)BR - NCC、(e)WP、(f)WP - CAOSA、(g)WP - CAOSA - B 和(h)WP - NCC 的 SEM 图

Li 等人利用高强度超声和高压均质处理相结合的方法从豆渣中分离出了纳米纤维素,并表征了这些处理对纳米纤维素的微观结构、热性质、理化性质的影响。

如图 2 - 19 所示,他们使用 SEM 评估了超声和高压均质处理对豆渣纤维素微观结构的影响。与未经处理的纤维素相比,经过超声和高压均质处理后,豆渣纤维素的微观结构发生了显著的变化。未经处理的纤维素含有不规则的纤维结构和光滑的表面,如图 2 - 19(a) ~ (c)所示。在超声处理和高压均质处理后,这些相对较粗的纤维素被破坏并变细,如图 2 - 19 (d) ~ (i)所示。同时,机械处理似乎也引起了纤维素的一些表面侵蚀("起毛"),如图 2 - 19(d)和图 2 - 19(g)所示。

结果表明,无论是高强度超声还是高压均质,都可以用来制备具有增稠、凝胶、热稳定等特性功能性的纳米纤维素。随着机械处理强度的提高(如破坏力持续时间延长或强度增加),平均粒径和分散性减小,电位和溶胀率增大。总之,无论是超声处理还是高压均质处理均可用于制备性能可调的功能性纳米纤维素。利用豆渣制备高性能纳米纤维素,能够实现农业废弃物的高值化利用,也为纳米纤维素的制备提供了新思路和新方法。

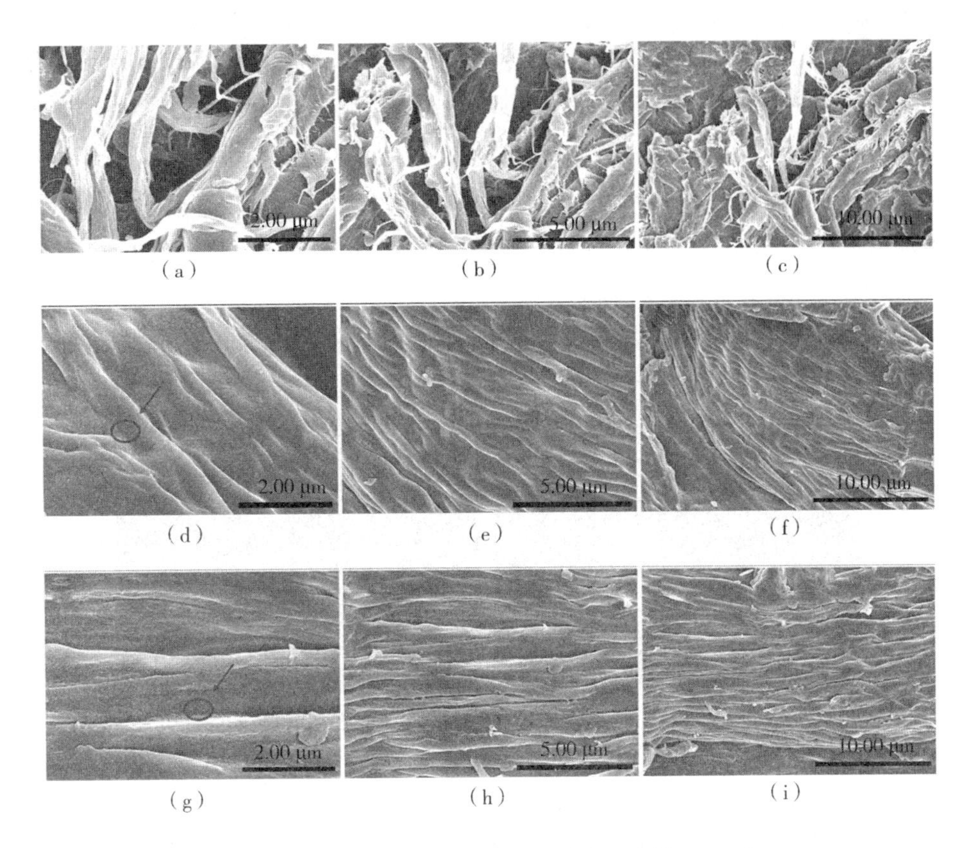

图 2－19　豆渣纤维素样品不同放大倍率的 SEM 图

(a)、(b)、(c)为未经处理的豆渣纤维素;(d)、(e)、(f)为超声处理的豆渣纤维素;(g)、(h)、(i)为高压均质处理的豆渣纤维素

2.3.3　超声法

Zhou 等人发现在水中超声处理可以减小由木质纤维素纤维和微晶纤维素制备的纳米纤维素的平均长度。木质纤维素纳米纤维中的大部分扭结是在超声处理的最初 10 min 内形成的。在超声处理 10 ~ 120 min 期间,与解聚相关的扭结和刚性链段处发生断裂,导致形成具有低纵横比的纤维素纳米晶体。

TEMPO 氧化软木漂白牛皮纸浆所得的纳米纤维素原纤维(TSBKP)直径均匀且平均直径较小(3.4 nm)。经超声处理 120 min 的 TSBKP(TSBKP－120)具有针状形态,如图 2 -20(a)所示,而经超声处理 120 min 的 TEMPO 氧化纳米晶纤维素原纤维(TMCC -120)具有纺锤状形态,如图 2 -20(b)所示。根据 TSBKP -120 和 TMCC -120 的 AFM 图像可知,它们都存在一些扭结,正如所报道的其他 TEMPO 氧化的纳米纤维素和部分纤维素酶处理的藻类纤维素纳米晶体那样。

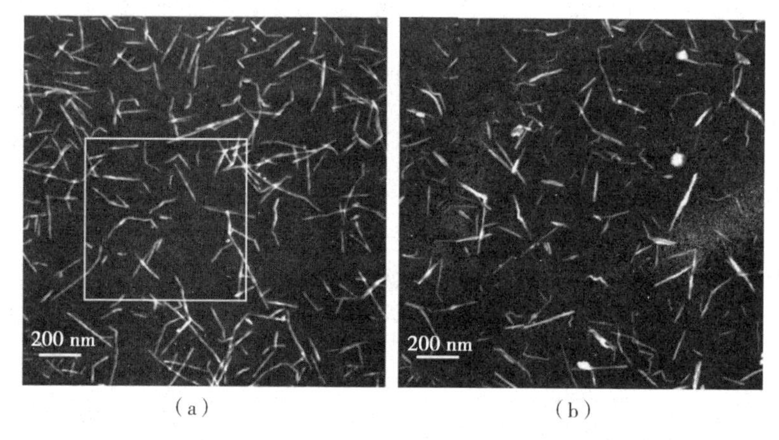

图 2 -20 (a)TSBKP -120 和(b)TMCC -120 的 AFM 图

Asrofi 等人进行了水葫芦纤维(WHF)纳米纤维素的成功分离与表征。分离是在打浆和超声中完成的。

图 2 -21(a)为超声处理 1 h 后 WHF 纳米纤维素的 TEM 图。粒度分析结果显示 WHF 纳米纤维素的直径为 25 nm,如图 2 -21(b)所示。该结果与 TEM 表征一致,并且与之前的报告相似。WHF 纳米纤维素的直径和长度分布分别如图 2 -21(c)和图 2 -21(d)所示。纳米纤维素 WHF 的平均直径和长度分别为 15.16 nm 和 147.4 nm。WHF 纳米纤维素的最终产品是悬浮液。

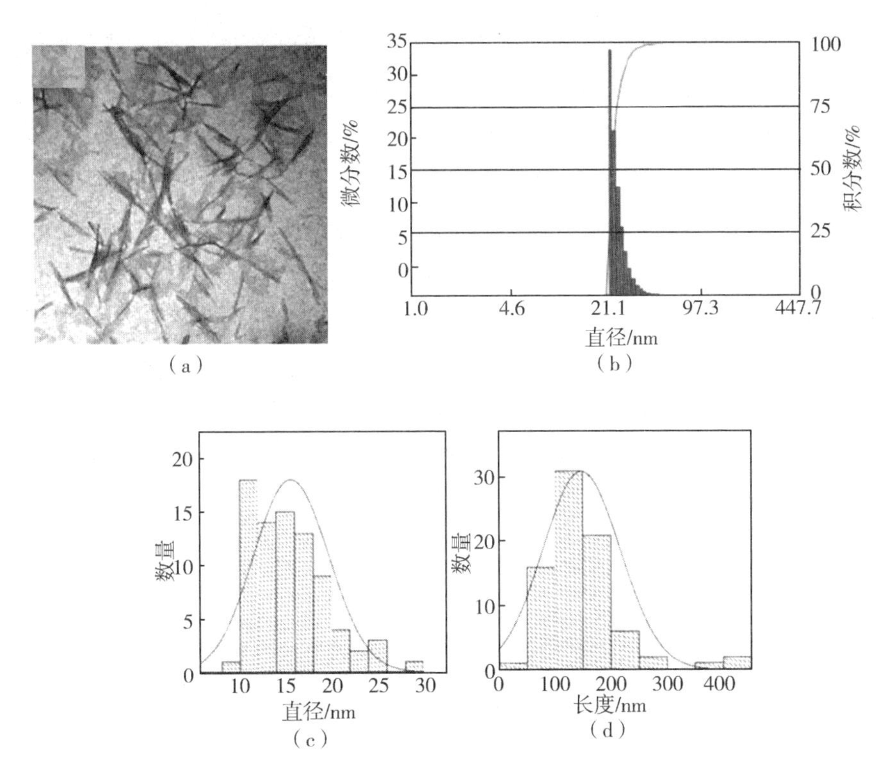

(a)　(b)　(c)　(d)

图2-21　(a)超声1 h后WHF的TEM图;纳米纤维素WHF最终产物的(b)直径、(c)直径分布和(d)长度分布

2.3.4　低温粉碎法

采用低温粉碎法制备纳米纤维过程中,使用液氮对纤维进行冷冻,然后施加强大剪切力。低温的目的是在细胞壁内形成冰晶。当对冷冻纤维施加强大冲击力时,纤维内部的冰晶对细胞壁施加压力,导致它们破裂,从而释放出微纤维。目前,低温粉碎法经常被用于从农作物及其副产品中提取并制备纳米纤维素。

Alemdar等人将小麦秸秆切成4~5 cm长,然后浸泡在17.5%的氢氧化钠溶液中2 h,随后用蒸馏水洗涤数次。预处理后的纸浆在(80 ± 5) ℃下用1 $mol \cdot L^{-1}$ HCl水解2 h,再用蒸馏水反复洗涤。酸处理将半纤维素和果胶分解为简单的糖类,释放纤维素纤维。用 NaOH 溶液再次处理纸浆。碱处理后的纸浆用蒸馏水洗涤数次,直到纤维的 pH 值变为中性后进行真空抽滤,室温干燥得到化学处理后的纤维素。为了从细胞壁中分离出纤维,他们又对化学处理的纤维进行了机械处理。将风干的样品放入液氮中,用研钵和研杵将冻浆粉碎,用蒸馏水洗涤,然后过滤。将冷冻粉碎的纤维浸泡在 2 L 水中,并使用粉碎机以 2000 $r \cdot min^{-1}$的速率进行机械除颤,得到最终的纳米纤维素。化学和机械处理后的麦秸纤维直径分布见图 2-22(a)。化学处理后得到的 75% 的麦秸纤维直径均小于 9 μm。直径在 6~7 μm 之间的最多,在此范围内纤维的数量占总数的 25%。机械处理后的麦秸纤维直径如图 2-22(b)所示。从图中可以清楚地看出纤维的尺寸减小了,其中近 60% 的纤维直径在 30~40 nm 之间。

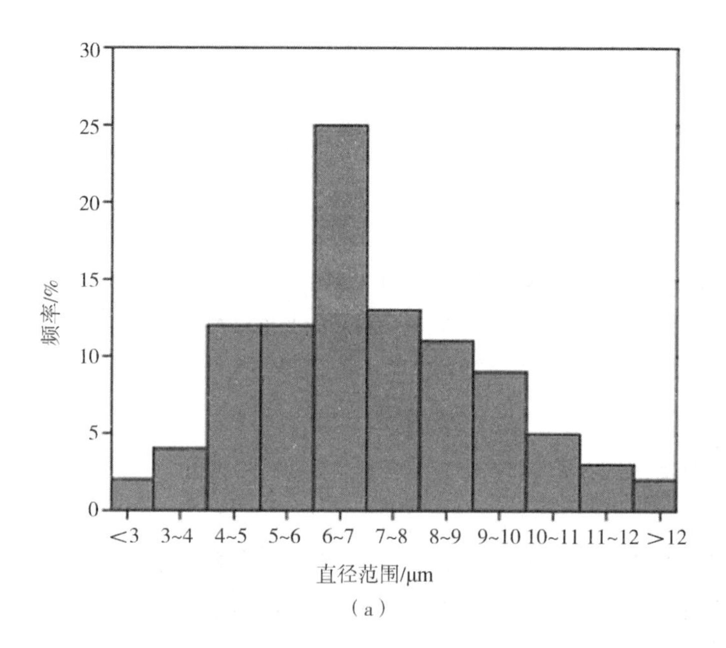

(a)

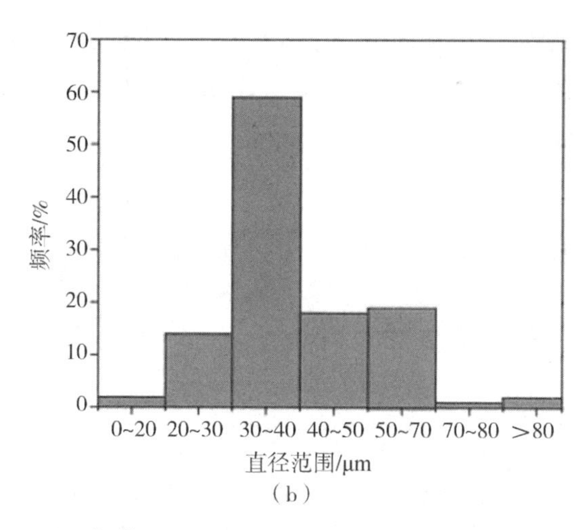

图 2-22　(a)化学处理和(b)机械处理后小麦秸秆纤维的直径分布

2.3.5　蒸汽爆破法

在蒸汽爆破过程中,纸浆短时间暴露于加压蒸汽中,随后压力迅速释放,导致纤维细胞壁破裂。这种处理使大量半纤维素水解为单糖和水溶性低聚物,并导致一些木质素解聚。蒸汽爆破法主要用作从木质纤维素材料中提取纤维素纤维的制浆工艺。然而,也有人建议从菠萝叶、香蕉纤维和黄麻中生产纳米纤维素。目前,经该方法所获得的纳米纤维素的质量仍然不能令人满意。

Kaushik 等人使用碱蒸汽爆破法结合高剪切均质法从小麦秸秆中获得了直径为 10~50 nm 的纤维素纳米纤维。首先,他们将长度为 2~5 cm 的麦秸纤维在 2% 的 NaOH 溶液中浸泡过夜,然后在(200 ± 5) ℃的高压釜中用 10%~12% 的 NaOH 溶液处理 4 h。第一次处理从纤维表面去除了过多的杂质,导致纤维膨胀,从而使下一步处理变得容易。将得到的浆液用蒸馏水洗涤数次,直至无碱。然后将碱处理过的纸浆浸泡在 8% 的 H_2O_2 溶液中过夜以去除可能残留的木质素和半纤维素。随后用 10% 的 HCl 溶液处理漂白浆,在超声波仪中(60 ± 1) ℃下保温 5 h。最后取出纤维,用蒸馏水洗涤数次,以中和最终的 pH 值,然后烘干。最后将纤维悬浮于水中,用高剪切均质机连续搅拌 15 min。高剪切作用使纤维团聚体破裂,形成纳米纤维。

他们对蒸汽爆破后的麦秸进行表征,考察了这些纤维的结构。如图2-23所示,纤维的平均直径在10~15 μm,小于化学处理前纤维束的平均尺寸。他们认为纤维素粒径的减小是由半纤维素和木质素的溶解造成的。

(a) (b) (c) (d)

图2-23 蒸汽爆破处理后纤维素纤维不同放大倍数的SEM图

Manha等人报道了一种绿色、廉价、低能耗的技术,使用高压釜从木质纤维素材料中分解纤维素微/纳米纤维。他们将黄麻原料通过手工剥皮、切割和蒸馏水洗涤处理以提取黄麻原纤维(JF),然后在40 ℃烘箱中干燥24 h去除水分。利用普通纸从柠檬汁(柠檬酸5.5%)中分离出纤维成分。通过添加去离子水,将柠檬汁的pH值精确地保持在2.5。将3 g黄麻原纤维与溶剂一起装入高压釜中,分别在137 Pa和115 ℃下蒸汽处理30 min。随后,将蒸汽处理的JF立即暴露在标准大气压和室温下,以利于木质纤维素生物质的爆炸减压。用去离子水洗涤除去水溶性组分，使其达到中性 pH 值，然后将残渣在 40 ℃烘箱中干燥，以完全除去水分。他们利用 SEM 考察了蒸汽爆破前后黄麻纤维的表面形貌。如图 2－24(a)所示，黄麻纤维直径为 80～100 mm，由若干直径为 5～15 mm 的基元纤维组成。各基元纤维在纤维轴方向排列紧密，纤维表面有非纤维成分。蒸汽爆破处理 30 min 后，原生纤维素发生原纤化和解聚，产生直径为 60～100 nm 的纳米纤维，如图 2－24(b)和图 2－24(c)所示。

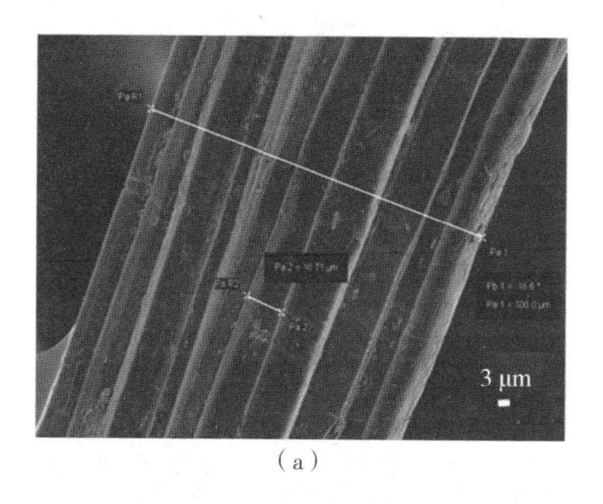

(a)

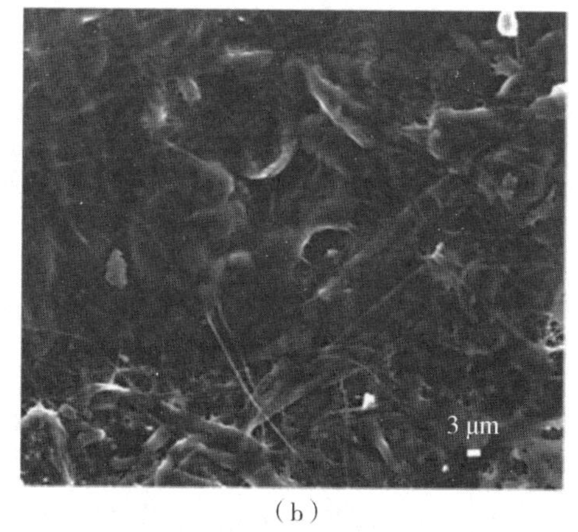

(b)

(c)

图 2-24 (a)原始 JF、(b)放大 2000 倍的蒸汽爆破 JF、(c)放大 15000 倍的蒸汽爆破微/纳米微纤维的 SEM 图

2.3.6 微射流法

微射流机是一种类似于高压均质机的仪器,可用于生产纳米纤维素。Qing 等人将一部分在研磨粉碎机中精炼 6 h 的纸浆在微射流机中进一步精炼。将精制的纸浆纤维悬浮液稀释至 1% 的固体浓度,并通过微射流机处理 15 次,制得了纳米纤维素。他们同时还采用不同的方法制备了纳米纤维素,并对这些样品进行了对比。这些样品被命名为 R、RM、ER、ERM、TEMPO,其中"R"和"M"分别对应于研磨粉碎机和微射流机中精炼,"E"和"TEMPO"分别对应于酶和 TEMPO 氧化的预处理。

图 2-25 和图 2-26 分别为不同纤维素纳米纤维的 SEM 和 TEM 图。原始纸浆纤维的平均直径为 18 μm,长度近 1 mm。如图 2-25(a)所示,仅用研磨粉碎机进行精炼不足以将纤维素纤维完全还原为纳米纤维,由此产生的纳米纤维的直径范围为 9.0~170 nm,TEM 图中的平均直径为(48 ± 45) nm。然而,相当一部分纤维被转化为纳米级纤维,这与之前使用同一研磨粉碎机精炼硬木纸浆的结果一致。与微射流机结合的精炼和单独精炼相比能得到更细小的纤维结构,并且纤维结构高度网络化,如图 2-26(c)所示。RM 纳米纤维的直径为

4.7 ~31 nm,平均直径为(15 ± 6.2) nm。此外,与用酶预处理的样品不同,RM 样品明显具有不均匀的纤维直径和大量“模糊”的边缘,如图 2-25(b)、(c)以及图 2-26(a)、(b)所示。通过微射流机后,纤维的直径似乎减小了,这与先前报道的结果是一致的,即通过高压均质化将纤维束转化为更为均匀的纳米纤维。酶对纳米纤维素的形态有显著的影响。在酶处理后纤维的 SEM 和 TEM 图中可以看到大量短棒状颗粒,而单独机械处理的纳米纤维则更大、更网络化。酶处理后的纤维经微流化处理后直径较未处理的纤维小,纤维直径由 16 ~87 nm减小到 7.5 ~17 nm。此外,无论是酶处理还是未经酶处理,微流化处理和研磨处理的纤维直径都比较接近。

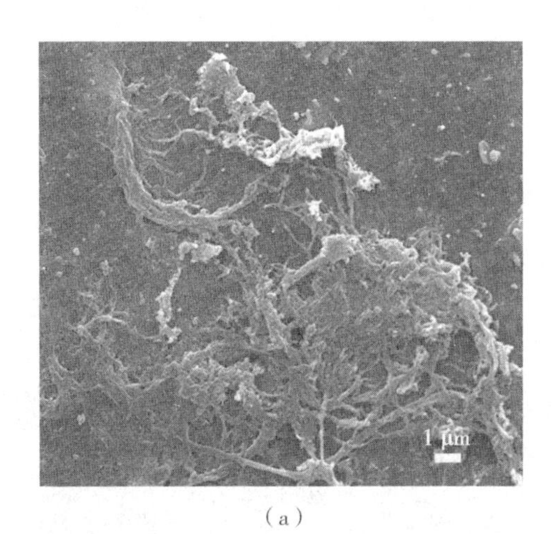

(a)

(b)

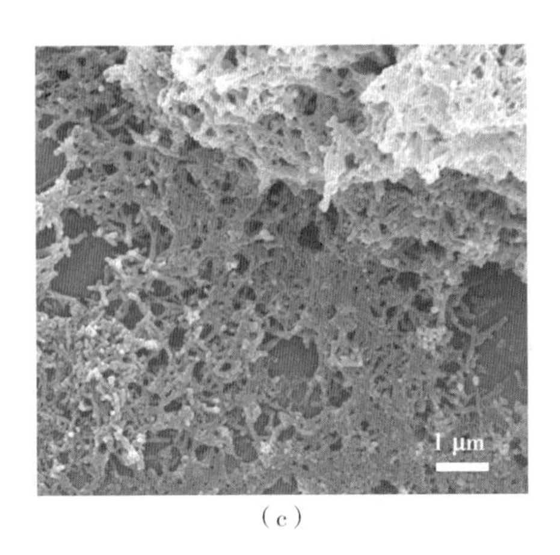

(c)

图 2-25　不同纤维素纳米纤维的 SEM 图

(a)R;(b)ER;(c)ERM

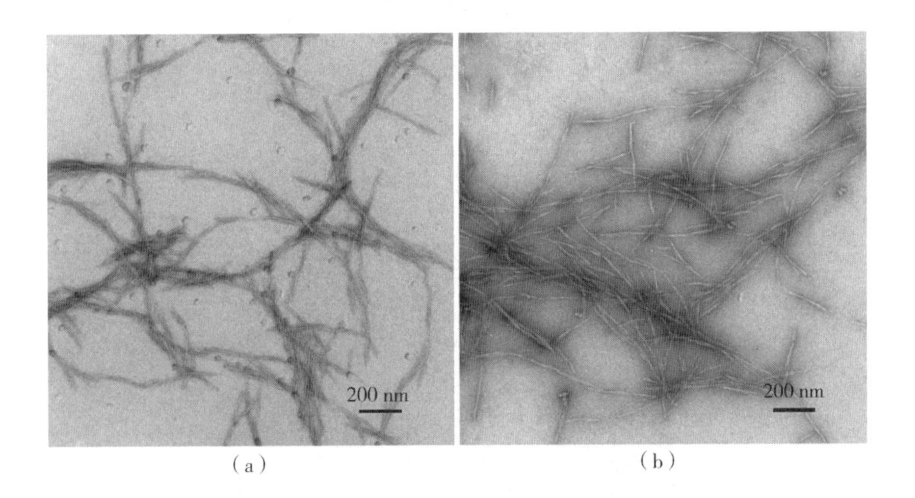

(a)　　(b)

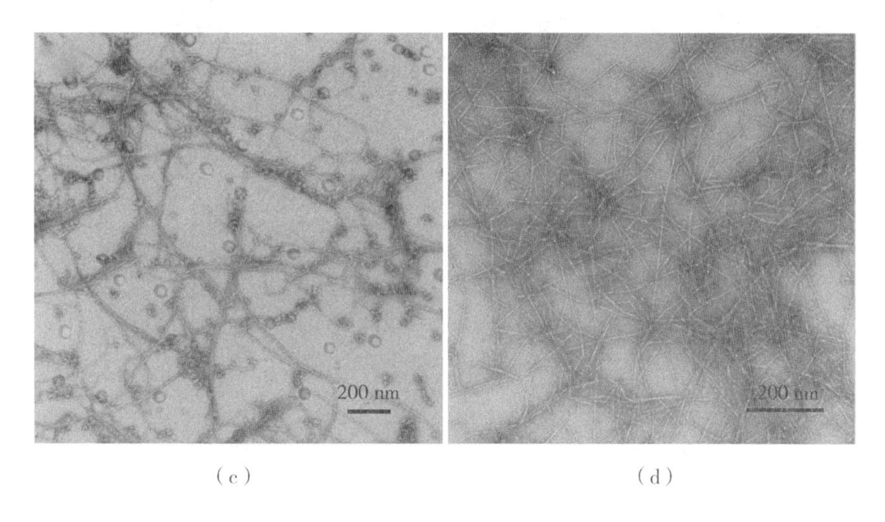

(c)　　(d)

图 2 - 26　不同纤维素纳米纤维的 TEM 图

(a)ER;(b)ERM;(c)RM;(d)TEMPO

Carrillo 等人提出了一种生产纤维素纳米纤维的新方法,以减少悬浮在水性介质中的前体纤维解构过程中的能量需求。他们以尿素或乙二胺的水溶液配制微乳液用于破坏原纤维间氢键。与典型的含木质素和不含木质素纤维的原纤化相比,用微乳液系统预处理可以分别在微流化过程中节省 55% 和 32% 的能量。此外,微乳液加工促进了更小的纤维素纳米纤维结构的形成,具有更高的保水值(WRV)和更大的比表面积。他们发现含尿素的微乳液在降低能量消耗和破坏纤维素基质方面最为有效(图 2 - 27)。

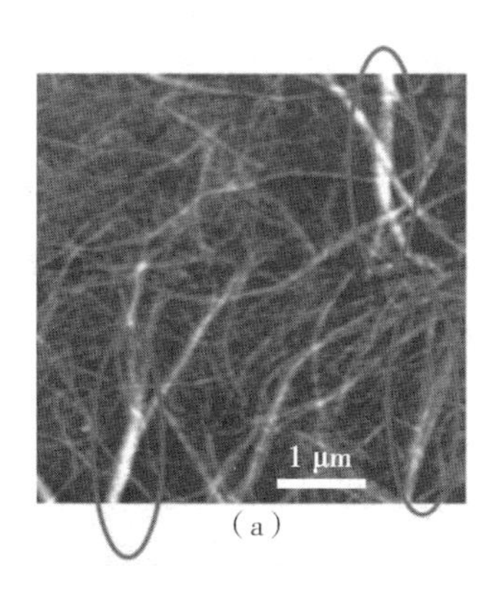

(a)

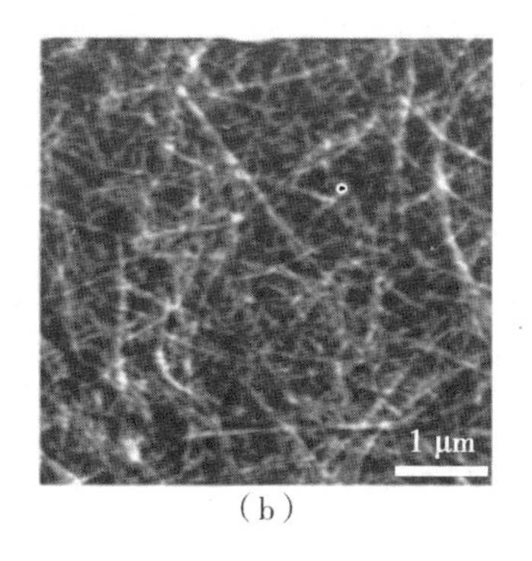

(b)

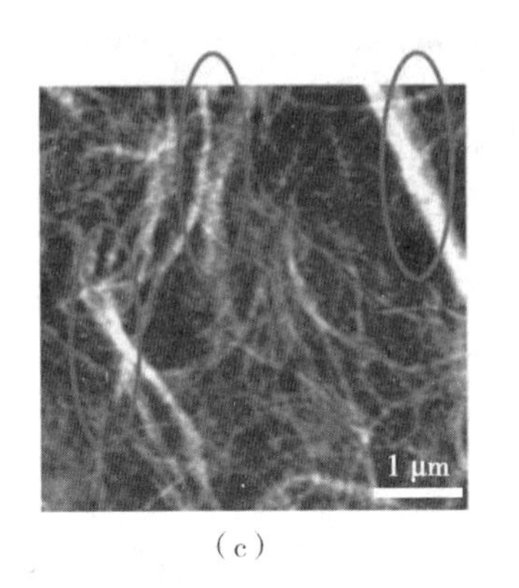

(c)

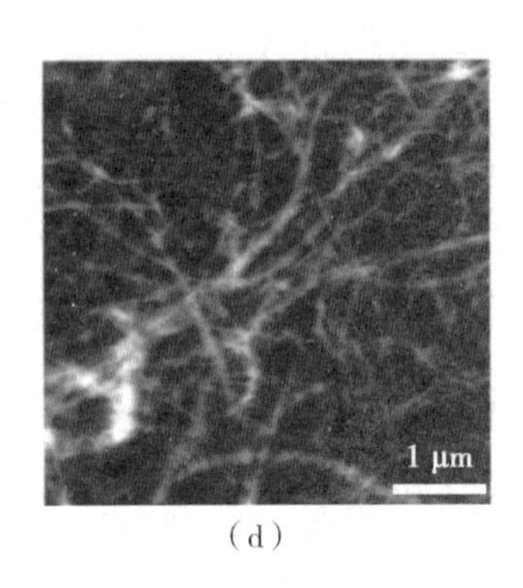

(d)

图 2-27 (a)~(b)用尿素预处理的无木质素纤维以及(c)、(d)含木质素纤维的 CNF 的 AFM 图

2.3.7 双螺杆挤出法

双螺杆挤出(TSE)法是一种常用的工艺,主要用于食品、塑料和制药等工业领域,也可用于纳米纤维素的生产。在这种方法中,纤维素纸浆通过安装在封闭机筒中的两个相互啮合的异向旋转螺杆进行原纤化。由于螺杆和机筒设计范围广泛,因此可以建立各种螺杆配置形式。

Rol 等人利用双螺杆挤出机采用酶解法由 TEMPO 氧化纤维素纤维中制备出固含量(20% ~25%)高、能耗比常规工艺低 60% 的 CNF。然而,聚合度和结晶度的测试结果表明,就超大质量胶体研磨机而言,双螺杆挤出会降解纤维。挤出前后的未经处理和预处理的纸浆材料的光学显微镜图如图 2-28 所示。如前所述,挤压工艺对纤维素纤维的原纤化有很大的影响,纤维尺寸随着穿过磨床的次数而减小。然而,通过酶和 TEMPO 氧化处理的纸浆可以制备出优质的 CNF。TEMPO 氧化纸浆由于氧化速率(820 μmol · g^{-1})较低,即使经过 7 次,纤维集合体和微米级纤维仍然存在。Rol 等人的目标是在 1 次通过后生成 CNF。他们对一种纸浆进行了 1 次、3 次、5 次、7 次和 10 次的运行,其中 7 次是最佳的。因此,通过的次数被限制为 7 次。他们根据自己的研究修改了螺杆轮廓,以便在 1 次通过后就获得 CNF。

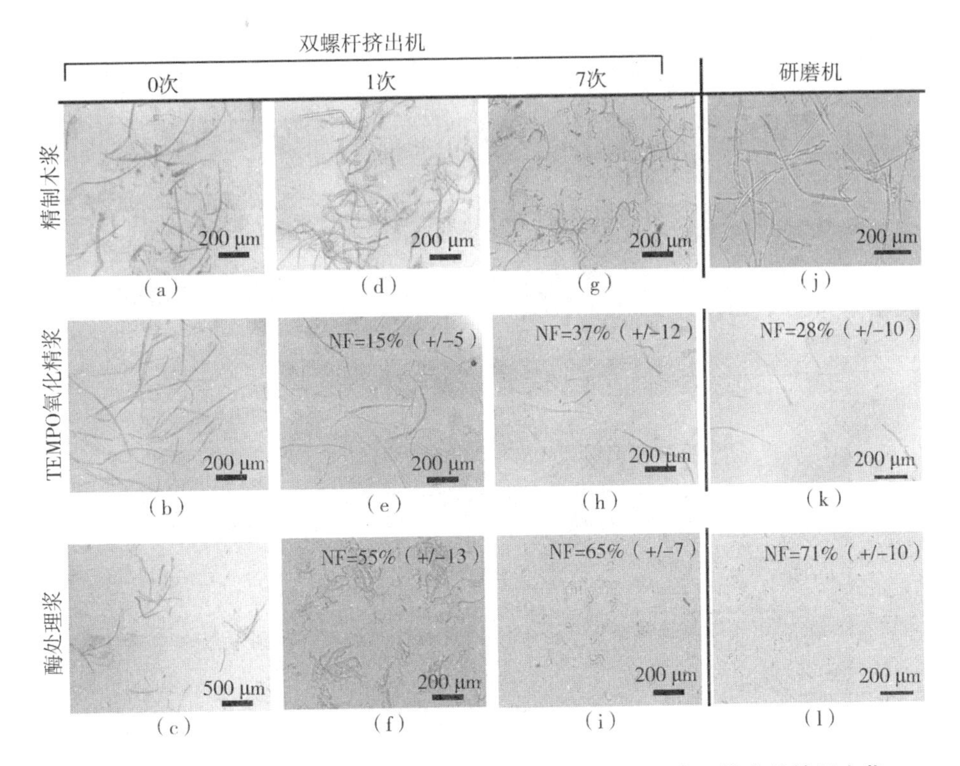

图 2－28　(a)用 0 次、(d)1 次和(g)7 次挤出机或(j)用研磨机挤出的精制木浆；(b)用 0 次、(e)1 次和(h)7 次挤出机或(k)用研磨机挤出的 TEMPO 氧化精浆；(c)用 0 次、(f)1 次和(i)7 次挤出机或(l)用研磨机挤出的酶处理浆的光学显微镜图

Ho 等人考虑到纤维的原纤化和降解程度，研究了通过 TSE 进行的原纤化过程对纸浆纤维性能的影响。他们将未干燥的精制漂白牛皮纸浆(NBKP)以 28% 的浓度通过 TSE 几次。原纤化纤维的输出具有高达 50% 的固体含量。然而结果表明，在 TSE 的原纤化过程中发生了一些降解。此外，原纤化纸浆片的力学性能反映了处理对纤维素原纤化和降解的影响。

图 2－29 为起始材料和原纤化纤维素纤维经过 TSE 后的 SEM 图。原材料在一定程度上已经表面原纤化，如图 2－29(a)所示，这是由原材料 NBKP 生产过程中的精炼步骤引起的。经过 1～3 次后，如图 2－29(b)和图 2－29(c)所示，仍然可以看到微尺寸的纤维。经过 5 次后甚至存在更大的原纤维聚集体，如图 2－29(d)所示。然而，它们变得越来越小，经过 10 次或 14 次后，纤维素材料更加均匀，如图 2－29(e)和图 2－29(f)所示。通常，通过次数越多，原纤化

效果越明显。

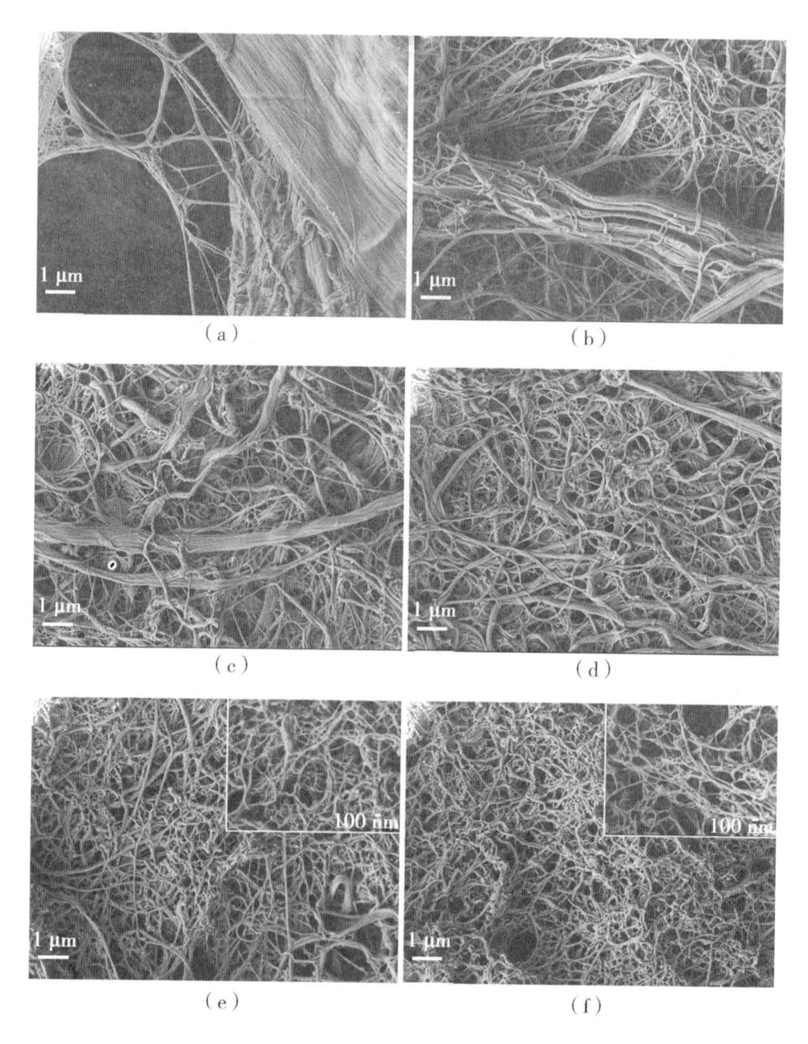

图 2－29　(a)原料精制的 NBKP，以及(b)1 次通过后、(c)3 次通过后、(d)5 次通过后、(e)10 次通过后、(f)14 次通过后的纤维素纤维的 SEM 图

2.3.8　流体碰撞法

还有一种用于制备纳米纤维素的物理方法是流体碰撞法(ACC)。两股含

有微米级样品颗粒的水悬浮液通过双喷嘴喷出，两股水流在高压下相互碰撞，形成纳米级物体的水分散液。在 70 ~ 270 MPa 的高压下，一对喷嘴喷射试样的悬浮液形成一对水射流。每个喷嘴的直径在 100 ~ 200 μm之间，两射流的碰撞角一般在 95° ~ 178°之间，喷射步数和喷射压可以调整，以使试样达到所需的制粉循环次数。

Kose 等人尝试利用 ACC 法从微生物纤维素膜中制备出单一的纤维素纳米纤维，由此制备的纳米纤维素具有独特的形态特性。他们使用均质器将微生物纤维素膜破碎成(1.2 ± 0.5) mm 大小的碎片用于 ACC 处理，重复 30 次。在处理前，通过偏光显微镜可以看到薄膜中纤维的网络结构，如图 2 – 30(a) 所示。经过几次 ACC 处理后，使用偏光显微镜不再能观察到任何东西，如图2 – 30(b) 所示，但是可以通过 TEM 观察到具有纳米级宽度的纤维，如图 2 – 30(c) 所示。这表明 ACC 处理使膜层中的网络快速解离成了单一的纤维素纳米纤维，即纳米纤维素。重复 ACC 处理导致的典型形态变化使纳米纤维素的进一步原纤化，如图 2 – 30(c) 中的箭头所示。原纤化将纳米纤维素的内表面暴露以增大纳米纤维素的比表面积。研究结果表明，通过 30 次和 60 次 ACC 处理获得的纤维素纳米纤维的比表面积均大于未经 ACC 处理的微晶纤维素、微生物纤维素膜和崩解薄膜。

在制备电镜观察的样品时，纳米纤维素由于在网格上自聚集而难以测量其宽度和长度。因此，网格上的无聚集纳米纤维素被选择性地分别用于宽度和长度的测量，如图 2 – 30(d) 所示。ACC 处理中纳米纤维素的宽度随着通过次数的增加而减小。这也表明 ACC 处理能够在 200 MPa 的喷射压力下，在 40 次通过后迅速将初始纳米纤维进一步缩小为约 30 nm 宽的纳米纤维素。

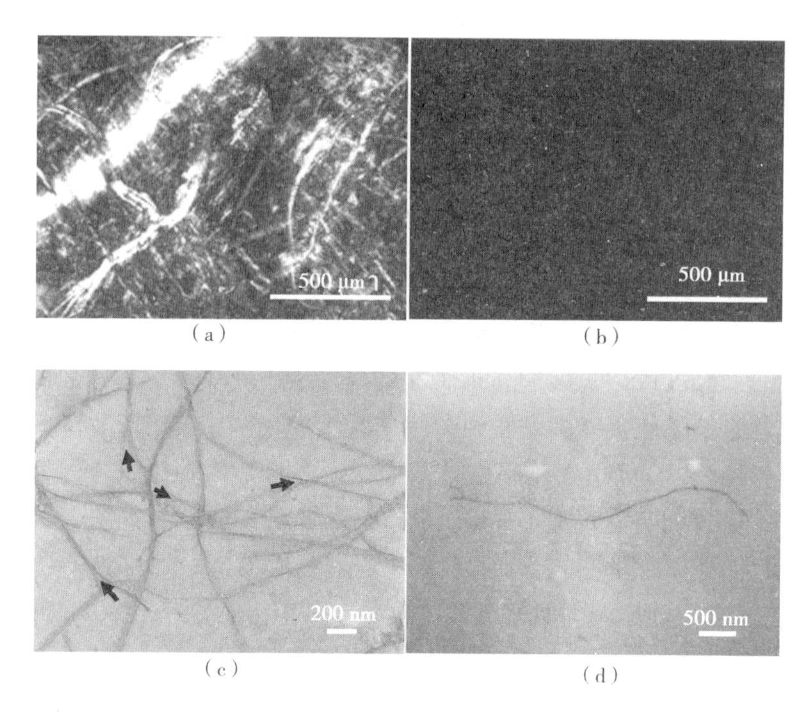

图 2-30 ACC 处理前(a)和处理后(b)纤维素薄膜的光学显微图;(c)通过 30 次 ACC 处理的纳米纤维素的 TEM 图,箭头表示纳米纤维素中的原纤化结;(d)纳米纤维素整体的 TEM 图

2.4 纳米纤维素的生物法制备

2.4.1 酶解法

最近,利用酶从纤维素生物质中可以分离出高产量的纤维素。此外,其高糖化效率和高渗透力使这些候选物适用于纳米纤维素的生产。酶解法还能有效避免污染,使该过程对环境更加有利。

木质素作为一种物理屏障会阻碍酶进入碳水化合物部分。木质素和碳水化合物之间的交联、木质素的结构和分布被认为是酶的重要抑制因素。此外,在酶促水解过程中,酶往往会通过疏水相互作用与木质素不可逆地结合,从而导致其活性丧失。这种酶与木质素的非生产性结合被认为是需要大量使用酶的主要原因。

Siqueira 等人研究了属于三个糖基水解酶(GH)家族的真菌和细菌来源的内切葡聚糖酶(EG)在漂白桉树硫酸盐纸浆上作为制备纤维素纳米晶的潜在催化剂的作用。真菌 GH7EG 在不改变结晶度和微晶尺寸的情况下,在水解和纤维破碎方面最有效。真菌 GH45EG 促进的纤维断裂与 GH7EG 观察到的相似,尽管它释放的糖量较少。GH45EG 是唯一影响结晶度和微晶尺寸的 EG,也是唯一能够分离纳米颗粒的酶。他们用 EG - GH45 - FC 获得的纤维素纳米晶呈棒状,宽度为 4 ~ 30 nm,如图 2 - 31(a)和图 2 - 31(b)所示,长度为 0.2 ~ 1.5 μm,如图 2 - 31(c)所示。结果表明,通过酶促途径制备的纤维素纳米晶比通过酸水解制备的纤维素纳米晶尺寸要大一些。此外,EG - GH45 - FC 能够产生非常均匀的纤维素纳米晶,约 70% 宽度集中在 6 ~ 10 nm,90% 的颗粒长度小于 1 μm,大约 46% 的颗粒长度分布在 400 ~ 600 nm 内。

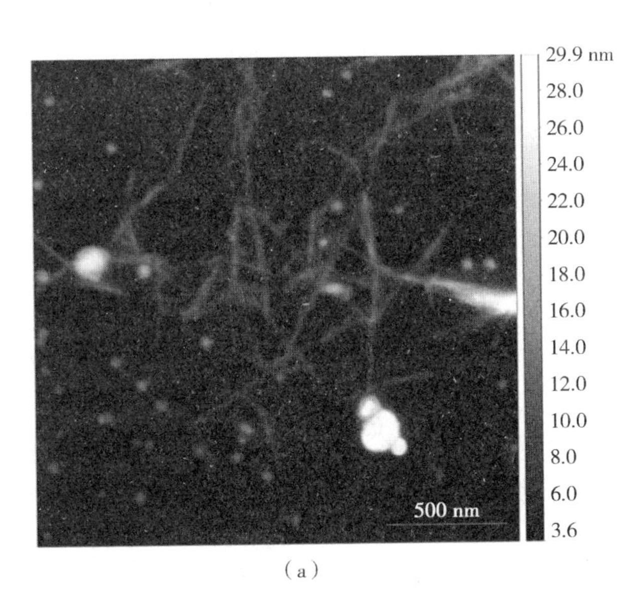

(a)

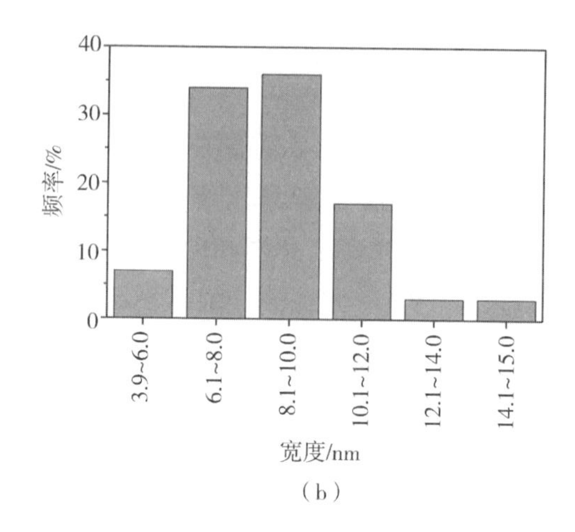

(b)

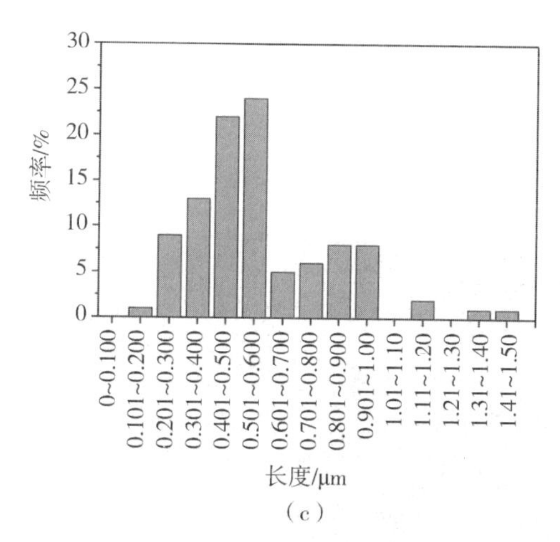

(c)

图 2-31 EG-GH45-FC 酶解 BEKP 后得到的 CNC 的 AFM 图;
(b)宽度尺寸频率和(c)长度尺寸频率

2.4.2 细菌纳米纤维素的合成

由于产生细菌纤维素的细菌只能在纳米尺度上结合原纤维,因此所有细菌纤维素都必然是纳米纤维素。细菌纤维素对环境无害,与植物纤维素相比,纯化所需的能量更少。在发酵过程中,微生物要么在培养基中自由移动,要么附着在纤维素纤维上,产生高度膨胀的凝胶结构。纯化涉及微生物的死亡以及从纤维素基质中去除细胞废物和培养基。这是确保细菌纤维素质量的关键步骤,可以通过使用热氢氧化钠溶液反复洗涤，然后用水进行洗涤，直到达到中性 pH 值或通过其他方法进行处理。

Czaja 等人使用醋杆菌 NQ－5 菌株合成了纤维素，其特征是比静态生产的纤维素具有更小的质量分数。这种减小与搅拌培养产生的纤维的微晶尺寸变小有很好的相关性。他们通过各种方法研究了搅拌过程中特征纤维素球的形成（图 2－32）。在此基础上，他们提出了搅拌培养中球形成和细胞排列的假设机制。

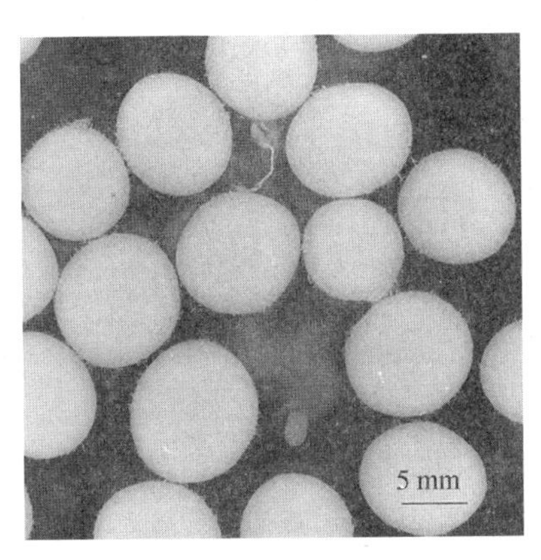

图 2－32 在搅拌培养条件下形成的纤维素球

他们认为细胞可能有一个周期性的带状合成阶段，即细胞实际上有一个合成、脱离球体、重新连接球体和开始带状合成的循环。如此特定的细胞表面分布也被 SEM 证明，如图 2－33(b)所示。在静止和搅拌培养条件下合成的纤维素微纤维的结构如图 2－33(c)和图 2－33(d)所示。仔细观察发现，大多数单轴取向的丝带是静止培养中形成的纤维素的特征，而在搅拌条件下合成的纤维素则表现出无序、弯曲、重叠的丝带结构。这种无序的微观结构可能是搅拌结果。纤维素微纤维的厚度在这两个样品之间似乎也不同，来自搅拌培养的样品的微纤维稍薄一些。

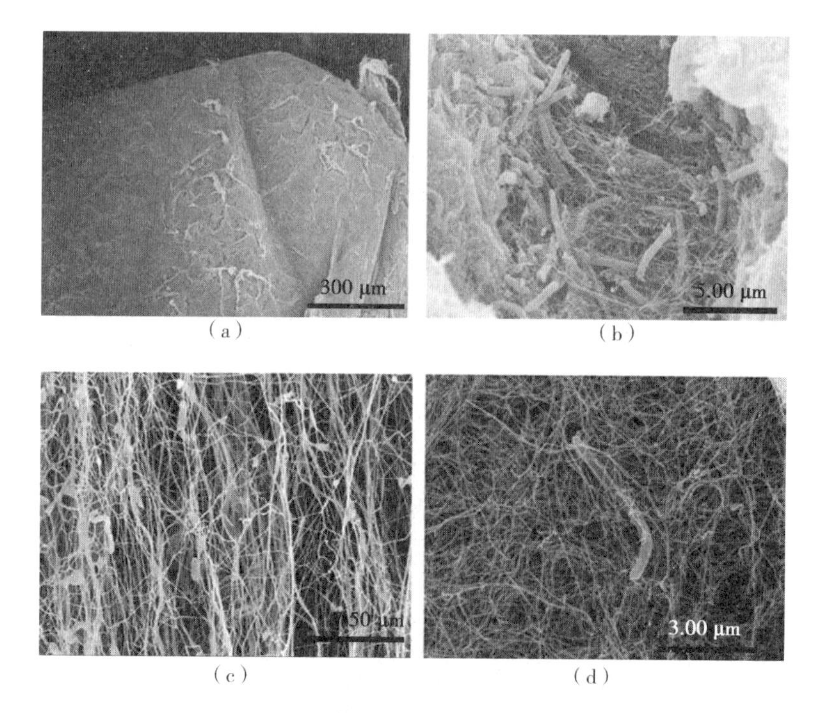

图 2-43 在不同培养条件下产生的细菌纤维素的 SEM 图
(a)在搅拌培养中形成的球体表面;(b)在破裂的纤维素球体表面附近看到的细菌;
(c)静态产生的纤维素的结构;(d)搅拌过程中产生的纤维素的结构

2.5 纳米纤维素的其他制备方法

2.5.1 静电纺丝法

静电纺丝法是一种利用不同的静电力生产直径为 0.01 ~ 10 μm 的纳米纤维的技术。静电纺丝装置由电压供应器、注射器泵、塑料注射器、针头和基板组成。电压供应器使针头和基板之间产生高电压,作为将纤维拉到基板上的驱动力。在供电期间,针尖上会形成一滴溶液。由于表面张力,液滴停留在尖端,随着电压升高,电势超过表面张力,液滴变成锥形,即泰勒锥。增加电压会拉长锥体,在基板上喷射射流。在启动阶段,喷射流沿直线运动,随着拉伸量的增加,直径减小，溶剂的进一步蒸发也有助于纤维的伸长，形成直径为微米或纳米级的纤维。

Rodriguez等人以乙酸纤维素（CA）为原料，研究了溶剂组成、聚合物浓度、流速等因素对电纺丝CA结构的影响。在丙酮、丙酮/异丙醇（2∶1）、丙酮/二甲基乙酰胺（DMAc，2∶1）溶液中使用CA静电纺丝，制得了CA垫。在丙酮/DMAc（2∶1）溶液中考察了CA浓度和流速的影响。结果表明，电纺丝CA垫的形态受溶剂组成、聚合物浓度和溶液流速的影响。由丙酮和丙酮/异丙醇（2∶1）混合物生产的纤维呈现带状结构，而丙酮/DMAc（2∶1）混合物生产出常见的圆柱形纤维，如图2-34所示。

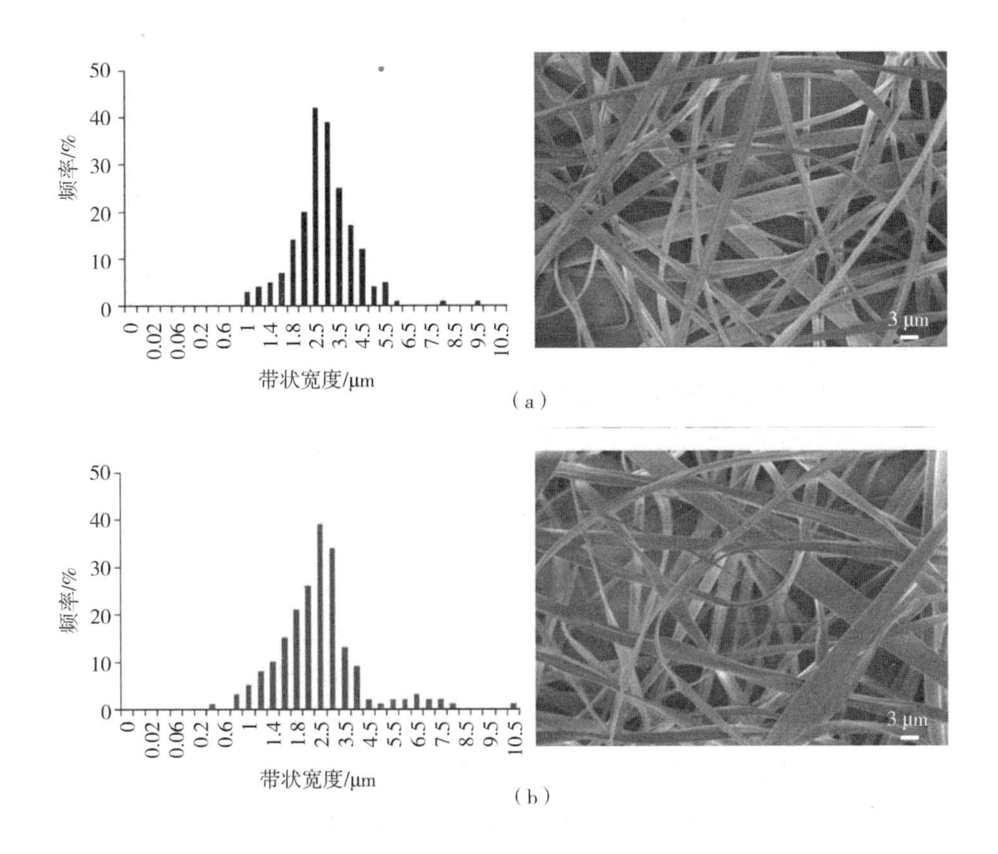

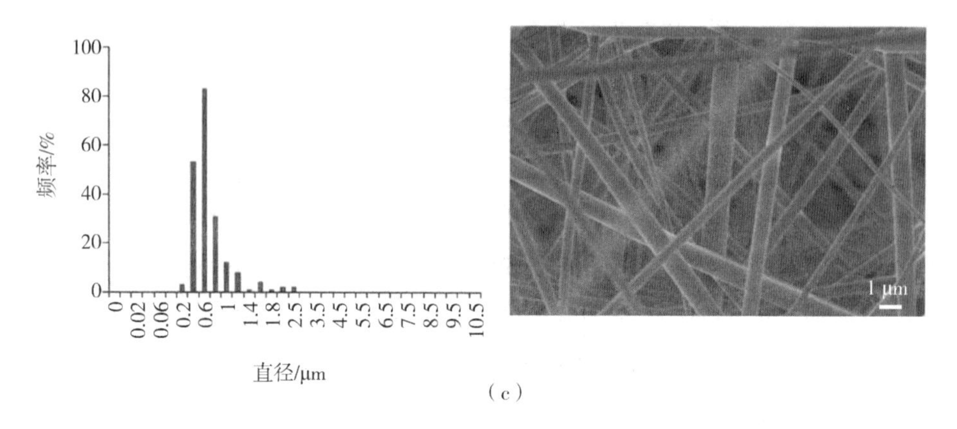

(c)

图 2－34 不同溶剂组成对所制备纤维的尺寸分布和形态的影响

(a)丙酮;(b)丙酮/异丙醇(2∶1);(c)丙酮/DMAc(2∶1)

2.5.2 低共熔溶剂法

低共熔溶剂(DES)被认为是一类新型的离子液体(IL)类似物,因为它们与IL具有许多相似的特征和性质。DES和IL这两个术语在文献中常互换使用,但有必要指出它们实际上是两种不同类型的溶剂。尽管DES的物理性质与IL相似,但它们的化学性质却表明它们具有不同的应用领域。DES由两个或两个以上相互作用的组分组成,与它们各自的前驱体组分相比,熔点降低。这种相互作用通常是氢键。

Sirviö等人报道了一种基于氯化胆碱和有机酸对木质纤维素纤维进行DES预处理,制备CNC的新方法。他们研究了乙二酸(无水和二水合物)、对甲苯磺酸一水合物和乙酰丙酸作为DES的酸成分。通过将氯化胆碱与有机酸结合,在较高的温度(60～100 ℃)下形成DES,然后用于水解纤维素杂乱的无定形区域。所有DES处理均可使木材纤维降解为微米级纤维,并且在机械分解后,从氯化胆碱/乙二酸二水合物处理的纤维中成功获得了CNC,而其他DES没有观察到CNC的释放。他们制备的CNC表现出了良好的热稳定性(起始热降解温度范围为275～293 ℃)。

如图2－35所示,所有乙二酸二水合物DES预处理的样品都单独出现短的CNC。与在100 ℃下获得的CNC相比,DES5具有薄的针状结构(平均宽度为

10 nm)，而 DES2 和 DES3 具有稍厚的晶体(平均宽度为 15 nm)。标本内 CNC 长度无明显差异，与其他样品相比，DES5 的长径比最大。结果表明，DES 预处理后的 CNC 宽度为硫酸水解法的 2 倍，但其长度明显大于传统酸水解法，长径比数值相近甚至更大。

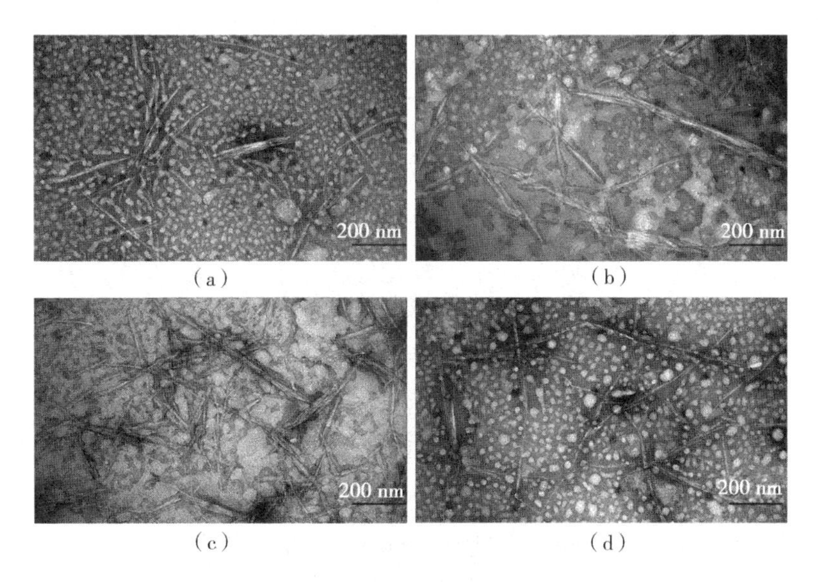

图 2－35　从 DES 预处理的纤维素纤维获得的 CNC 的 TEM 图

(a)DES2；(b)DES3；(c)DES4；(d)DES5

2.5.3　AVAP 法

AVAP 法为纳米纤维素的商业化生产提供了灵活的最终产品形态和表面性质(亲水或疏水)，可以服务于各种新兴的终端用户市场。新型疏水性木质素包覆的 AVAP 纳米纤维素品种可以掺入塑料中，预计 AVAP 纳米纤维素与石油基聚合物以及聚合物添加剂相比具有成本竞争力。图 2－36 为 AVAP 纳米纤维素的简化工艺流程图。

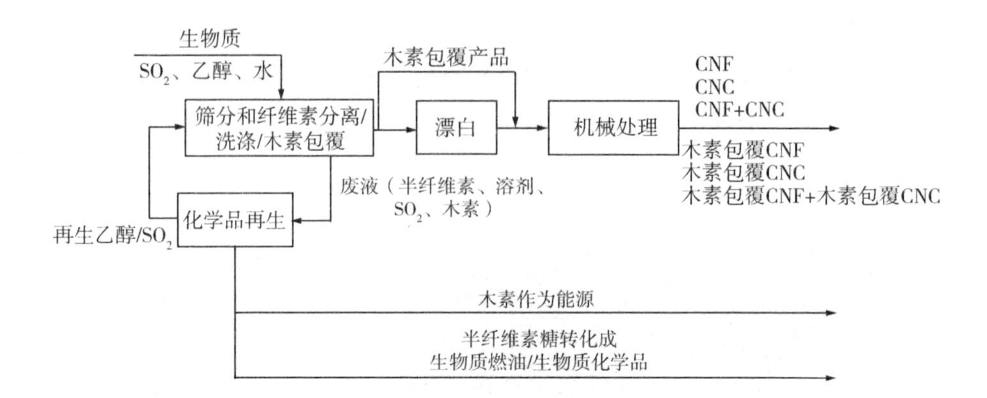

图2－36　AVAP纳米纤维素的简化工艺流程图

Kyle等人使用AVAP生物精炼技术从软木生物质中制备了纤维素纳米纤维、纤维素纳米晶以及纤维素纳米纤维和纤维素纳米晶的新型混合物。他们利用低温扫描电子显微镜(Cryo－SEM)分析了纳米纤维素纤维、纤维素纳米晶和混合物的表面形貌和微观结构(图2－37)。从纳米纤维素纤维中可以看到孔隙大小不同的纤维网络,如图2－37(a)和图2－37(b)所示。这些孔径从104 nm到45 μm不等,平均直径为2827 nm。从纤维素纳米晶中可以看到一个由随机取向的棒状结构密集排列的网络,孔隙率降低,如图2－37(c)和2－37(d)所示。孔隙尺寸小得多,这一点从显微照片和测量结果中可以看出。他们认为这是由于纤维素纳米晶的平均直径比原纤维要小。已知纤维网络的平均孔径与纤维的宽度有关,因此孔径范围为87～1609 nm,平均孔径为299 nm。从纳米纤维素混合物的纳米/微米结构与孔隙率区域的组合来看,纳米纤维素原纤维围绕着更多孔隙较少的纤维素纳米晶,如图2－37(e)、(f)所示。

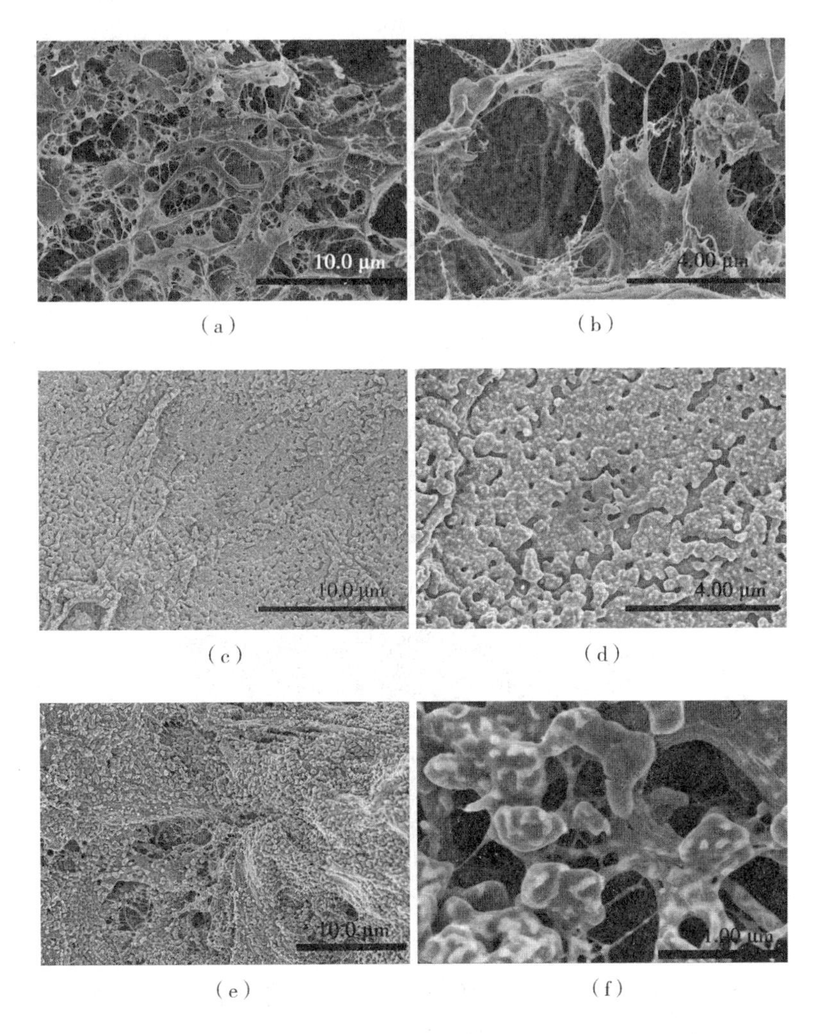

(a)　(b)

(c)　(d)

(e)　(f)

图2－37　(a)、(b)纳米纤维素原纤维(c)、(d)纤维素纳米晶和(e)、(f)纳米纤维素和纤维素纳米晶混合物的 Cryo－SEM 图

2.5.4　离子液体法

离子液体是指完全由离子组成的液体电解质。离子液体已被广泛用于纤维素材料的溶解以及转化。Tan 等人以1－丁基－3－甲基咪唑硫酸氢盐(Bmi-mHSO$_4$)为催化剂和溶剂,以微晶纤维素(MCC)为原料,成功制备了高结晶度的

CNC。他们发现,CNC 的结晶度随着温度的升高而提高,可以归因于在更高的温度下 CNC 能够以更高的速率选择性去除纤维素的无定形相。结果表明,在一定控制条件下经热处理的 $BmimHSO_4$ 横向切割纤维素的非晶部分,可以使剩余的结晶区保持完整。纤维素微纤维的尺寸最终可由微米级减小到纳米级。此后,经处理就可以得到纳米尺寸的 CNC。图 2-38 为用 $BmimHSO_4$ 在 90 ℃下获得的 CNC 的 TEM 图,CNC 呈直径为 15~20 nm、长度为 75~80 nm 的棒状。

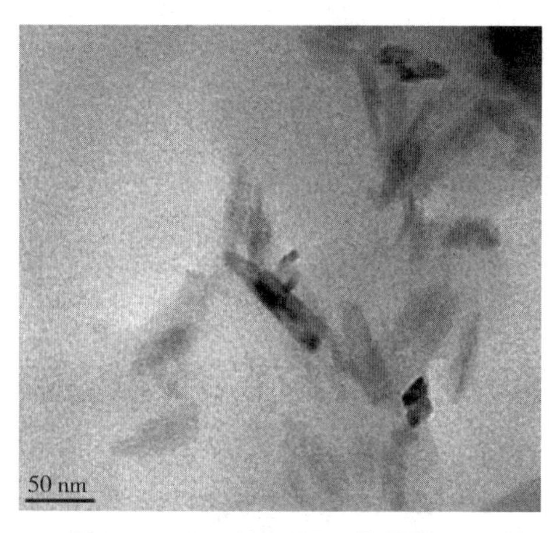

图 2-38 用 $BmimHSO_4$ 在 90 ℃下获得的 CNC 的 TEM 图

他们提出 $BmimHSO_4$ 水解 MCC 的机制与酸水解有一些相似之处。在水解过程中,纤维素的羟基与硫酸氢根阴离子 $[HSO_4]^-$ 之间的相互作用起到了重要作用。当 $BmimHSO_4$ 被加热并且纤维素溶解在其中时,$BmimHSO_4$ 的离子对分解为 $[Bmim]^+$ 阳离子和 $[HSO_4]^-$ 阴离子。与此同时,纤维素分子的氢原子和氧原子与带电物质 $BmimHSO_4$ 形成了电子供体-电子受体(EDA)复合物。一方面,$BmimHSO_4$ 的解离离子对扩散到纤维素链之间。随后,游离的 $[HSO_4]^-$ 与羟基 H—O…H 键的质子结合,而游离的 $[Bmim]^+$ 阳离子的芳族质子倾向于攻击羟基的氧原子,空间位阻变小,导致不同纤维素链的羟基分离。另一方面,在单个纤维素链中,β-1,4-糖苷键的碳原子被 $[HSO_4]^-$ 攻击,β-1,4-糖苷键的氧原子与 $[Bmim]^+$ 相互作用,导致两条纤维素链之间的氢键发生断裂,纤维素链内的 β-1,4-糖苷键也发生断裂,使纤维素原纤维分离。因此,糖苷键的水解使其粒径和解聚度(DP)大幅度降低,但这需要一定的控制条件,防止完全水解到分子水平。

第3章　纳米纤维素的化学改性

纳米纤维素的适用性因其在非极性溶剂中的分散性差、与疏水性基质不相容和界面黏附性较差而受到限制。为了克服这个问题,研究人员尝试着对纳米纤维素的表面和结构进行改性。纤维素纳米颗粒表面的化学改性通过其表面的羟基,主要是伯醇基团(—CH_2OH)进行。目前来说,对纳米纤维素材料进行化学改性的目的是提高分离过程的效率和改变表面疏水性,从而提高纳米纤维素在特定溶剂中的相容性和分散性。

3.1　纳米纤维素的电荷赋予改性

在使用硫酸和磷酸水解合成纳米纤维素的过程中,其表面会被硫酸盐或磷酸盐部分功能化,这个过程中会引入水分散和分离过程所需的电荷。很多文献已经报道了通过磷酸化、羧甲基化、TEMPO 氧化和磺化反应将离子电荷引入纤维素表面的方法。图 3-1 为不同的表面改性技术,通过这些技术可以将离子电荷引入纳米纤维素表面。

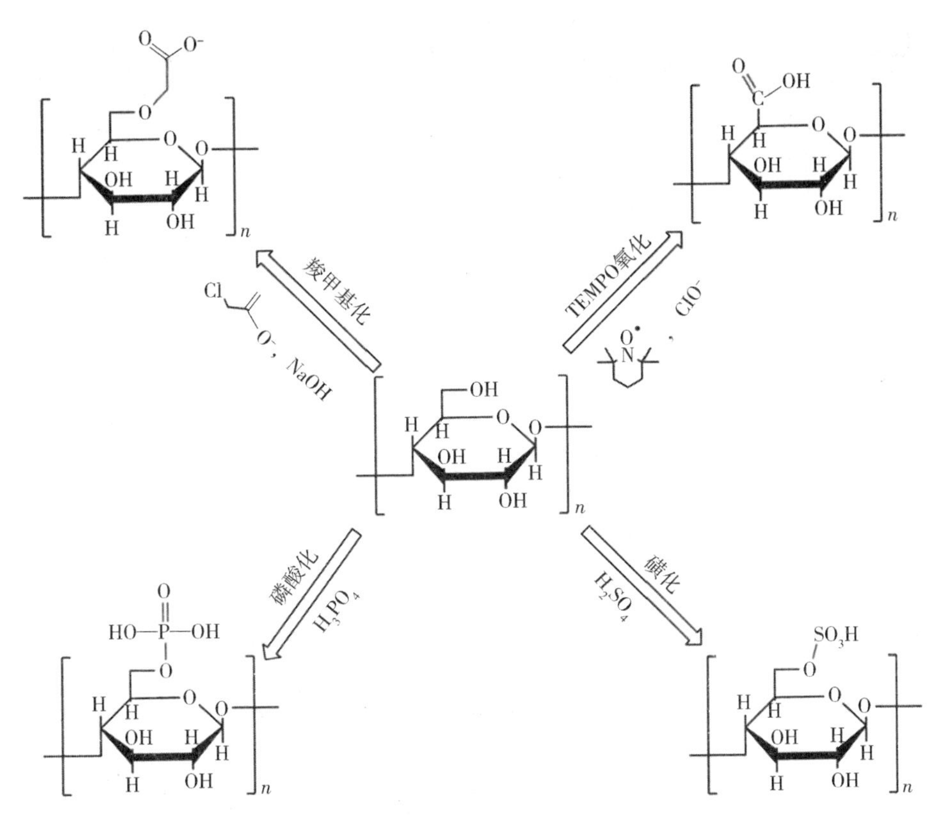

图 3－1　通过不同的表面改性技术将离子电荷引入纳米纤维素表面

3.1.1　羧酸化改性

TEMPO 介导的氧化既可用作促进纳米纤维分离的预处理，也可用作使纳米纤维素表面疏水的手段。该方法选择性地将葡萄糖单元暴露的 C6 醇官能团转化为羧酸。从机理上讲，TEMPO 稳定的亚硝基自由基能够将羟基转化为醛，随后被氧化为羧酸（图 3－2）。一般用催化量的 TEMPO 与次氯酸钠或亚氯酸钠等二次氧化剂进行氧化，以回收 TEMPO。

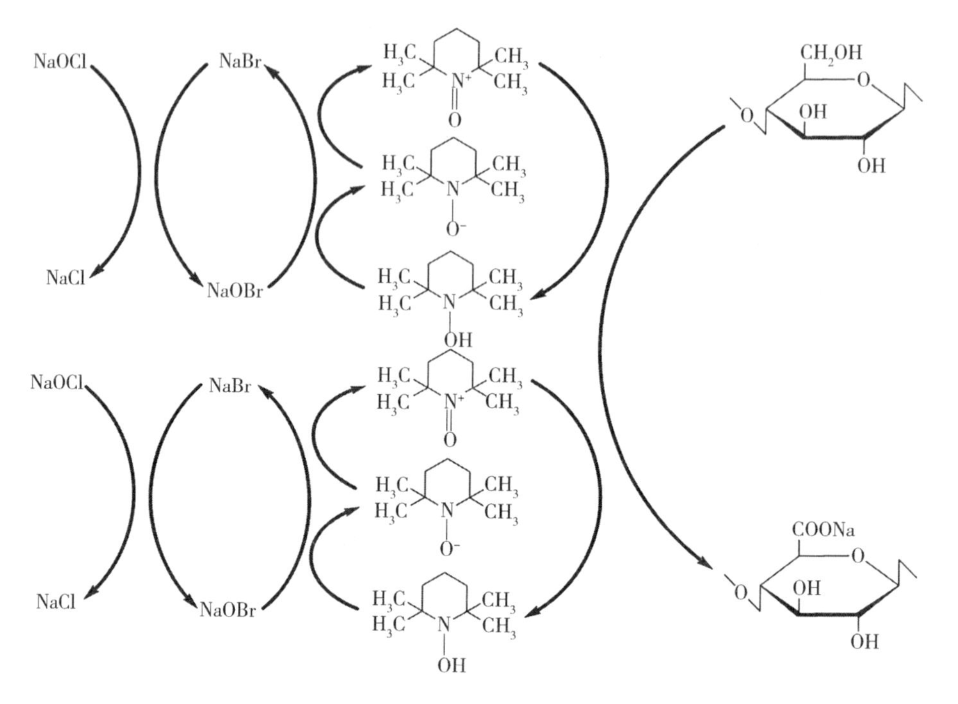

图 3-2 TEMPO 介导的纳米纤维素氧化途径的机制

Besbes 等人将商用漂白桉木纸浆(5 g)分散在含有 TEMPO(25 mg)和 NaBr(250 mg)的磷酸钠缓冲液(500 mL,pH = 7)中。将亚氯酸钠和次氯酸钠溶液加入到烧瓶中。密封好后,在 60 ℃下 500 $r \cdot min^{-1}$搅拌指定的时间(2~72 h),制备了羧基改性的纳米纤维素。随后,他们采用电导滴定法测定了纳米纤维素中羧酸盐的含量。如图 3-3 所示,在前 10 h 内,羧基含量迅速上升,随后略有上升,直至 24 h 达到平缓,其值取决于 $NaClO_2$ 的添加量。当羧基含量分别为 300 $\mu mol \cdot g^{-1}$、500 $\mu mol \cdot g^{-1}$和 1000 $\mu mol \cdot g^{-1}$时,每克纤维的 $NaClO_2$ 含量分别为 0.3 g、0.5 g 和 1 g。

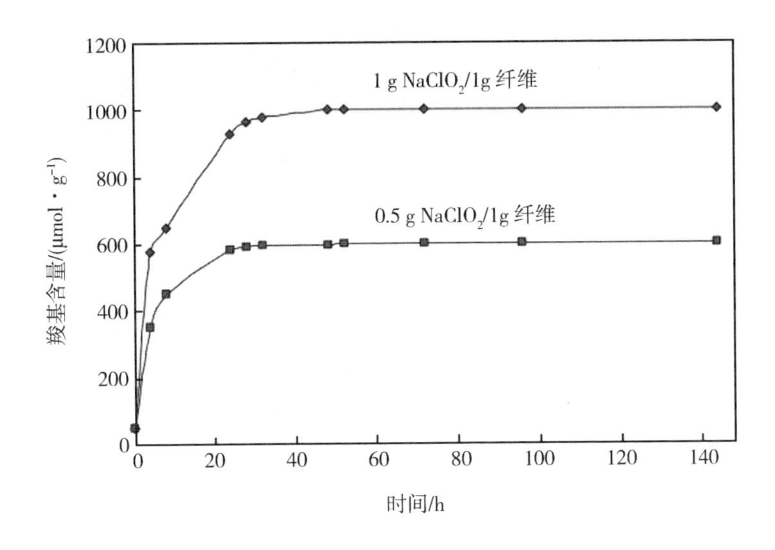

图 3 - 3　TEMPO/NaClO/$NaClO_2$ 体系在 pH = 7，温度 60 ℃时氧化的桉木纤维素纤维的羧基含量

如图 3 - 4 所示，均质过程中压力的大小显著影响非纤化材料的含量。实际上，对于 Eucal - 300 和 Eucal - 500 来说，将压力从 300 增加到 600 bar 会将非原纤化分数分别从 60% 和 28% 减少到 30% 和 8% 。但超过 500 $\mu mol \cdot g^{-1}$ 左右时，羧基含量的进一步增长并未带来纳米纤维素产率的进一步增加。此外，超过这个羧基含量，在这个压力水平即 600 bar 下，额外通过 5 次足以产生几乎完全的纳米纤化作用。事实上，在 500 $\mu mol \cdot g^{-1}$ 和 1000 $\mu mol \cdot g^{-1}$ 的羧基含量下，纳米纤维素的产率在600 bar下额外通过 5 次后增至 92% ，在 600 bar 下额外通过 10 次和 15 次后达到 95% 。

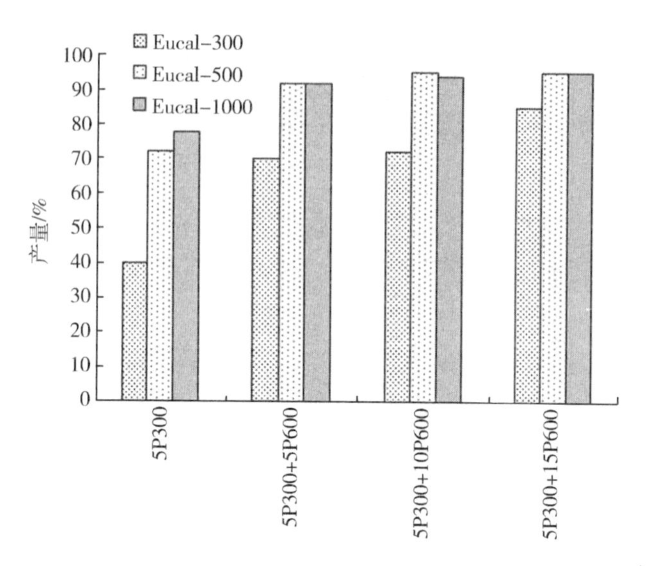

图 3 - 4　根据羧基含量、通过次数和原纤化压力得出的纳米原纤化纤维的产量

（5P300 + 5P600 表示在 300 bar 下 5 次通过，然后在 600 bar 下 5 次通过）

高碘酸盐能够将纤维素 2 位和 3 位的邻羟基氧化为醛基（图 3 - 5），同时打破葡萄糖吡喃糖环的碳碳键，形成 2，3 - 二醛基纤维素（DAC），醛基反过来对进一步的改性表现出较高的反应活性，选择性地氧化为酸，形成化学性质稳定的 2，3 - 二羧基纤维素（DCC）。

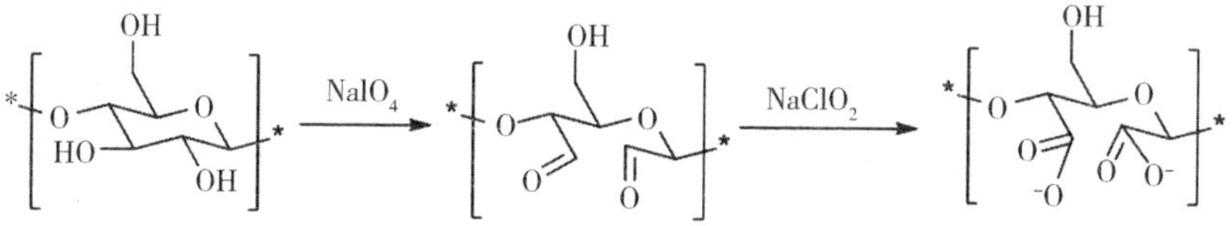

图 3 - 5　纤维素的高碘酸盐和亚氯酸盐氧化机理图

Liimatainen 等人采用区域选择性高碘酸盐 - 亚氯酸盐氧化作为一种新型高效的预处理方法，通过均质强化实现了硬木纤维素浆的纳米纤化。原始纤维素浆和经过高碘酸盐和亚氯酸盐氧化后的纤维素的 FTIR 光谱如图 3 - 6 所示。在 1640 cm^{-1} 和 895 cm^{-1} 处出现的特征峰分别归属于醛羰基、半缩醛和醛基的水合形式。1735 cm^{-1} 和 1620 cm^{-1} 处醛基带消失并出现了新的特征峰，证实了

亚氯酸盐氧化纤维素的功能，这些新的特征峰与羧基的质子化和解离形式有关，表明含二羧基纤维素的形成。

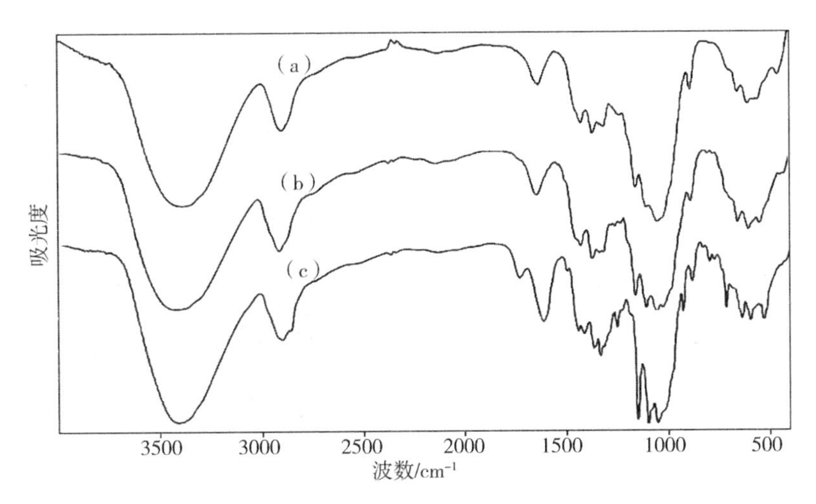

图 3－6　(a)原硬木纤维素、(b)经高碘酸氧化后的纤维素、(c)经高碘酸盐和亚氯酸盐氧化后的纤维素的 FTIR 光谱

3.1.2　磷酸化改性

纤维素的磷酸化是一种表面改性策略，可用于生产不同的材料。将磷酸酯基团引入纤维素骨架会显著改变其原始特性。磷酸酯官能化纳米纤维素已被证明可以与磷酸钙相容，可用作组织工程中的可植入生物材料。此外，磷酸化纳米纤维素能够结合过渡金属离子，因此这些材料可用作离子吸附剂来处理生活污水和工业废水。

纳米纤维素的磷酸化主要是通过在 C2、C3 和 C6 位置的游离羟基反应来进行的(图 3－7)。Granja 等人采用 $H_3PO_4/P_2O_5/Et_3PO_4$/己醇合成了磷酸化纤维素，并对反应体系的参数进行了优化。在反应开始之前，纤维素粉末在五氧化二磷存在条件下真空干燥，随后在己醇、N，N－二甲基甲酰胺(DMF)、85% 正磷酸中溶胀 24 h，以评估化学修饰前溶胀的影响。他们研究发现，三磷酸纤维素在水中会显著膨胀，形成半透明凝胶。SEM 图显示了冻干产品在高取代度

(DS =2.9)条件下具有海绵状的外观。

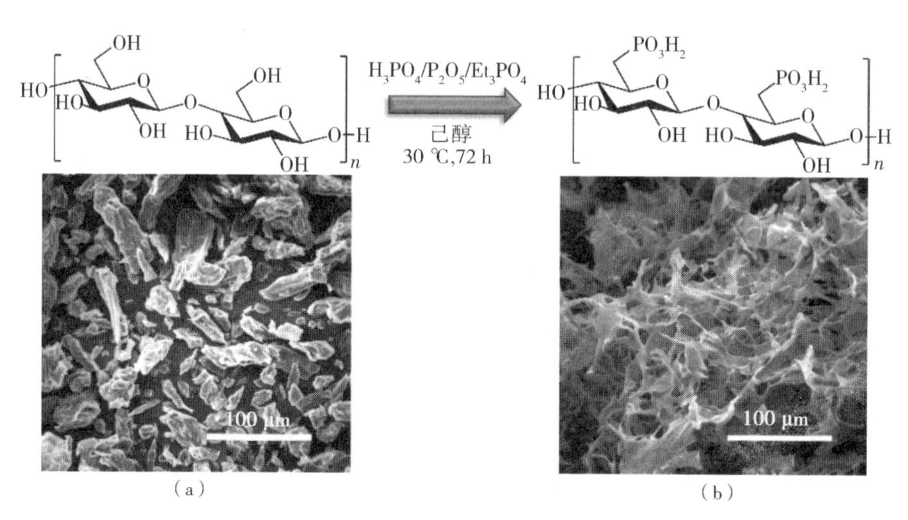

(a)　　(b)

图3-7　未改性纤维素的磷酸化反应示意图

SEM图对应于(a)未改性纤维素和(b)冻干的三磷酸凝胶

他们使用电位滴定曲线(图3-8)确定了样品中磷的含量,并通过计算一阶导数确定了第二个等价点大约是第一个等价点的两倍,与磷酸盐含量无关。第二个等价点是第一个等价点的两倍表明可滴定的磷通过一个独特的链与纤维素链结合,留下两个可用于滴定的氢。DS值不影响电位滴定曲线上两个等价点之间的相对距离,表明在每种情况下都获得了单磷酸盐。

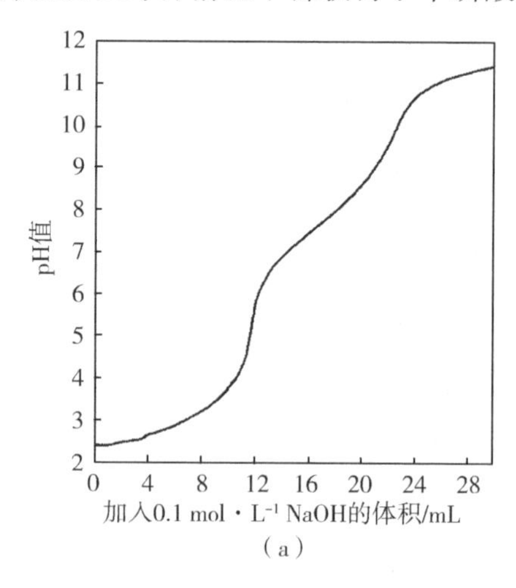

(a)

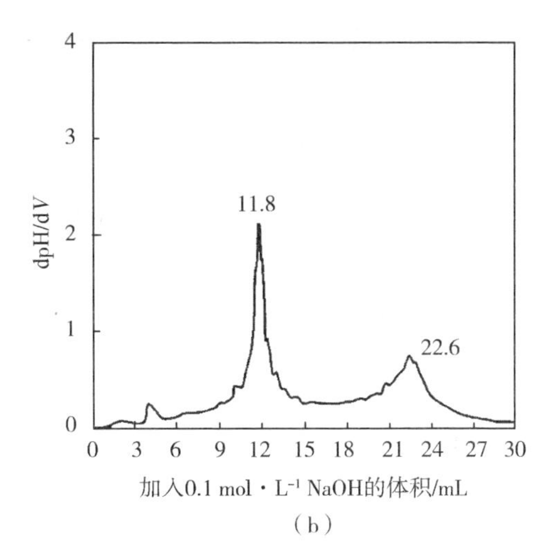

图 3－8　不同体积 NaOH 中和磷酸纤维素(DS ＝ 1.4)的电位滴定数据

(a)电位滴定曲线;(b)一阶导数,表示有两个等价点

细菌纤维素(BC)和化学改性的 BC 因其精细的网络结构而广泛用于生物大分子吸附材料。Oshima 等人研究了蛋白质在比磷酸化植物纤维素(PPC)具有更大比表面积的磷酸化细菌纤维素(PBC)上的吸附行为。在低于其等电点的 pH 值下,蛋白质被定量吸附在 PBC 上。具有不同磷酸化程度的 PBC 对溶菌酶的吸附能力由吸附等温线确定。蛋白质的吸附能力随着磷酸化百分比的增加而增强。PBC 的制备过程如图 3－9 所示,PPC 的制备方法与 PBC 相似。

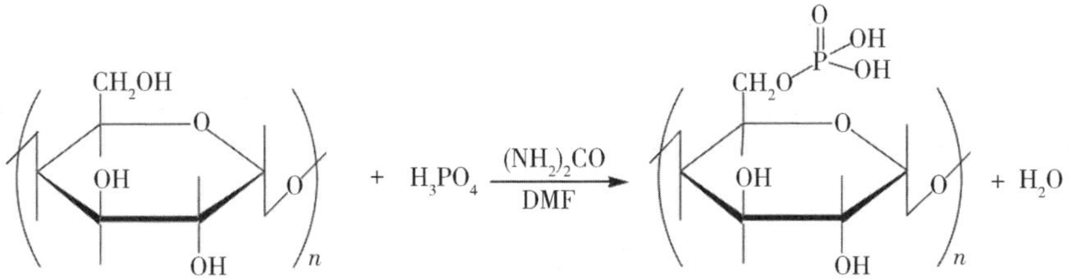

图 3－9　PBC (PPC)的制备方案

PBC 和 PPC 的磷酸化百分比与溶菌酶对 PBC 和 PPC 的吸附能力之间的关系如图 3－10 所示。PBC 上溶菌酶的最大吸附量(q_{max})值随着磷酸化百分比的增加而增加。显然 PBC 的 q_{max} 值远大于 PPC。PBC 对蛋白质的吸附量是磷酸化百分比相近的 PPC 的 2 倍以上。

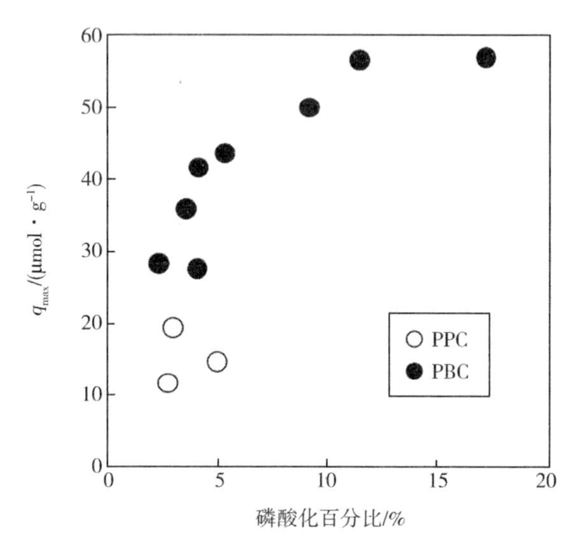

图 3-10　PBC 和 PPC 的磷酸化百分比与溶菌酶对 PBC 和 PPC 的吸附能力的关系

3.1.3　磺化改性

强酸性环境导致纤维素微纤维中无定形部分溶解，使结晶区不受影响。酸的选择起着重要的作用，因为它决定了最终材料的性能，也决定了接枝特定分子的额外合成路径。硫酸催化水解进行的降解生成了硫酸酯，磺化程度取决于酸浓度、温度和水解时间。磺化会在纳米纤维素表面产生负的净表面电荷，能够稳定纳米纤维素悬浮液，有利于其广泛应用。

Liimatainen 等人开发了一种使用高碘酸盐和亚硫酸氢盐处理纤维素的连续预处理方法，以促进硬木纸浆的纳米纤丝化并获得具有磺化功能的纤维素纳米纤维。氧化处理的第一步中使用的高碘酸盐将纤维素 2 位和 3 位的邻羟基氧化成反应性醛基，同时破坏吡喃葡萄糖环的相应碳碳键形成 DAC（图 3-11）。他们将氧化和磺化的纤维素以 0.5% 水悬浮液的形式送入高压均质机，无须使用其他机械预处理。这些样品在第一次通过均质器后转化为均质凝胶，5

次后获得高度透明的凝胶(质量产率为 80% ~91%)。然而,对于磺化基团含量最高的样品(0.51 mmol · g^{-1}),在 4 次通过后观察到黏度突然下降且透明度增加。阴离子浓度最低的样品,仍然具有比其他样品更多的纤维结构,堵塞了均质器,没有纳米纤化。出现这一结果很可能是由于样品的电荷密度较低,无法阻止纤维的絮凝。

OH　O　HO　OH　$NaIO_4$　$-NaIO_3$　$-N_2O$　OH　O　O　O　$2NaHSO_3$　OH　O　HO　OH　^-O_3S　SO_3^-　Na^+　Na^+

图 3 - 11　纤维素的区域选择性高碘酸盐氧化和磺化

图 3 - 12(a)为他们所制备的纳米纤维素样品的视觉外观。如图所示,经过 5 次均质后,阴离子基团含量为 0.18 mmol · g^{-1}和 0.36 mmol · g^{-1}的样品变成了高黏度的凝胶状悬浮液,而磺化基团含量最高的样品(0.51 mmol · g^{-1})更多的是呈液态。但该样品在经过均质器仅 3 次后,也具有高黏度的凝胶状结构。SEM 分析证实,磺化纤维素被高效均质为典型的横向尺寸为 10 ~60 nm、长度为几微米的纳米纤维素,如图 3 - 12(b)和图 3 - 12(c)所示。

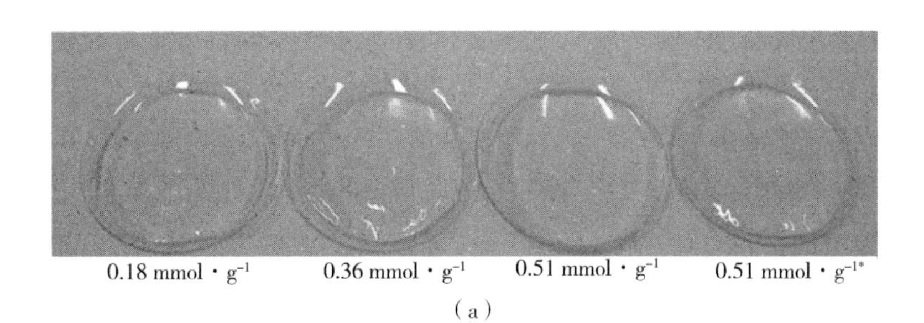

(a)

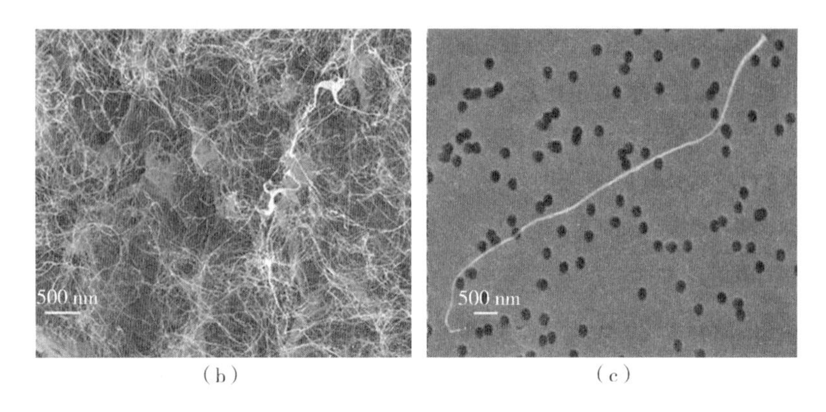

图 3-12 (a)经氧化、磺化和 5 次均质后得到的 0.5% 纳米纤维悬浮液的外观(*为 3 次均质后);磺化基团含量分别为(b)0.51 $mmol \cdot g^{-1}$ 和(c)0.36 $mmol \cdot g^{-1}$ 的纳米纤维的 SEM 图(圆形黑斑为用作背景的膜孔)

3.1.4 羧甲基化改性

纳米纤维素的羧甲基化通常在氯乙酸存在条件下进行,氯乙酸受到纤维素表面单体的伯羟基基团的亲核攻击,产生 6-羧甲基化衍生物。这个过程会产生带负电的表面,并且该过程通常在机械处理的辅助下进行。

Santos 等人通过碱和漂白处理从啤酒糟(BSG)中提取纤维素。通过微波反应器在碱性介质中与一氯乙酸反应,提取的纤维素用于制备羧甲基纤维素。结果表明,BSG 是一种极具潜力的工业副产品,可作为生产该衍生物的原料,成功实现了纤维素的羧甲基化,并根据所采用的反应条件制备了不同平均取代度($0.58 < DS < 1.46$)的样品。使用较大量的一氯乙酸并延长反应时间会产生更多的取代样品,但反应温度对平均取代度的影响不大。他们总结出了最优的反应条件:1 g 纤维素、5 g 一氯乙酸,反应时间为 7.5 min,温度为 70 ℃,可以制备出 DS 为 1.46 的羟甲基纤维素。

图 3-13 为所制备样品的 FTIR 光谱。在未处理的 BSG 的 FTIR 光谱中出现的位于 1739 cm^{-1} 的特征峰既可以归因于半纤维素的乙酰基和糖醛酸酯基,也可以归因于木质素和/或半纤维素的阿魏酸和香豆酸的羧基的酯键。这一峰值在漂白处理后几乎消失,说明 BSG 中大部分半纤维素和木质素被去除。未经

处理的 BSG 谱图中 1526 cm^{-1}处的特征峰代表木质素芳香环中的 C ═ C。在 1247 cm^{-1}处观察到的特征峰对应 C—O—C（芳基烷基醚）。这两个特征峰在漂白处理后消失，表明木质素被去除了。1053 cm^{-1}和 895 cm^{-1}处的特征峰与纤维素的 C—O 拉伸和 C—H 振动有关，它们出现在了所有的谱图中。这些特征峰的增强与纤维素成分百分比的增加直接相关。

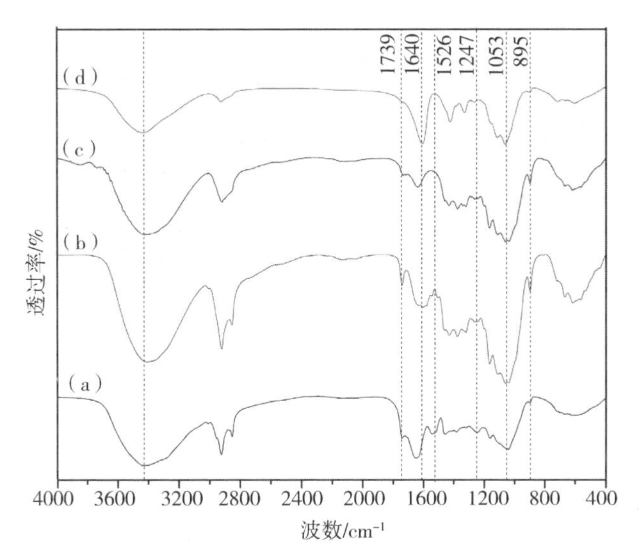

图 3-13　(a)BSG、(b)碱处理的 BSG、(c)漂白的 BSG 和(d)在一定条件下获得的羧甲基纤维素的 FTIR 光谱

他们通过 SEM 表征了 BSG 纤维在每个处理阶段后的形态变化(图 3-14)。未经处理的 BSG 表面光滑，如图 3-14(a)所示，直径在 150 ~ 350 μm 范围内。碱处理后，纤维表面变得粗糙，直径减小到 80 ~ 200 μm，如图 3-14(b)所示。从图 3-14(b)和图 3-14(c)的比较中可以明显看出漂白处理的效果。BSG 纤维束分离成直径为 5 ~ 30 μm 的单根纤维，这些形态变化是由于化学处理后 BSG 中含有的半纤维素、木质素、蜡等材料组成的非纤维素外层被去除了。图 3-14(d)为化学修饰纤维素纤维合成的羧甲基纤维素的 SEM 图。由图可知，羧甲基纤维素不规则且相对光滑，与漂白纤维相比，这种形态变化是羧甲基化后大量羧甲基基团引入纤维表面所导致的。

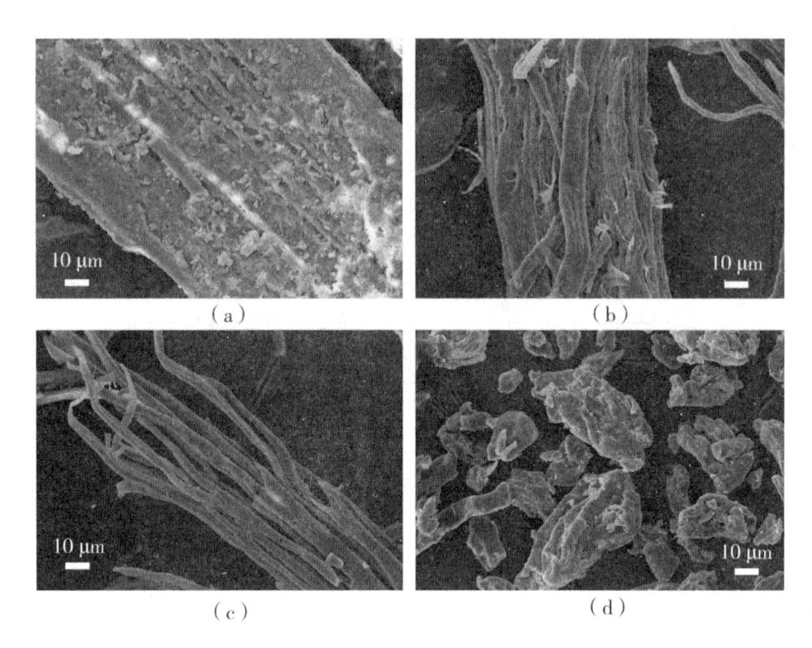

图 3-14 (a)BSG、(b)碱处理的 BSG、(c)漂白的 BSG 和(d)在一定条件下获得的羧甲基纤维素的 SEM 图

3.2 纳米纤维素的疏水改性

基于众多的文献报道,通过酯化、硅烷化、酰胺化、脲化、醚化等多种化学改性手段,可以有效调节纳米纤维素材料对水的敏感性,使纤维素表面呈疏水性。众所周知,当材料表面与水的接触角小于 90°时,表面是亲水性的,反之则是疏水性的。无论最终期望的表面性质如何,改性技术几乎都依赖于纳米纤维素表面羟基的反应。这些化学修饰技术面临的挑战是只改变纳米纤维素的表面,保持原有的形态和内部羟基的复杂结构。图 3-15 展示了使纳米纤维素表面疏水的不同表面改性技术。

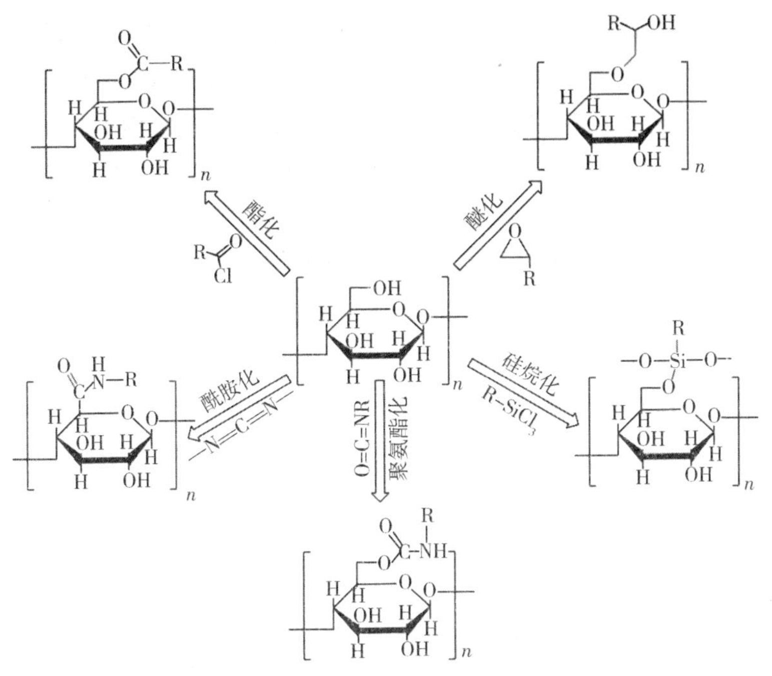

图 3－15　赋予纳米纤维素表面疏水性的不同表面改性技术

3.2.1　乙酰化改性

纤维素羟基的乙酰化可以改善其在溶剂中的分散性和相容性。如图 3－16 所示,在纤维素乙酰化反应期间,伯羟基会被酯化。引入乙酰基会阻碍由氢键引起的纤维素原纤维的聚集。尽管乙酰基的引入和分散都强烈依赖于羟基的取代度,但乙酰化已经被证明可以改善纤维素纳米晶和微纤化纤维素在聚乳酸基体中的分散性。

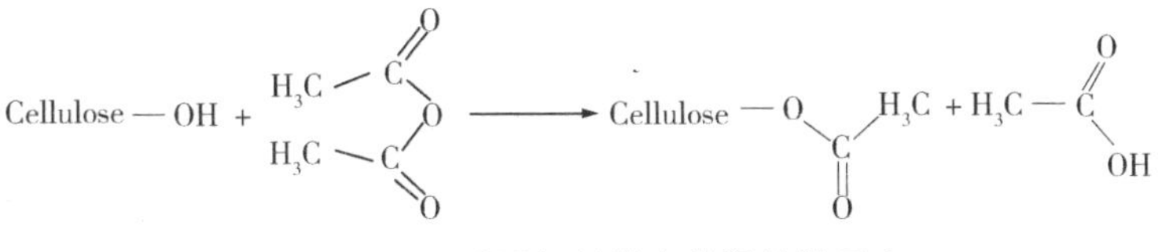

$$\text{Cellulose}-\text{OH} + (H_3C-C(=O))_2O \longrightarrow \text{Cellulose}-O-C(=O)-H_3C + H_3C-C(=O)OH$$

图 3－16　乙酸酐与纤维素伯羟基的反应

Bulota 等人通过溶剂浇铸技术制备了聚乳酸(PLA)和乙酰化微纤化纤维素(MFC)的复合材料。MFC 与从未干燥的漂白桦木硫酸盐纸浆中机械分离,被用作增强剂。乙酰化反应在 105 ℃的甲苯中进行,这是增加 MFC 在 PLA 的氯仿非极性溶液中分散的有效方法。反应时间为 30 min 后达到最大乙酰含量(10.3%)。图 3-17 为未乙酰化和乙酰化 MFC 样品的 FTIR 光谱。大约 1740 cm^{-1}处的特征峰对应于羰基(C=O)伸缩振动。该特征峰的出现表明乙酰基是由羟基乙酰化产生的。此外,对应于甲基 C—H 的对称弯曲的1373 cm^{-1}特征峰的强度与 DS 的变化趋势一致。然而,由于存在半纤维素(MFC 由桦木浆制备),所以该技术不是定量的。

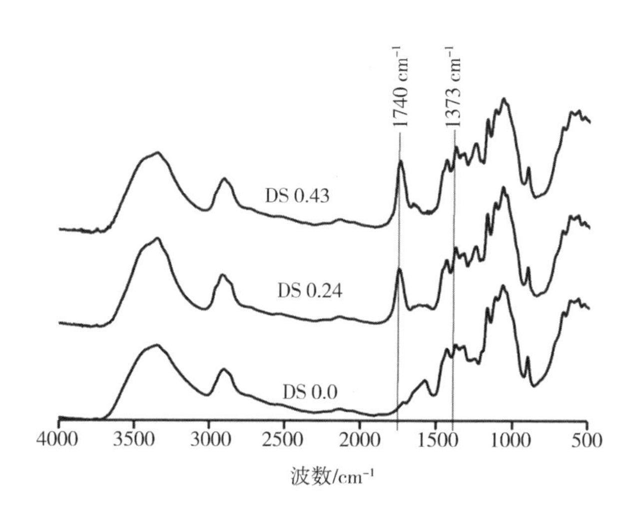

图 3-17 未乙酰化和乙酰化 MFC 相对于 DS 的 FTIR 光谱

他们发现,MFC 在水中的悬浮液由原纤维的混合物组成,其长度和宽度各不相同(图 3-18)。直径在 10~20 nm 之间变化,长度小则 200 nm,大则 2~3 μm,因此产生了 20~150 的纵横比。

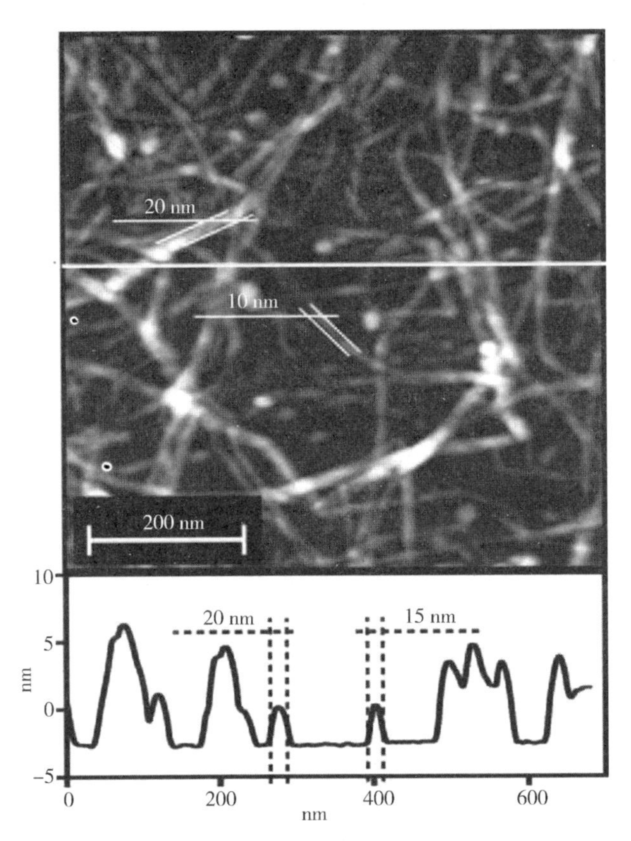

图3-18 旋涂 MFC 上清液的 AFM 图,标记区域(白线)的高度轮廓位于图像的底部

3.2.2 醚化改性

纤维素纳米晶的醚化是一种普遍的改性方法。纤维素纳米晶最常见的醚化是应用缩水甘油三甲基氯化铵(GTMAC)或其衍生物对纤维素表面进行阳离子化。Hasani 等人报道了 H_2SO_4水解 CNC 的表面阳离子化,考察了阳离子稳定的水性 CNC 悬浮液的一些物理性能。他们使用环氧丙基三甲基氯化铵(EPTMAC)作为阳离子化试剂,在 CNC 表面生成带有阳离子羟丙基三甲基氯化铵取代基的纤维素纳米晶(HPTMAC-CNC)。根据图3-19所示的反应,CNC 与 EPTMAC 的表面阳离子化是通过碱活化的纤维素羟基亲核加成到 EPTMAC 的环氧基团上。在此反应中,碱的用量必须足以提供足够的表面羟基活化,同

时避免碱诱导结晶结构的转变。在阳离子化过程中，碱的浓度应足够高，能够完全水解表面的硫酸酯基团，以保证得到的 CNC 具有纯阳离子的性质。

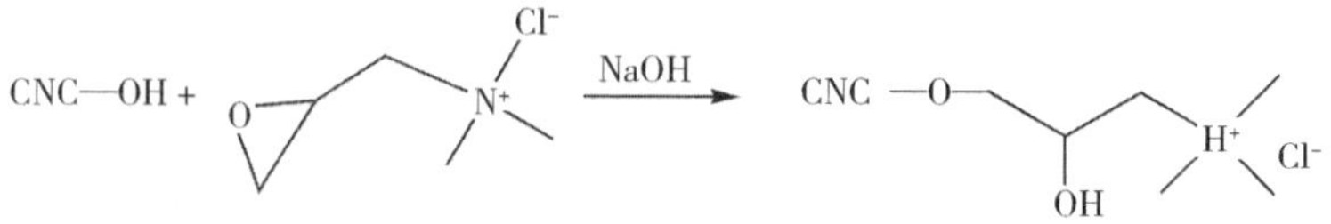

CNC—OH + EPTMAC $\xrightarrow{NaOH}$ CNC—O—CH₂CH(OH)CH₂—N⁺(CH₃)₃ Cl⁻

图 3-19　CNC 与 EPTMAC 表面阳离子化的反应

他们通过 AFM 对 CNC 和 HPTMAC-CNC 的表面形貌进行了研究。如图 3-20 所示，纳米晶的尺寸分别为(13 ± 3)nm × (176 ± 21) nm 和 (11 ± 2)nm × (174 ± 18) nm，证实了功能化对纳米晶的尺寸和形状没有影响。HPTMAC-CNC 在平坦的云母表面上比未功能化的 CNC 干燥得更均匀。由于 HPTMAC-CNC 的阳离子性质，对阴离子云母的吸附增强，使纳米晶体不易被冲洗掉。图 3-20(a)中的聚集体是在云母上干燥的阴离子 CNC 悬浮液所常见的，并不表明溶液中存在聚集体。虽然云母和硅是常用的基材，但它们都带负电，并且经常在 CNC 中表现出异常的干燥效果。云母上的 HPTMAC-CNC 单层膜是 0.001% 悬浮液中的静电吸附层，被冲洗后没有明显的聚集迹象，如图 3-20(b)所示。

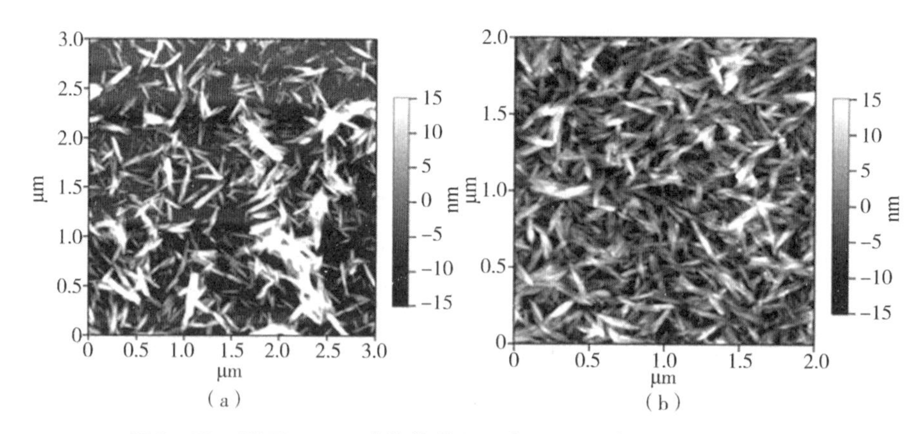

图 3-20　用 EPTMAC 功能化前(a)后(b)CNC 在云母上的 AFM 图

Zaman 等人以木纤维素纤维的硫酸水解产生的纳米晶纤维素(NCC)为原料,通过接枝 GTMAC 使其阳离子化,并对反应参数如含水量、反应物的物质的量比、反应介质等进行了优化。在他们的研究过程中,NCC 的阳离子改性由 NCC 的碱活化羟基和 GTMAC 的环氧基之间的亲核反应实现。主要的醚化反应通常也伴随着碱水解,即在阳离子化过程中,GTMAC 在两个反应之间的竞争中被消耗。在反应体系中水含量较高的情况下,GTMAC 会发生更多的水解。因此,可用于阳离子化反应的 GTMAC 将减少。此外,也有可能在水含量高的下,阳离子改性的 NCC 发生水解,导致系统的阳离子化效率进一步降低。因此,反应体系的水含量可能对阳离子化过程至关重要。

图 3-21 给出了未改性 NCC 和阳离子改性 NCC 的 TEM 图。未改性的 NCC 不再是单个纳米晶,而是几个纳米晶体的束,如图 3-21(a)和图3-21(b)所示。这可能是未改性 NCC 的表面电荷密度相对较低所致。此外,在未改性的 NCC 中还观察到一些局部的聚集,如图 3-21(c)所示。

他们发现,由于阳离子表面电荷密度较低,湿法制备的阳离子改性 NCC(水含量 79%)也显示出较差的分散状态。然而,半干法(水含量 36%)制备的阳离子改性 NCC 显示出较好的分散状态,如图 3-21(e)和图 3-21(f)所示。单个纳米晶体的棒状外观是明显的。

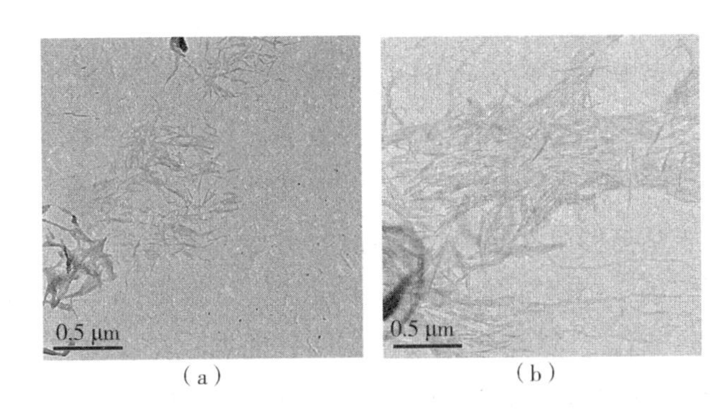

(a) (b)

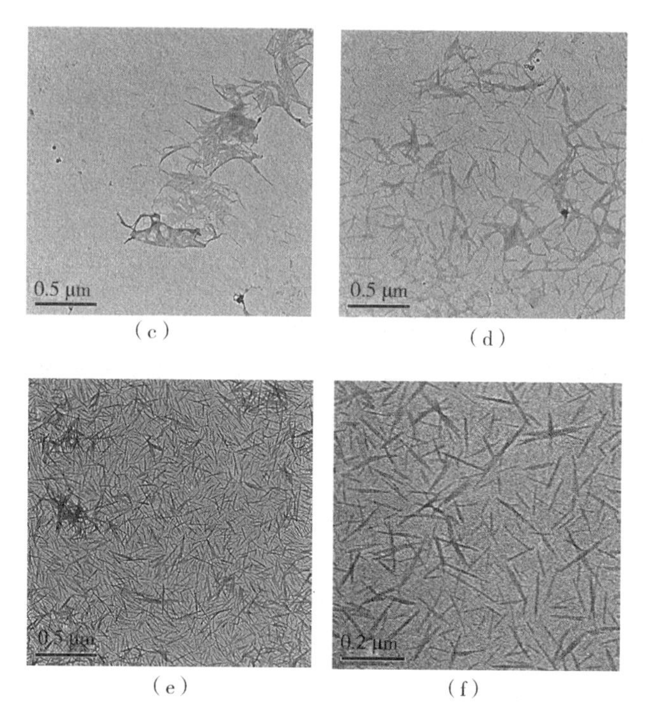

图 3-21 从木纤维素的 H_2SO_4 水解中获得的阳离子改性和未改性 NCC 的 TEM 图
(a)、(b)、(c) 未改性 NCC；(d) 由湿法制备的阳离子改性 NCC；
(e)、(f) 由半干法制备的阳离子改性 NCC

图 3-32 给出了未改性和阳离子改性 NCC 的 FTIR 光谱。在 3413 cm^{-1} 处出现了羟基(—OH)伸缩的特征峰，在 2902 cm^{-1} 处出现了对称的 C—H 振动峰。1644 cm^{-1} 处的特征峰源于未改性 NCC 吸收空气中的水分。897 cm^{-1} 处的特征峰可归属于葡萄糖单元间糖苷键的 C—H 变形模式。1030 ~ 1163 cm^{-1} 之间的特征峰可归因于 NCC 中醚的 C—O 拉伸。与光谱(a)相比，阳离子改性 NCC 的光谱(b)给出了 NCC 中季铵化的明确证据。在1030 ~ 1163 cm^{-1} 范围内，主要醚带的强度增加，说明 GTMAC 接枝到了 NCC 表面。此外，在 1479 cm^{-1} 处出现一个显著的峰，归因于 CH_2 弯曲模式和阳离子取代的甲基。

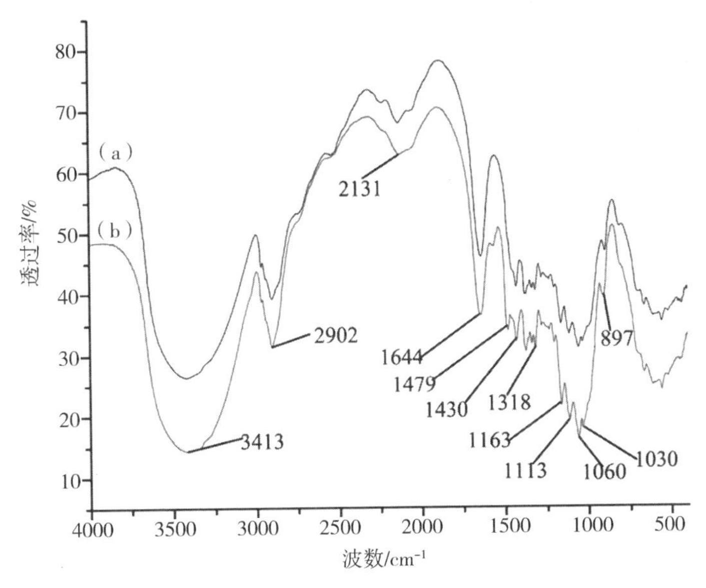

图 3－22　(a)未改性 NCC 和(b)阳离子改性 NCC 的 FTIR 光谱

3.2.3　硅烷化改性

硅烷偶联剂因其可大规模商业化生产而被广泛应用于复合材料的黏合。这些偶联剂含有几个活性官能团,因此可以通过共价或范德瓦耳斯力相互作用与复合材料中的不同聚合物偶联。硅烷化会在纳米纤维素表面形成疏水性,从而增加其在有机溶剂或低极性溶剂以及疏水性基质中的分散性。硅烷与纳米纤维素的耦合一般分两个阶段完成。在第一个阶段中,硅烷偶联剂水解为硅醇,在第二个阶段中,它会与 OH 基团反应缩合到纳米纤维素表面,从而实现对其的表面改性。

Zhu 等人采用硫酸水解微晶纤维素制备了 CNC。他们将 N－(2－氨乙基)(3－氨丙基)甲基二甲氧基硅烷(AEAPMDS)通过液相水热处理接枝到了 CNC 上,并用叔丁醇取代水溶液得到了胺化 CNC(AEAPMDS－CNC)。CNC 胺化改性的反应如图 3－23 所示。由图可知,CNC 的胺化改性分两步进行:首先将氨基硅烷 AEAPMDS 水解生成氨基硅烷醇,然后将氨基硅烷醇中的羟基与 CNC 分子中的活性羟基缩合形成具有氨基的聚合物。此外,由于 AEAPMDS－CNC 的缩合反应是可逆的，AEAPMDS－CNC 的产率受时间、温度、改性剂用量和 CNC 浓度的影响。

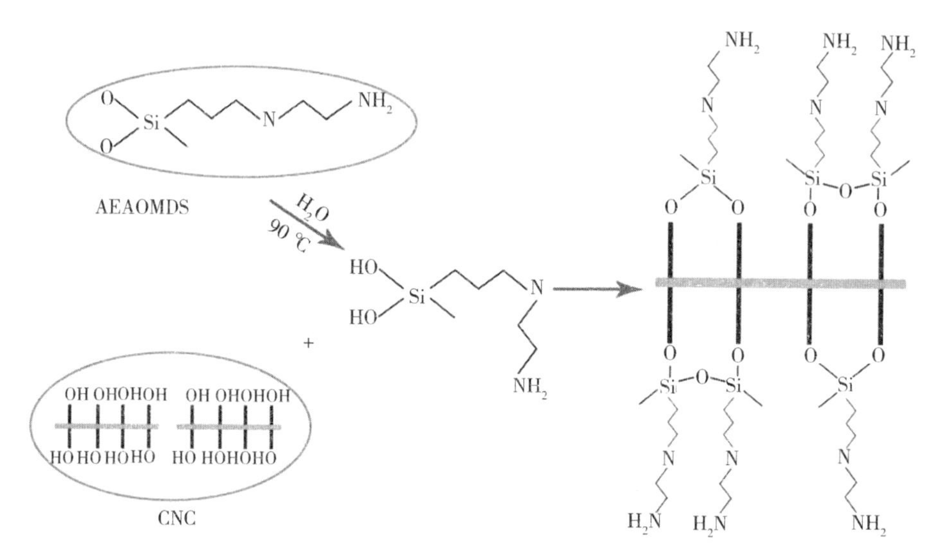

图 3－23　AEAPMDS 对纳米纤维素的改性

他们通过 FTIR 光谱研究了不同样品的化学组成。如图 3－24 所示，CNC 在 3413 cm^{-1}处出现的较宽的特征峰是物理吸附水的 O—H 伸缩振动峰。2911 cm^{-1}处的特征峰为亚甲基纤维素分子的 C—H 伸缩振动峰。1425 cm^{-1}和 1058 cm^{-1}处的特征峰分别为 CNC 中第 6 位碳原子 C—O 之间的 CH_2 剪切振动和拉伸振动峰。C—H 的弯曲振动峰位于 1371 cm^{-1}处，1158 cm^{-1}和 895 cm^{-1}处为非对称 C—O—C 的伸缩振动峰。AEAPMDS－CNC 的光谱中也出现了上述特征峰，说明胺化改性后 CNC 的基本结构没有受到破坏。在未经修饰的 CNCFTIR 光谱中，—OH 的弯曲振动峰出现在 1641 cm^{-1}附近，但在添加 AEAPMDS后该特征峰强度减弱。他们认为可能是由于 AEAPMDS 在 CNC 中比水更容易结合—OH，减少了 CNC 和水之间的氢键数量，因此特征峰减弱了。由 AEAPMDS－CNC 的 FTIR 光谱可以看出，在 1581 cm^{-1}处有一个明显的—NH_2 伸缩振动峰。在 AEAPMDS 的 FTIR 光谱中，—NH_2 的伸缩振动峰不明显，在 CNC 中也不存在。在 AEAPMDS－CNC 的 FTIR 光谱中，—NH 的特征峰出现在 1477 cm^{-1}处，C—Si 伸缩振动峰出现在 1263 cm^{-1}处，Si—O 伸缩振动峰出现在

$793\ cm^{-1}$处。这些新特征峰的出现证明了 AEAPMDS 成功地修饰到了 CNC 上。

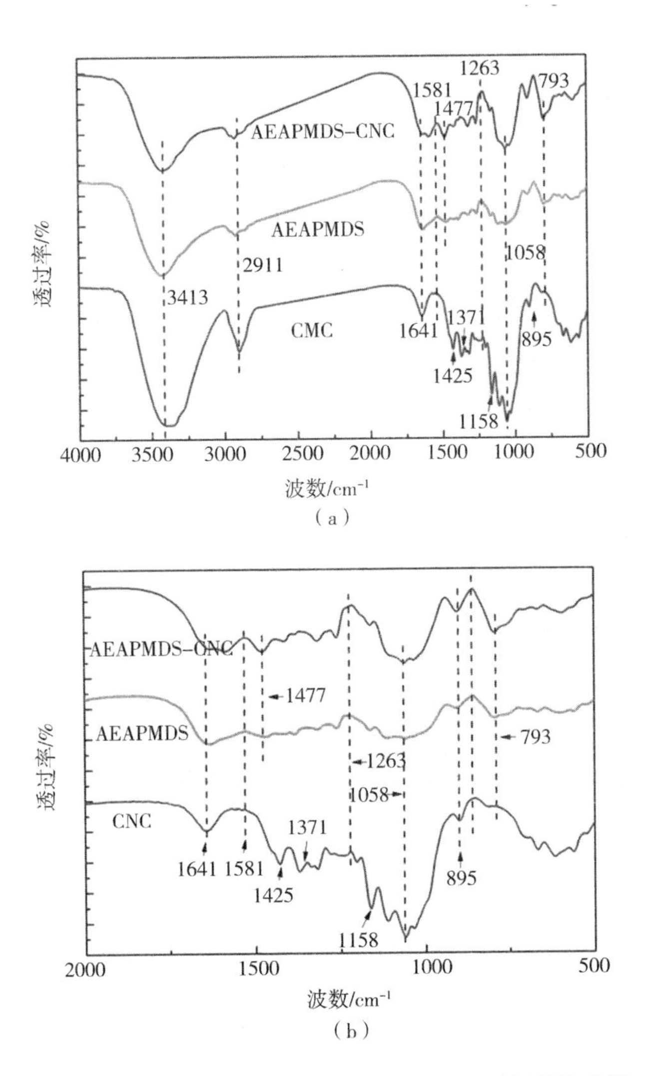

图 3-24　CNC、AEAPMDS 和 AEAPMDS-CNC 的 FTIR 光谱

(a)波数范围 $4000 \sim 500\ cm^{-1}$;(b)波数范围 $2000 \sim 500\ cm^{-1}$

图 3-25 为样品的 SEM 图。由图可知,AEAPMDS 作为改性剂对 CNC 的形状几乎没有明显的影响。图 3-25(a)和图 3-25(b)显示了 CNC 水凝胶具有

由一系列纳米纤维通过氢键相互交联形成的三维网络结构。从图 3 - 25(c)和图 3 - 25(d)中可以看出,AEAPMDS 改性后的 CNC 形貌是连续不规则的,呈现出类似海绵的结构。他们认为,AEAPMDS 和 CNC 之间的化学反应没有破坏 CNC 的多孔网格结构。叔丁醇的形成和胺化剂的加入,改变了 CNC 的多孔结构。

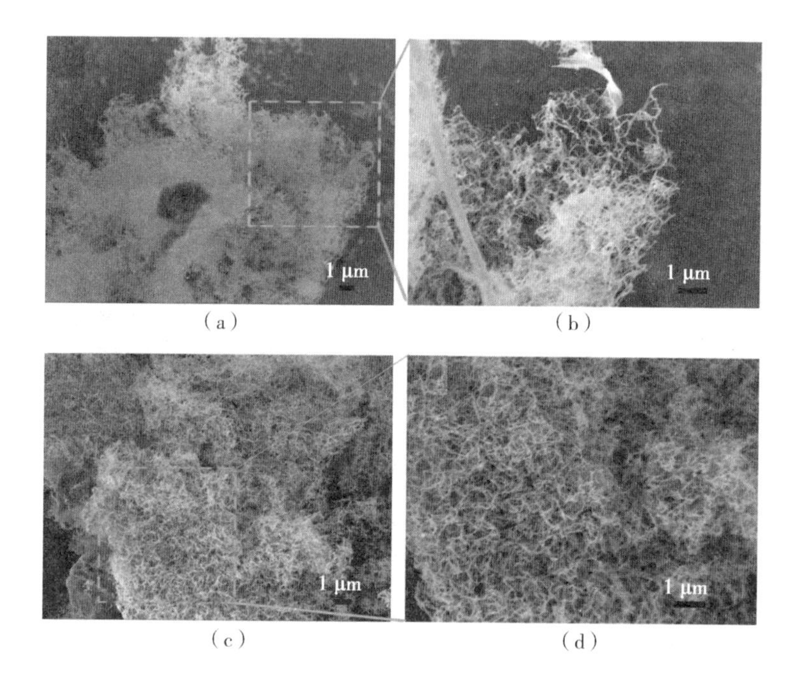

图 3 - 35 CNC(a),(b)和 AEAPMDS - CNC(c),(d)的 SEM 图

3.2.4 酰胺化改性

为了进行酰胺化改性,纳米纤维素通常先在初始阶段用 TEMPO 进行预活化,然后用聚合物处理以改善它们在非极性溶剂或基体中的分散情况。该技术是通过 N - 羟基琥珀酰亚胺酯激活处理纳米纤维素表面形成羧酸,然后与伯胺反应形成酰胺产物。

Navarro 等人用罗丹明 B 标记了纤维素纳米纤维,并通过红外和紫外/可见光谱以及荧光光谱和共聚焦激光扫描显微镜表征了其接枝和荧光特性。他们使用 4 -（Boc - 氨甲基）苯基异硫氰酸酯对纤维素纳米纤维进行氨基表面改性，使其能够接枝大量的含有羧酸基团的分子。

图 3 - 26 为制备发光 CNF 的途径：（1）在 CNF 骨架上引入胺基官能团；（2）与 N - 羟基琥珀酰亚胺酯反应修饰发光探针；（3）通过酰胺键将活化的罗丹明 B 接枝到氨基修饰的 CNF 上。在 DMSO 与 H_2O 的混合溶剂中，纤维素骨架上 C - 6 位的羟基与 4 -（Boc - 氨甲基）苯基异硫氰酸酯分子的异硫氰酸酯基团反应，引入氨基官能团。通过形成硫代氨基甲酸酯键，形成共价连接。将含有副产物和未反应产物的上清液经数次离心，纯化胺修饰的 CNF。然后通过水解除去 BOC 保护基，最终得到带有氨基的 CNF。

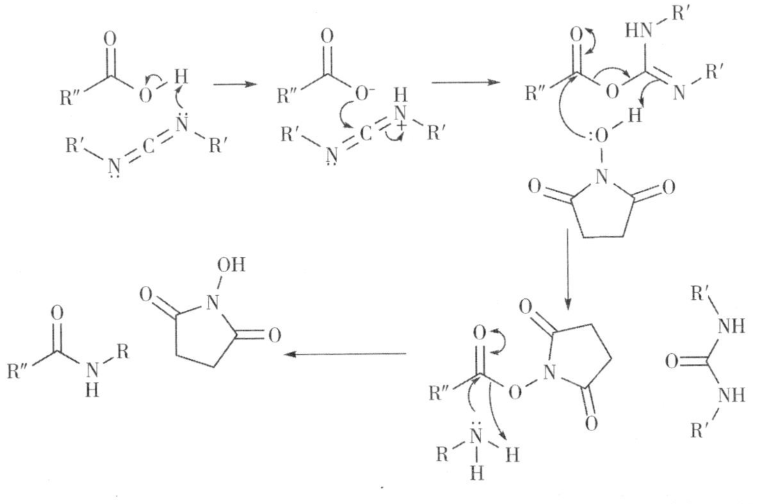

图 3 - 26　使用碳二亚胺形成 N - 羟基琥珀酰亚胺酯中间体的酰胺化机制

如图 3 - 27 所示，除了纳米纤维素的特征峰外，表面改性的 CNF 在 1710 cm^{-1}（C ═O）、1031 cm^{-1}（C—N）和 810 cm^{-1}（C—H，芳香族）处还显示出红外波段。他们认为，这证实了 4 -（氨甲基）苯基异硫氰酸酯分子已成功接枝到 CNF 上。

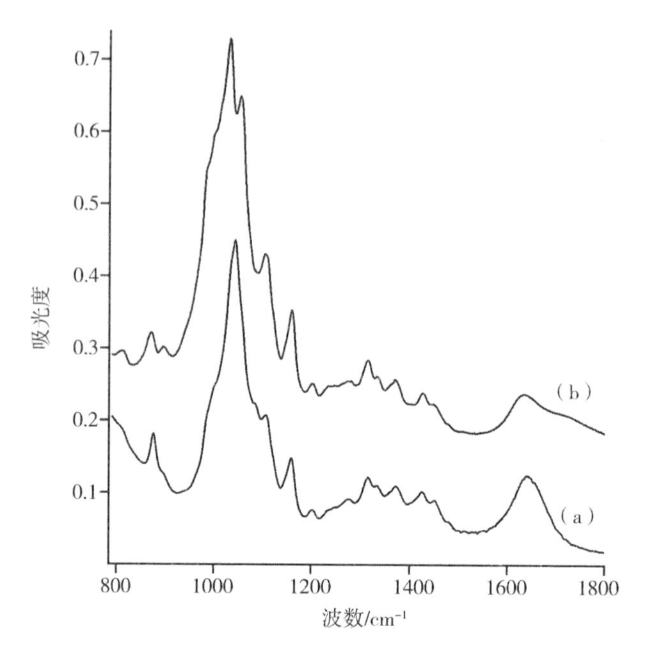

图 3－27 未改性 CNF(a)和胺改性 CNF(b)的 FTIR

Filpponen 报道了一种将胺端基单体接枝到表面修饰的 CNC 上，通过使用 TEMPO 介导的次卤酸盐氧化将 CNC 表面的伯羟基转化为羧酸，从而选择性地激活了它们。他们制备了两组 CNC，其表面分别含有叠氮化物衍生物(CNC－AZ)和炔烃衍生物(CNC－PR)。点击化学反应即 Cu(I)催化的 Huisgen 1,3－偶极环加成在叠氮化物和炔烃之间，采用表面活化的 CNC，将纳米晶材料以独特的规则堆积排列聚集在一起生成独特的纳米板凝胶(CNC－Click)。

与 CNC 相比，TEMPO 氧化的 CNC 的 FTIR 在大约 1730 cm^{-1}处出现了一个新的特征峰(图 3－28)。新的谱带对应于酸性形式的羧基的 C ═ O 拉伸频率。氧化度的值可以通过比较 1730 cm^{-1}处的特征峰强度与源自纤维素骨架的 1050 cm^{-1}附近的特征峰强度进行粗略估计。

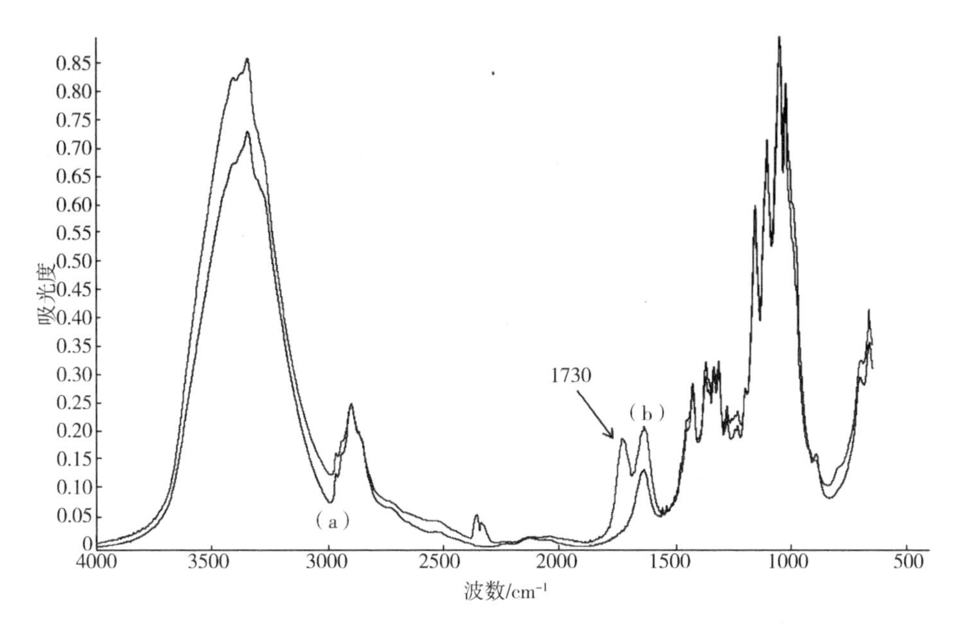

图 3 - 28　CNC(a)和 TEMPO 氧化的 CNC(b)的 FTIR

图 3 - 29 为 CNC 衍生物反应后的 FTIR。图 3 - 29(a)清楚地显示了 TEMPO 氧化 CNC 在 1730 cm^{-1}处的羰基伸缩带。在叠氮化物衍生物(CNC - AZ)的形成过程中,该伸缩带被消除,而该伸缩带又在约 2110 cm^{-1}处出现,如图 3 - 29(b)所示。他们认为,羰基伸缩带的消失是由于 TEMPO 氧化的 CNC 和含胺前体分子之间形成酰胺键。已知酰胺在 1650 cm^{-1}处出现特征峰,因此,与物理吸收水特征峰(1640 cm^{-1})的重叠是不可避免的。此外,在 CNC - Click 的 FTIR 中叠氮化物伸缩带不明显,如图 3 - 29(c)所示,表明 CNC - AZ 和 CNC - PR 之间成功进行了 1,3 - 偶极环加成反应。

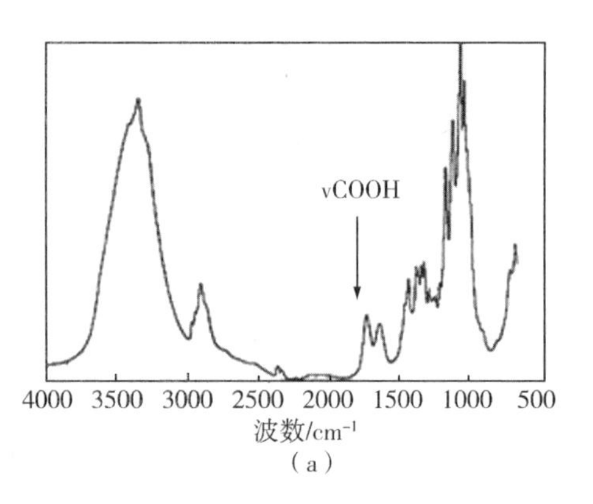

（a）

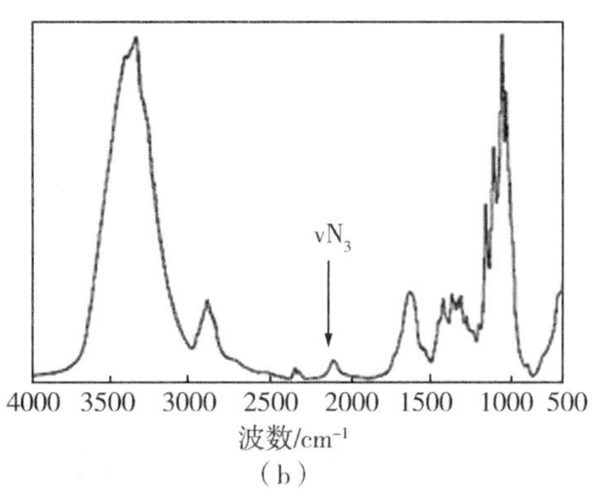

（b）

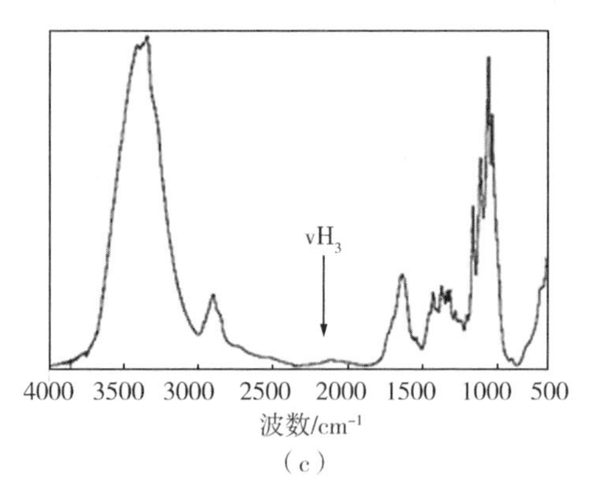

（c）

图 3－29 （a）TEMPO **氧化** CNC、（b）CNC－AZ **和**（c）CNC－Click **的** FTIR

3.3 纳米纤维素的聚合物接枝改性

将聚合物接枝到纤维素上是一种改善材料化学和物理特性的好方法。很多研究发现，聚合物接枝可以改变纳米纤维素表面的亲水性、疏水性和吸附性。聚合物接枝纤维素兼具良好的机械性能、良好的生物相容性和低降解性，如图 3－30 所示，聚合物接枝可以分为三类：接枝到(grafting－to)、接枝自(grafting－from)和通过接枝(grafting－through)。

在 grafting－to 过程中，聚合物的活性端基与纤维素主链的羟基结合，将纯化的和充分表征的聚合物或肽连接到纤维素上。根据相关报道，有很多种聚合物可以生长并连接到纤维素表面。在 grafting－from 过程中，纤维素首先用引发剂官能化，然后单体直接从表面聚合。这种方法可以获得比 grafting－to 更高的聚合物密度，但难以表征所得聚合物，并且聚合物的多分散性可能高于 grafting－to。在 grafting－through 过程中，纤维素首先被可聚合的物质官能化，例如带有乙烯基的分子。然后将官能化纤维素与共聚单体混合并引发聚合。

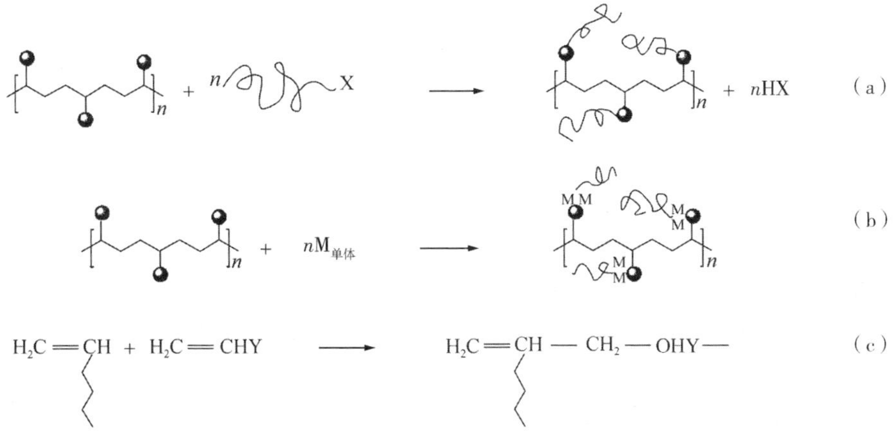

图 3－30　聚合物接枝纳米纤维素示意图

(a)接枝到(grafting－to)；(b)接枝自(grafting－from)；(c)通过接枝(grafting－through)

3.3.1　ATRP 法

Hansson 等人采用电子转移再生活化剂(ARGET)原子转移自由基聚合(ATRP)方法，在牺牲引发剂的作用下，以常规滤纸形式从纤维素中直接接枝甲基丙烯酸甲酯(MMA)、苯乙烯(St)和甲基丙烯酸缩水甘油酯(GMA)。

Whatman No. 1 滤纸是一种性能良好的基质，纤维素含量高，比表面积高。尽管三种单体的性质不同，但唯一需要改变的参数是还原剂和温度。他们研究的焦点不是获得一个具有完美控制的系统，而是能够用一种只需要对各种单体进行微小调整的稳健方法来修改纤维素的表面性质。

图 3－31 显示了不同反应时间下聚甲基丙烯酸甲酯（PMMA）接枝纤维素的 FTIR 光谱。他们认为，羰基含量（1730 cm^{-1}处）随反应时间的延长而依次增加，表明表面聚合物的量是可以调节的。

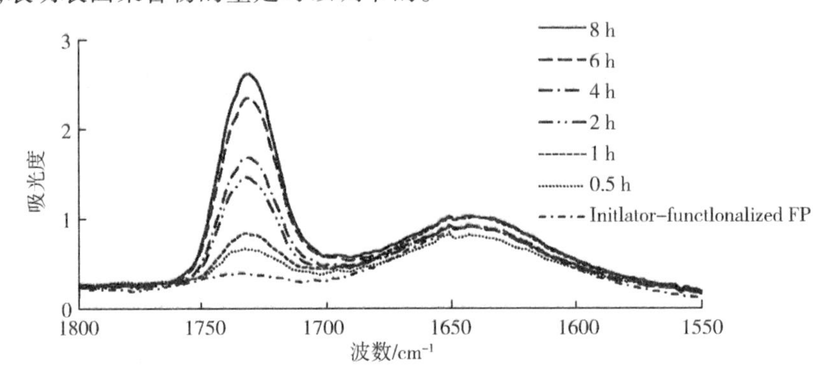

图 3－31　PMMA 接枝纤维素在不同反应时间的 FTIR

图 3－48 为未改性纤维素和 PMMA 接枝纤维素在 1 h 和 8 h 后的 SEM 图。纤维素的精细表面结构在图 3－32（a）中可以清晰地看到。这是因为接枝聚合物在表面上平滑，使结构不那么粗糙。尽管如此，图 3－32 仍表明纤维素的原纤维结构得以保留。通过比较图 3－32（b）和图 3－32（c），表面上存在的聚合物量的差异明显，这与 FTIR 的结果是一致的。

图 3－32　未改性纤维素（a）
以及接枝 PMMA 的纤维素 1 h（b）和 8 h（c）后的 SEM 图

Hansson等人采用表面引发的原子转移自由基聚合(SI-ATRP)法将滤纸、溶解浆、漂白未漂硫酸盐浆、化学热机械浆纸与甲基丙烯酸甲酯接枝。反应以本体或少量水溶液进行,不进行脱氧。他们将引发剂功能化的纸片浸泡在装有MMA、牺牲引发剂2-溴代异丁酸乙酯、Cu(Ⅱ)Br_2、N,N,N′,N″,N″-五甲基二亚乙基三胺(PMDETA)、AsAc的30 mL玻璃瓶中,得到目标DP 800的产品。还使用了200和1200的DP目标。玻璃罐用螺丝盖密封,置于40 ℃或80 ℃的恒温油浴中。经过预定时间后将溶液暴露于空气中以终止接枝反应。接枝的滤纸在二氯甲烷(DCM)中结合超声洗涤,也在THF、THF:水(50:50)和乙醇中洗涤。对于没有牺牲引发剂的实验,洗涤程序在没有DCM的情况下进行。游离聚合物在冷甲醇中沉淀,然后在环境温度下干燥并以P-xC-yh的形式表示。接枝纸以C-xC-yh的形式表示。

他们将在40 ℃和80 ℃下接枝的PMMA改性基材、引发剂功能化纸(C-BiB)和空白参考(C-80h-3h-blank)用FTIR进行了表征。如图3-33(a)所示,其中箭头所示为PMMA侧链羰基伸缩所对应的峰。由于纤维素在1730 cm^{-1}处没有羰基峰,在此波数处的一个峰来源于PMMA中羰基的伸缩。由于引发剂的固载量低于该方法的检出限,因此无法用FTIR进行检测。对于空白基底,由于不能从表面发生共价接枝,因此不应检测到聚合物;尽管如此,如图3-33(a)所示,由于样品中存在一个小的羰基峰,少量的游离聚合物已经附着在基底表面。

他们认为,所有接枝样品很可能都含有少量的物理吸附聚合物,因为完全去除物理吸附的聚合物很可能需要烦琐、耗时、耗能的索氏提取。随着聚合物含量以及游离聚合物摩尔质量的增加,接枝样品有明显的变化趋势。对于样品C-80C-3h-1,吸光度偏高不合理。造成这种情况的原因可能是该样品的洗涤不够,进而形成了大量的物理附着聚合物。对接枝后的基片进行FTIR表征也观察到了相同的趋势,如图3-33(b)所示。

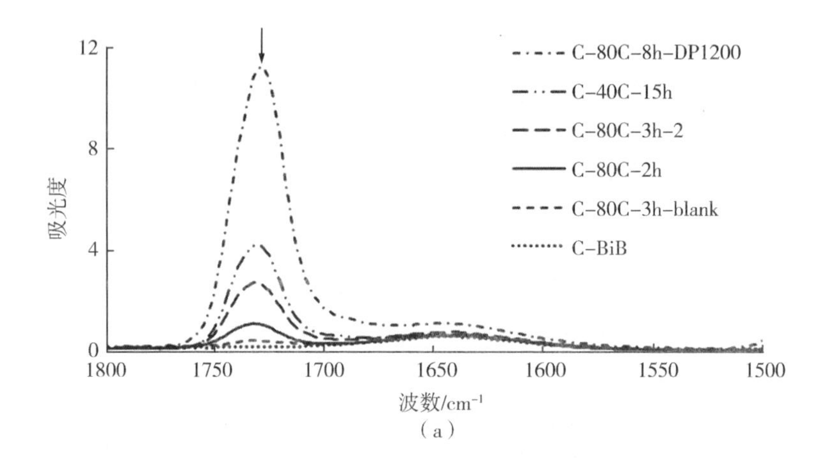

(a)

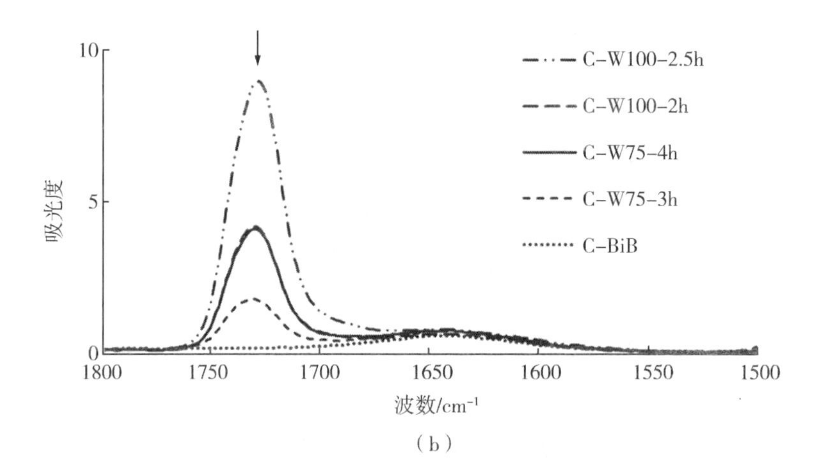

(b)

图 3－33 (a)引发剂功能化滤纸、MMA 在 80 ℃下聚合 3 h 的天然滤纸(空白)、MMA 接枝滤纸在 40 ℃、80 ℃下不同反应时间的 FTIR,箭头表示对应于 PMMA 中羰基的信号;(b)引发剂功能化滤纸和 PMMA 接枝滤纸加入 75.0 mL 或 100 mL 水,在 40 ℃下反应不同时间的 FTIR

他们使用 SEM 对所制备的样品进行了外观形貌的表征。在图 3－34 中,将纤维素样品 C－80C－2h(b)和 C－80C－8h－DP1200(c)的接枝纤维素表面与纯滤纸(a)进行了对比。他们认为,与以往的很多研究类似,PMMA 的接枝覆盖了滤纸的表面,因为纤维素的原纤结构在接枝量越多的样品中越不突出。在 C1 和 C2 中,接枝时间最长的滤纸,纤维表面明显被 PMMA 覆盖,显示了接枝反应的效率也在这些反应条件下提高。

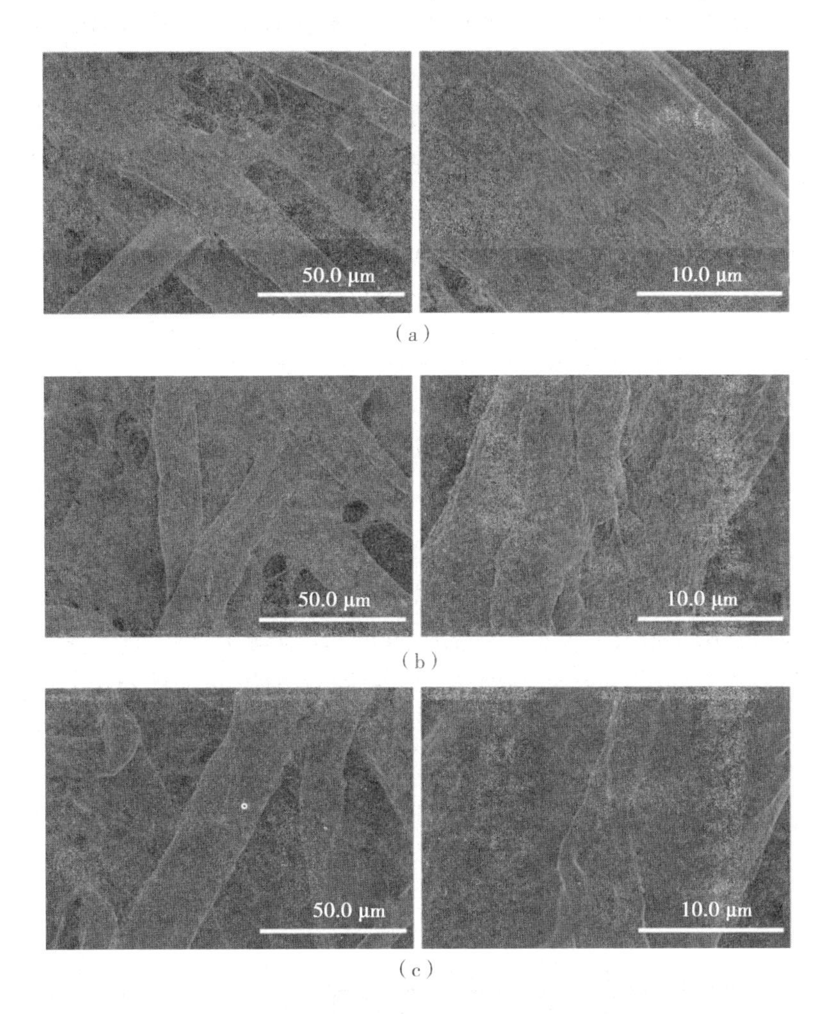

图 3-34　接枝纤维素的 SEM 图片

(a)纯滤纸、(b)滤纸在 80 ℃下接枝 PMMA 2 h，DP_{target} 为 800；

(c)滤纸在 80 ℃下接枝 PMMA 8 h，DP_{target} 为 1200

3.3.2　RAFT 法

Roy 等人采用可逆加成-断裂链转移(RAFT)工艺将聚 2-(二甲氨基)甲

基丙烯酸乙酯(PDMAEMA)接枝到了纤维素底物上。他们发现,质量比随单体浓度、聚合时间和聚合度的增加而增大。结果表明,游离链转移剂的加入对接枝聚合物的质量比、链长、单体转化率和均聚物的形成均有显著影响。

按照他们的描述,RAFT 接枝聚合可采用 R-基团法(RAFT 剂通过离去和重新引发 R 基团附着在载体上)和 Z-基团法(RAFT 剂通过稳定 Z 基团附着在载体上)。与 Z-基团法相比,R-基团法可以在表面获得更高的接枝密度,后者存在阻碍问题。在他们的研究中,RAFT 试剂 S-甲氧羰基苯基甲基二硫代苯甲酸酯(MCPDB)通过其 R-基团附着在纤维素纤维表面,形成纤维素负载的链转移剂。

他们通过 FTIR 证实了接枝在纤维素上的 PDMAEMA 链的存在。分析前,将改性纤维素底物在四氢呋喃存在下进行索氏提取,以去除纤维素基质中可能物理吸附未反应的 DMAEMA 和均聚 PDMAEMA。图 3-35 为 RAFT 聚合制备的均相 PDMAEMA、纤维素-CTA 样品的 FTIR。纤维素-g-PDMAEMA 与纤维素-CTA 相比,在 2941 cm^{-1}(—CH_3 和—CH_2—基团的 C—H 伸缩)、2819 cm^{-1}、2767 cm^{-1}(—$N(CH_3)_2$基团的 C—H 伸缩)、1454 cm^{-1}(—CH_2—弯曲)和 1144 cm^{-1}(C—N 伸缩)处出现了新的条带,这些条带是 PDMAEMA 的特征峰,如图 3-35(a)所示。此外,纤维素-CTA 样品在这些 FTIR 区域没有出现强烈的条带,如图 3-35(c)所示。纤维素-CTA 样品中酯基在1747 cm^{-1}处(C═O 伸缩)的特征峰也移至 1723 cm^{-1}处,这是 PDMAEMA 的C═O 伸缩特征。

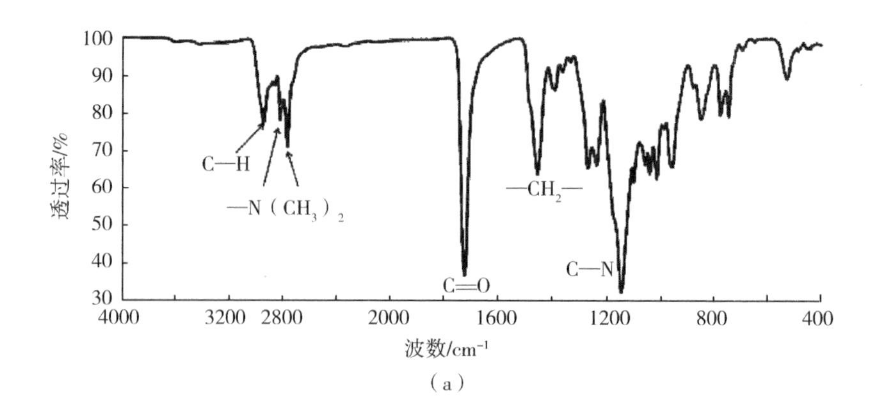

(a)

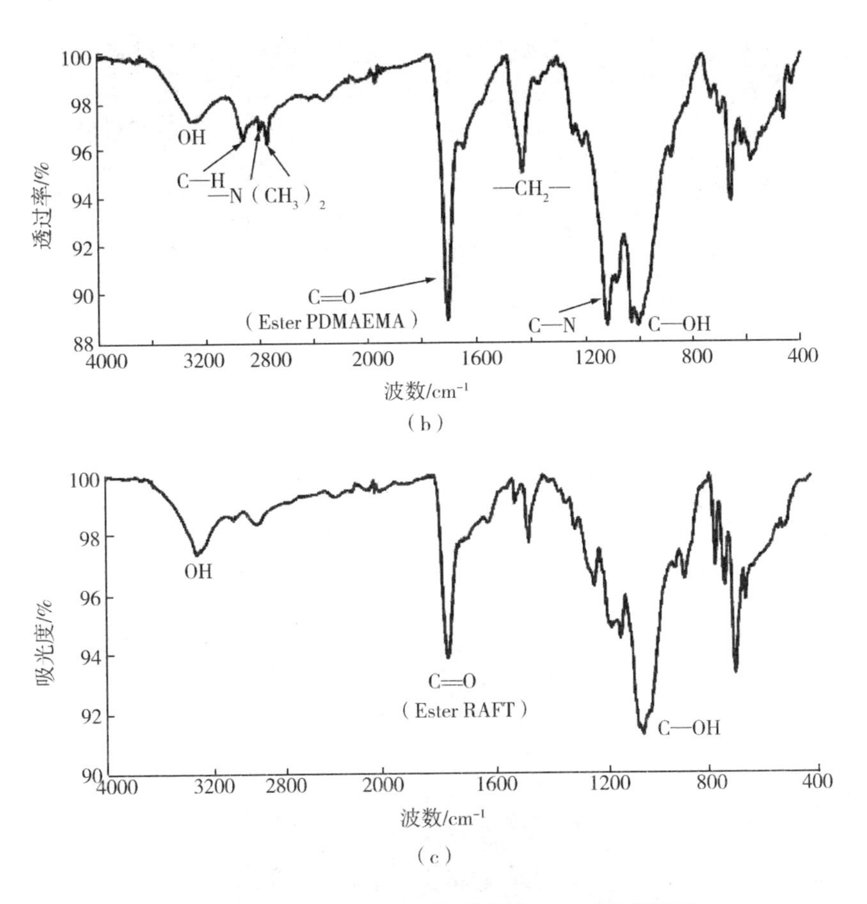

图 3 - 35　(a) PDMAEMA、(b) **纤维素** - g - PDMAEMA、(c) **纤维素** - CTA **的** FTIR

他们用 SEM 表征了纤维素 - g - PDMAEMA 纤维的表面形态（图 3 - 36）。未改性纤维素纤维和 CTA 固定化纤维素纤维的表面形态没有表现出明显的改性。当增加质量比时，他们观察到存在于纤维素纤维表面的聚合物增加了。

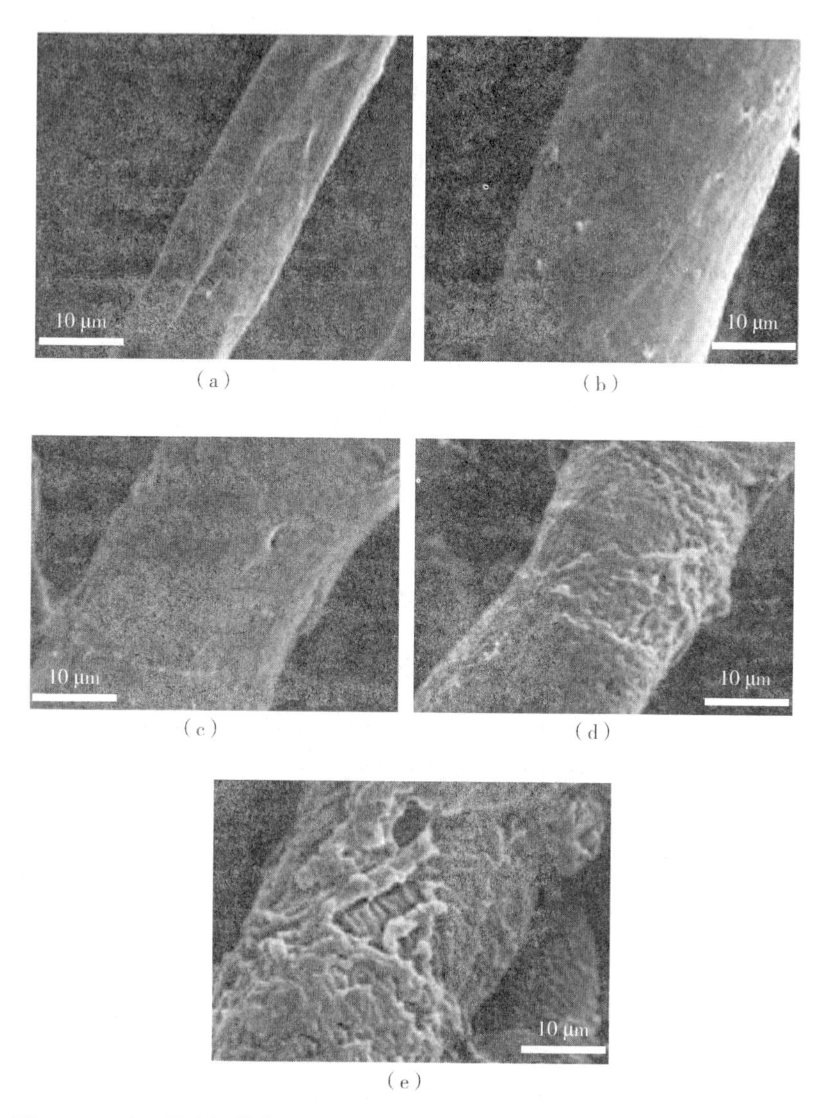

图3－36 (a)原生纤维素滤纸、(b)纤维素－CTA、(c)纤维素－g－PDMAEMA(7%质量比,聚合4 h)、(d)纤维素－g－PDMAEMA(10%质量比,聚合20 h)、(e)纤维素－g－PDMAEMA(20%质量比,聚合48 h)的SEM图

3.3.3　FRP 法

多种单体已被用于通过自由基聚合(FRP)合成冷冻凝胶,最常用的是丙烯酰胺。Larsson 等人利用自由基聚合法合成聚 N－异丙基丙烯酰胺(PNIPAAm)的冷冻凝胶,经冷冻胶聚合后得到热响应凝胶。他们采用 3 种不同浓度(1%、2%、5%)的 2 种 CNC 和 2 种不同物质的量比的 NIPAAm 与 MBAm(15∶1 或 25∶1)合成了含 CNC 的冷冻凝胶(图 3－37)。CNC 要么表面羟基未改性(CNC－HCl),要么用丙烯酸改性,在 CNC 表面产生含丙烯酸且可聚合的基团(CNC－AA)。先前的研究表明,纳米纤维素表面的丙烯酸基团是可聚合的。因此,含丙烯酸基团的 CNC 有可能共价结合到冷冻凝胶中,并作为交联剂,而未改性的 CNC 只是物理混合的。在研究过程中他们通过改变 N,N′－亚甲基双丙烯酰胺(MBAm)的加入量来控制冷冻凝胶的交联程度。

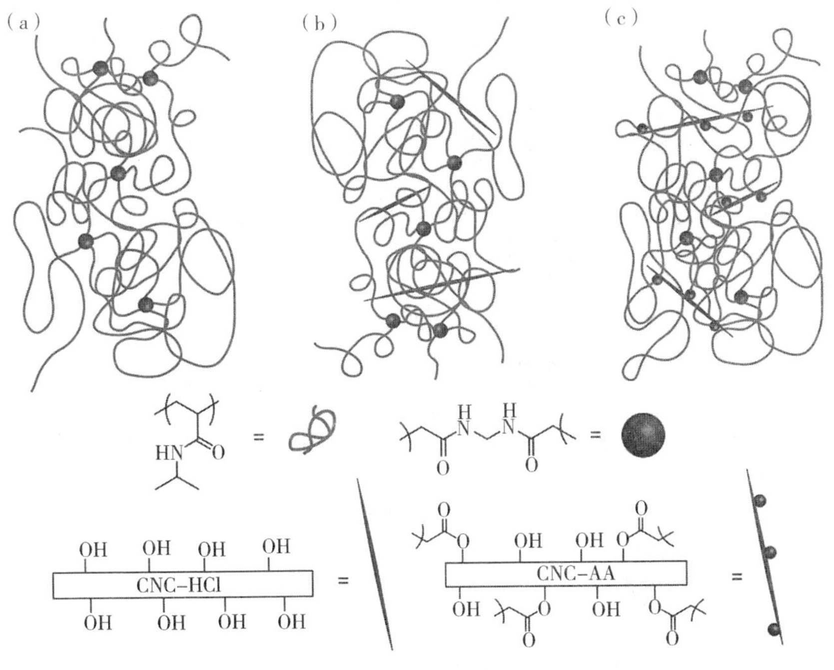

图 3－37　合成冷冻凝胶的结构示意图

(a)无 CNC;(b)CNC－HCl;(c)CNC－AA

FTIR 测试结果证明 CNC - HCl 和 CNC - AA 均成功地掺入冷冻凝胶中(图 3 - 38)。在纤维素的指纹区域(3400 ~ 3200 cm^{-1} 源于 OH—伸展),由于与 PNIPAAm 在 3300 cm^{-1} 处发生的二次酰胺 N—H 伸展重叠,经纤维素改性的不同样品与未改性样品之间没有差异。然而,在 CNC 改性冷冻凝胶的 FTIR 光谱中,1160 ~ 1130 cm^{-1} 区域出现了一条谱带,这是由纤维素骨架上的 β - 1,4 - 糖苷键的—C—O—C—伸缩引起的,这在纯 PNIPAAm 冷冻凝胶的 FTIR 中不可见。他们发现,随着 CNC 添加量的增加,—C—O—C—谱带的强度存在差异,CNC 添加量越少,谱带的强度越低。这说明通过改变反应混合物中 CNC 的加入量来改变冷冻凝胶中 CNC 的终浓度是可能的。无论是 CNC - HCl 还是 CNC - AA,CNC 相关谱带的强度没有差异,说明 CNC - HCl 已经嵌入聚合物网络中,在纯化过程中没有被去除。从冷冻凝胶的 FTIR 中无法区分加入了哪种类型的 CNC,因为冷冻凝胶的 FTIR 受 PNIPAAm 含量的影响很大。

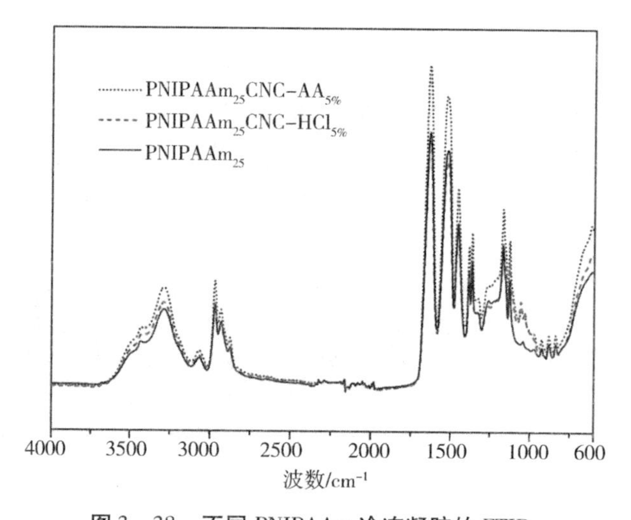

图 3 - 38 不同 PNIPAAm 冷冻凝胶的 FTIR

3.3.4 开环聚合接枝

Hafren 等人以实心棉和纸纤维素为引发剂,首次研究了 ε - 己内酯(ε - CL)的直接、有机催化、本体开环聚合(ROP)。轻度 ROP 是在没有溶剂的情况下进行的，操作简单，价格低廉，对环境无害。他们筛选了不同的有机酸和氨基酸，以了解它们催化纤维素纤维中 ε－CL 的 ROP 能力。他们发现酒石酸、柠檬酸、乳酸和脯氨酸表现出催化活性并生成了聚己内酯（PCL）。在没有有机催化剂的情况下，他们还在 120 ℃下将ε－CL（空白纤维）与棉花和纸纤维素纤维 1 混合进行反应。结果表明，酒石酸是生产 PCL 接枝纤维素最有效的催化剂。

为了验证表面接枝的成功，他们对 PCL－纤维素纤维 2 进行了 FTIR 分析（图 3－39）。对照品相比，接枝纤维 2 的酯基在 1730 cm^{-1}处有一个羰基峰。这说明 PCL 链已共价连接到纤维素纤维上。

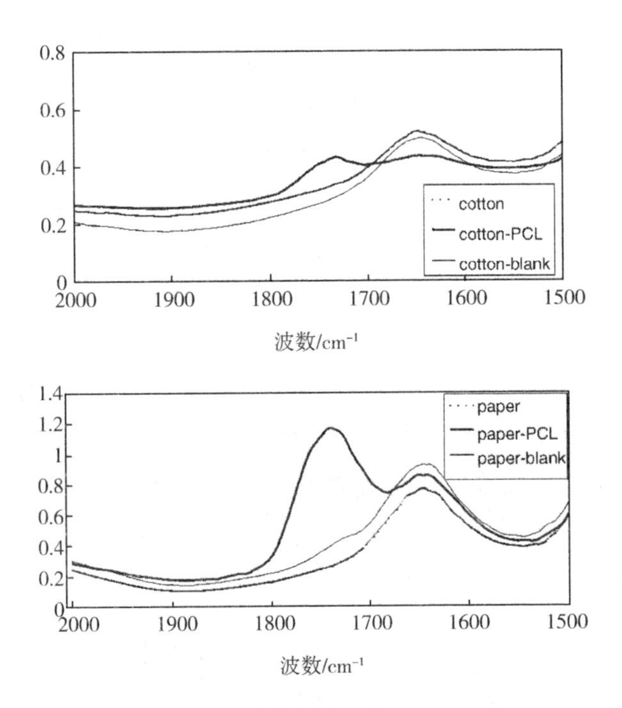

图 3－39　棉纤维素纤维和纸纤维素纤维以及空白（无有机酸催化剂）样的 FTIR

为了提高亲水性微纤化纤维素（MFC）在非极性基质中的分散性和复合材料中的界面黏附力，Lonnberg 等人通过 ε－CL 的 ROP 将 MFC 与 PCL 共价接枝。根据图 3－40 所示，他们在 MFC 表面通过三个不同目标接枝长度为 ε－CL 合成了 PCL 接枝的 MFC（MFC－g－PCL）。他们发现，加入游离引发剂是改变从纤维素表面接枝 PCL 相对分子质量的有效方法。

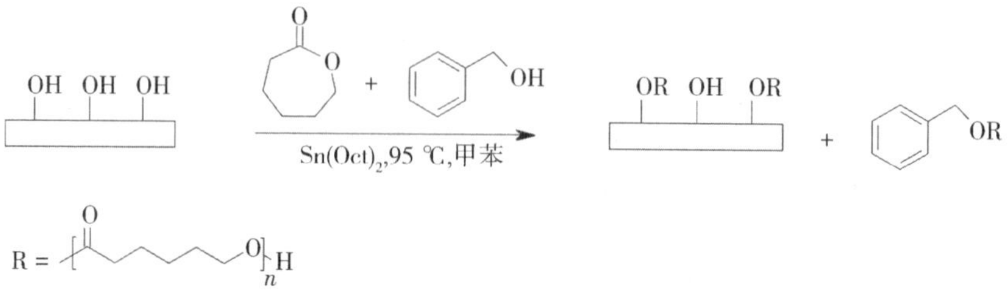

图 3-40 以苯甲醇为共引发剂从 MFC 中开环聚合 ε-己内酯

假设反应中可用纤维素羟基的数量相同,游离引发剂通过竞争 ε-CL 单体来调节接枝长度。通过改变游离引发剂与单体的比例,接枝物的相对分子质量发生变化,以产生具有三种不同目标接枝长度的 MFC-g-PCL,这里称为 MFC-g-PCL_short、MFC-g-PCL_medium 和 MFC-g-PCL_long。为了除去大部分剩余的水,他们在 120 ℃下蒸馏出 50 mL 溶剂。此后,用橡胶隔垫密封烧瓶并通过 3 次真空/氩气循环脱气。将烧瓶冷却至 110 ℃后,在氩气流下将催化剂 $Sn(Oct)_2$(单体质量的 2%)加入反应混合物中。然后用氩气冲洗烧瓶 15 min。聚合反应结束后,反应混合物分散于四氢呋喃中,将 MFC-g-PCL 与溶液中游离的 PCL 分离。MFC-g-PCL 的 FTIR 结果显示 PCL 羰基信号($1730\ cm^{-1}$)的强度随着接枝的增加而增大(图 3-41)。$3200 \sim 3400\ cm^{-1}$处的信号可归因于纤维素 OH—基团,该信号的降低也表明越来越多的 PCL 接枝到了 MFC 的表面。

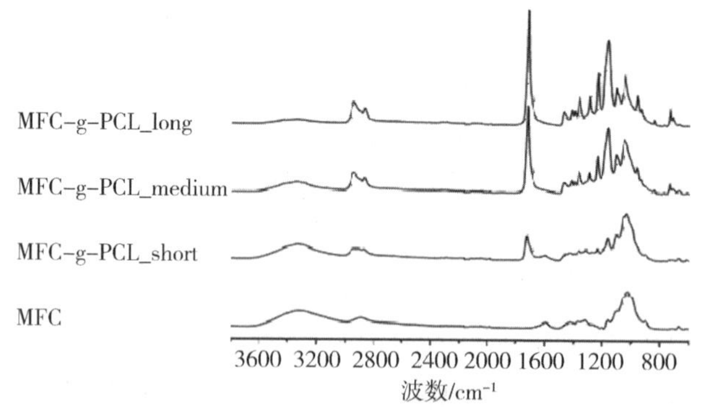

图 3-41 未改性 MFC 和 MFC-g-PCL 随着接枝长度增加而变化的 FTIR

第4章　纳米纤维素的表征

为了确定纳米纤维素的物理、化学、热学和形态特性，保证其性能的一致性，纳米纤维素在不同生产阶段的表征至关重要。各种表征技术的主要目的是了解纳米纤维素的形状、形貌、表面特征、结晶度、某些键的存在与否、粒径、表面检查、原子排列等特征。表征技术大致可分为显微技术和光谱技术。用于分析纳米纤维素的不同表征技术如图4-1所示。

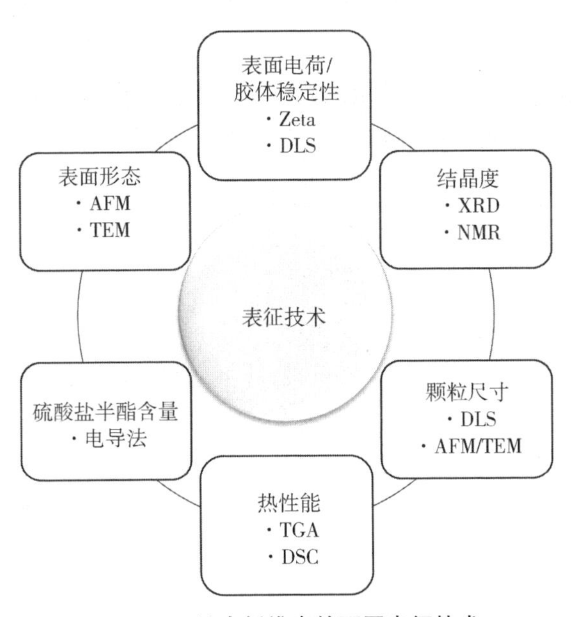

图4-1　纳米纤维素的不同表征技术

4.1 X射线衍射

X射线衍射(XRD)技术用于确定纳米纤维素的晶体结构。Huntley等人采用盐酸、硝酸、硫酸水解法从小麦秸秆中提取了纤维素。图4-2显示了商业微晶纤维素(cMCC)和使用酸水解(HCl、HNO_3和H_2SO_4)从小麦秸秆中提取的纤维素(EC)的典型XRD谱图。如图4-2所示,cMCC和EC都有三个明显的特征峰。这些峰位于15°、22.5°和35°附近,分别对应于(101)、(002)和(040)晶面。如图4-2(b)~(d)所示,7.5°和11.7°处可以观察到额外的低强度衍射峰。根据文献报道,11.7°处的衍射峰是CⅢ纤维素多晶型物的代表。这说明使用酸水解法从麦秆中提取的是CⅠ和CⅢ纤维素多晶型物的混合物。在这种情况下,出现了(101)晶面。此外,对于CⅢ相,(101)晶面通常出现在20.6°处;但是,由于CⅠ相(002)晶面的主峰出现在22°处左右,所以在不使用专门的XRD谱峰软件的情况下无法准确识别该峰。他们发现,在三种水解工艺条件下,纤维素结构在硫酸条件下发生酸水解时,低强度峰更加明显,如图4-2(c)所示。相关报道指出,在硫酸浓度大于63%的情况下,部分纤维素会溶胀和溶解,并且在受控条件下浓度在64%~65%之间,再生的溶解纤维素表现出CⅡ多晶型结构安排,即不溶性纤维素呈结晶结构CⅠ,而再生纤维素呈结晶多晶型结构CⅡ。这进一步支持了他们对CⅠ/CⅢ混合物的发现。

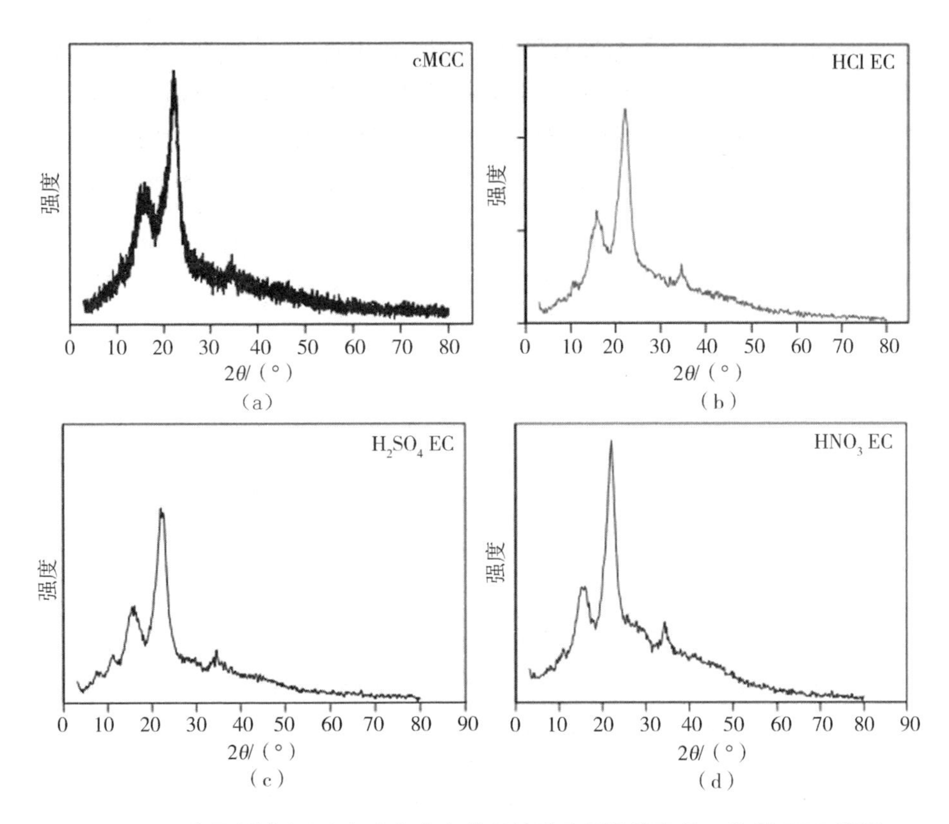

图 4－2　商品纤维素（a）和来自小麦秸秆的酸水解纤维素（b～d）的 XRD 谱图

4.2　拉曼光谱

拉曼光谱（Raman）用于分析纳米纤维素与基体材料之间的界面张力和应力传递，具体是根据特定拉曼波段因应变或应力而发生位移的速率来分析。拉曼光谱允许采用非接触的方法，具有空间分辨率，用于评价纳米纤维素与基体的界面。此外，使用拉曼光谱可以量化纳米纤维素和基质之间的“黏附功”。

Rusli 等人将循环拉伸和压缩变形应用于纤维素纳米晶须－环氧树脂基模型纳米复合材料。他们使用拉曼光谱技术跟踪了环氧树脂基质内纤维素纳米晶须的分子变形。图 4－3 为纤维素纳米晶须的典型 Raman 谱图。该谱图中最突出的是在 1095 cm^{-1}处出现了一个峰，该峰与环氧树脂产生的任何谱带不重叠(图4－3插图)。这种重叠带的缺乏使得位于1095 cm^{-1}处的Raman谱带的位置能够在变形过程中进行监测。图4－4为位于1095 cm^{-1}处Raman谱带位置的典型偏移,该峰在拉伸时向低波数位置偏移,在压缩时向高波数位置偏移。这两个位移分别反映了纤维素聚合物骨架在拉伸和压缩过程中的直接变形。

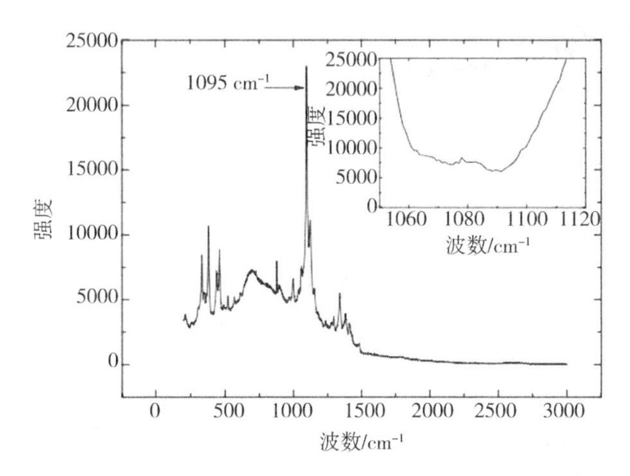

图4－3 纤维素纳米晶须的典型Raman谱图,插图为环氧树脂在1095 cm^{-1}处与纤维素峰相同区域的典型Raman谱图

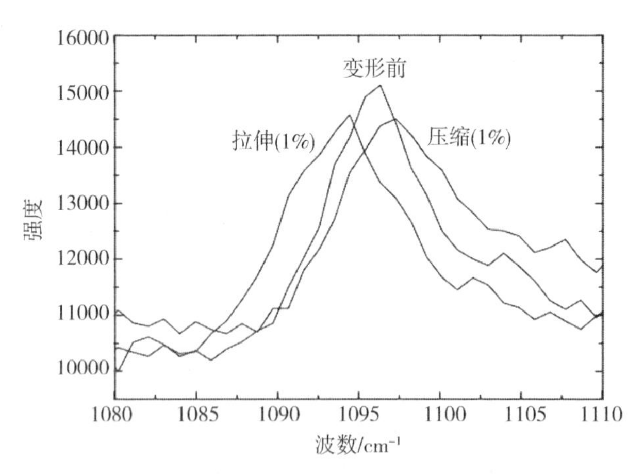

图4－4 对于嵌入在环氧树脂中的纤维素纳米晶须经四点弯曲拉伸和压缩变形后,位于1095 cm^{-1}处的Raman谱带峰值位置的典型偏移

4.3 傅里叶变换红外光谱

傅里叶变换红外光谱(FTIR)常用来表征由于化学机械处理而在纳米纤维素表面引入或同时去除的各种官能团。为了利用化学改性开发具有疏水表面特征的纤维素纳米纤维。Jonoobi 等人以乙酸酐改性洋麻纤维,使用机械分离法从乙酰化洋麻中分离出了纤维素纳米纤维。他们利用 FTIR 研究了乙酰化前后纤维的化学特性以及分离过程。纤维和纳米纤维的 FTIR 如图 4-5 所示。纤维在 2900 ~2800 cm^{-1}之间的峰是由于纤维素的 C—H 基团伸缩引起的。所有材料在 1320 ~1330 cm^{-1}范围内观察到的峰归因于多糖中 C—H 和 C—O 芳环的弯曲振动。所有研究材料的 C—O 和 O—H 伸缩量均在 1020 ~1030 cm^{-1}之间。

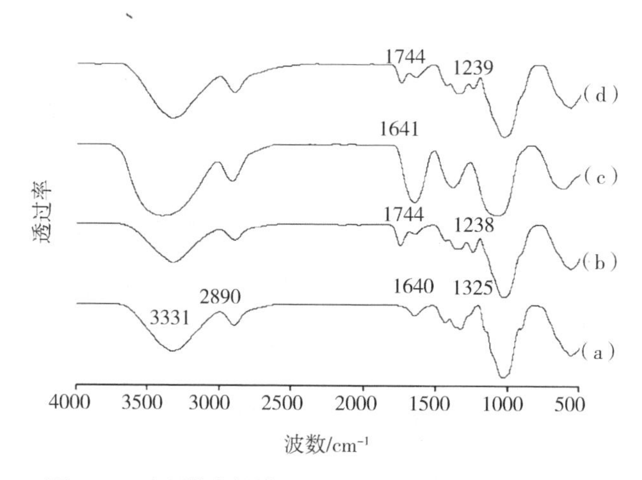

图 4-5 (a)洋麻纤维、(b)乙酰化纤维、(c)纳米纤维和(d)乙酰化纳米纤维的 FTIR

结果表明,乙酰化纤维和乙酰化纳米纤维在 1740 ~ 1745 cm^{-1}和 1235 ~ 1240 cm^{-1}区域出现吸收峰。他们认为,位于 1740 ~ 1745 cm^{-1}的峰归因于酯键中羰基的 C ═O 拉伸。1235 ~ 1240 cm^{-1}之间的峰归因于乙酰基的 C—O 拉伸。这两个峰证实了洋麻纤维以及纳米纤维的乙酰化。从结果可以看出,1740 ~ 1745 cm^{-1}和 1235 ~ 1240 cm^{-1}区域的低强度吸收峰表明纤维的乙酰化程度较低。此外，由于—OH 的伸缩振动，纤维的乙酰化使 3330 ~ 3335 cm^{-1} 处的峰面积减小，表明发生了部分乙酰化。乙酰化纳米纤维在 1740 ~ 1745 cm^{-1} 和 1235 ~ 1240 cm^{-1} 范围内观察到的峰表明，细化和高压均质等机械处理对化学特性没有不良影响。相关报道指出，1700 cm^{-1} 左右的吸收峰与乙酸副产物中的羧酸基有关。该峰的缺失说明纤维没有游离乙酸作为副产物。在 1840 ~ 1760 cm^{-1} 范围内没有吸收峰，说明纤维中没有未反应的乙酸酐。

4.4 X 射线光电子能谱

X 射线光电子能谱（XPS）是一种强大的定量光谱技术，可用于分析材料的元素组成并提供有关材料表面化学的完整信息。该技术是研究纳米纤维素表面改性过程中变化的工具之一。

Siqueira 等人成功地从剑麻纤维中获得了纤维素纳米晶体（或晶须）和微纤化纤维素（MFC），并采用异氰酸十八烷基酯以两种不同的方法进行了改性。图 4 -6 为未改性剑麻晶须和 MFC 以及通过方法 Ⅰ 改性的晶须和通过方法 Ⅱ 改性的 MFC 的 XPS 全谱。

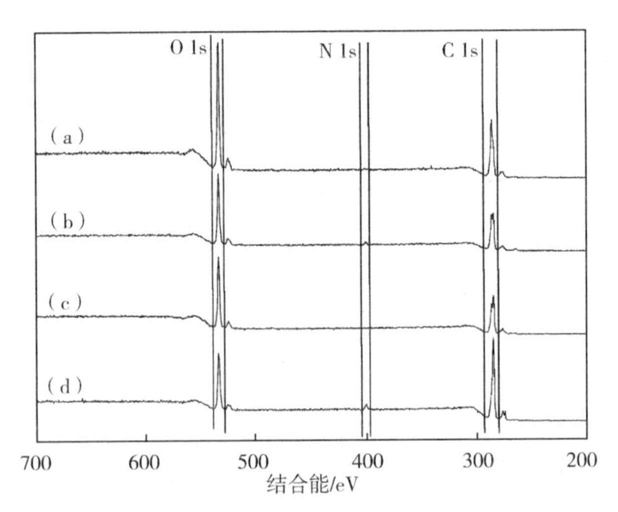

图 4 -6 （a）未改性剑麻晶须、（b）改性剑麻晶须（方法 Ⅰ）、（c）未改性 MFC 和（d）改性 MFC（方法 Ⅱ）的 XPS 全谱图

图 4 - 7 为样品的 C 1s 谱图。纯纤维素的 C 1s 谱图应显示出两个与醇和醚基团的 C—O 以及缩醛部分的 O—C—O 相关的峰。如图 4 - 7 所示,纤维素的 XPS 应在 285.0 eV、286.6 eV、287.8 eV 和 289.2 eV 处显示 4 个 C 1s 峰,分别归因于 C1 (C—H)、C2 (C—O)、C3 (O—C—O 和/或 C ═O) 和 C4 (—OC ═O)。C1 和 C4 峰归因于与残余木质素、萃取物质和长链酸的存在有关的杂质。由于低冲击处理和残留果胶的存在,MFC 中这些峰的大小高于晶须。对接枝纳米粒子的 C 1s 信号进行分解,发现存在 5 种类型的碳键:C—C、C—H (C1,285 eV)、C—N (C5,286 eV)、C—O (C2,286.6 eV)、C ═O/O—C—O (C3,287.8 eV)和 C ═O(C4,289.2 eV)。因此,C 1s 峰的大小从晶须的 32% 增加到接枝晶须的 48.8%,这是由于十八烷基链的存在。对于 MFC 也观察到同样的趋势,C5 峰是显著的。此外,他们还发现 C2 和 C3 峰的大小随着表面处理而减小。

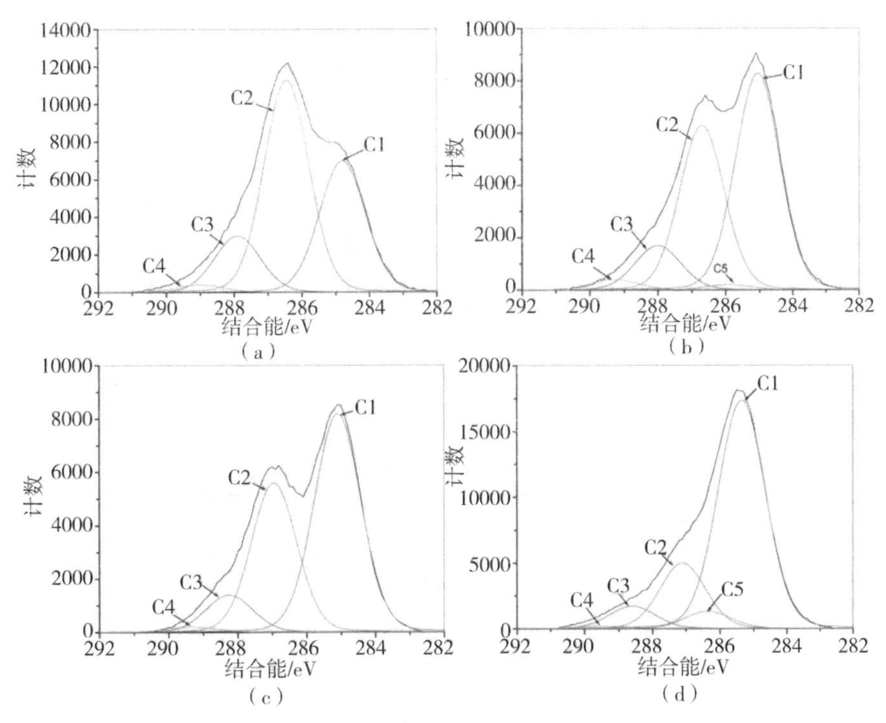

图 4 - 7 (a)未改性剑麻晶须、(b)改性剑麻晶须(方法Ⅰ)、(c)未改性 MFC 和(d)改性 MFC(方法Ⅱ)的 C 1s 谱图

4.5 核磁共振

固态核磁共振(NMR)是分析纳米纤维素结晶度和原子结构最有效的方法。^{13}CCP－MAS NMR 是最常用的核磁共振技术,用于确定结晶或半结晶材料的相结构。然而,核磁共振光谱所获得的结晶度指数与 XRD 实验计算的结果相当,但较低。

Jiang 等人采用 CNC 表面引发原子转移自由基聚合(SI－ATRP)对苯乙烯进行接枝聚合,以改善其热稳定性和相容性。他们用 13C NMR 表征了苯乙烯改性 CNC 的化学结构。在图 4－8 中,分别对 C1、C2、C3、C4、C5 和 C6 的葡萄糖环上的碳赋予 δ = 105.66 ppm①、71.70 ppm、73.26 ppm、88.98 ppm 和 65.28 ppm 的信号。如图 4－8(b)所示,δ = 146.48 ppm、37.26 ppm 和 40.15 ppm 的新信号与 2－溴异丁酰溴的 C7、C8 和 C9 一致。CNC－g－PSt 的 13C NMR 谱也显示了与苯乙烯的 C10 和 C11 对应的 δ = 19.22 ppm 和 128.20 ppm 的所有信号。结果表明,苯乙烯成功地接枝到了 CNC 表面。

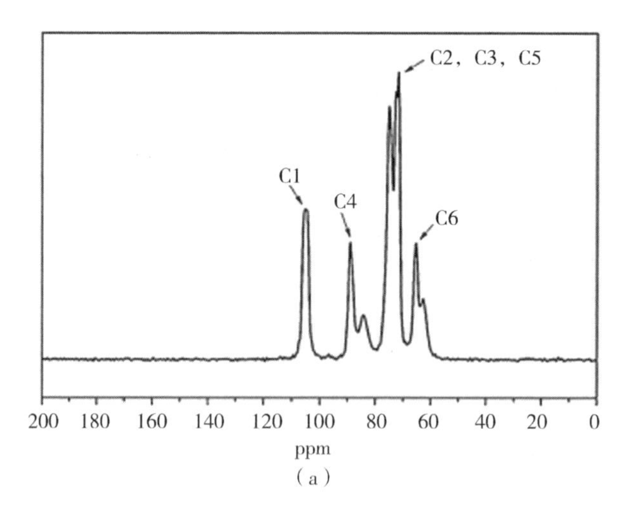

(a)

① 1 ppm = 10^{-6}。

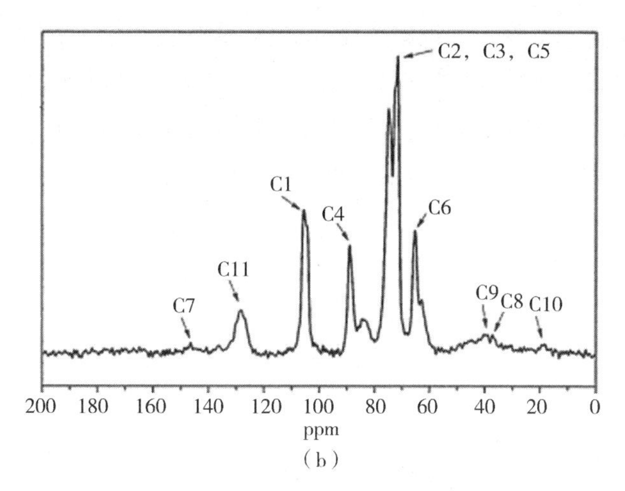

图4-8 (a)纯CNC的^{13}C NMR;(b)用苯乙烯改性的CNC的^{13}C NMR

4.6 热重分析

热重分析(TGA)被广泛应用于分析纳米纤维素的热稳定性,从而评价纳米纤维素在不同温度范围的性能。通常选择起始温度(T_{onset},发生5%重量损失时的温度)和降解温度(T_{max},导数TGA曲线的峰值)的值来分析样品的热稳定性。与未改性的纳米纤维素相比,改性后的纳米纤维素样品可以显示不同的热降解温度。在某些情况下,热稳定性变化归因于制备过程中(硫酸水解等)引入的各种基团。

Mandal等人以废弃甘蔗渣为原料,合成了纤维素Ⅱ含量合理的纳米纤维素。它以稳定分散体的形式获得,其中表面阴离子电荷有助于实现纳米纤维素的必要稳定性。甘蔗渣、源自甘蔗渣的纯纤维素(去除木质素和半纤维素后)和来自甘蔗渣的酸水解纤维素(即纳米纤维素)的TG和DTG曲线如图4-9所示。天然磨碎的甘蔗渣和碱处理的素甘蔗渣(即纯纤维素)的初始重量损失开始于26 ℃,硫酸水解甘蔗渣的初始重量损失在30 ℃,可以归因于这些材料表面松散结合的水分蒸发。在不同的处理方式下,三种纤维素都能在120 ℃下释放出化学吸附水或分子间氢键水。在酸水解蔗渣样品中,水分相对于蔗渣增加的部分(5.76%)可能是由于水分子对硫酸盐化纤维素分子周围的溶剂化或离子缔合程度更高。在纳米纤维素的曲线中,硫酸化的无定形区域也可以提供增强的链间空间,使水分被捕获。纤维素的含水率略高,这可能在一定程度上归因于半纤维素和木质素的脱除过程中留下的空位对水分的吸收。与甘蔗渣相比,碱处理纤维素产生的更开放的表面有助于吸收更多的水分。

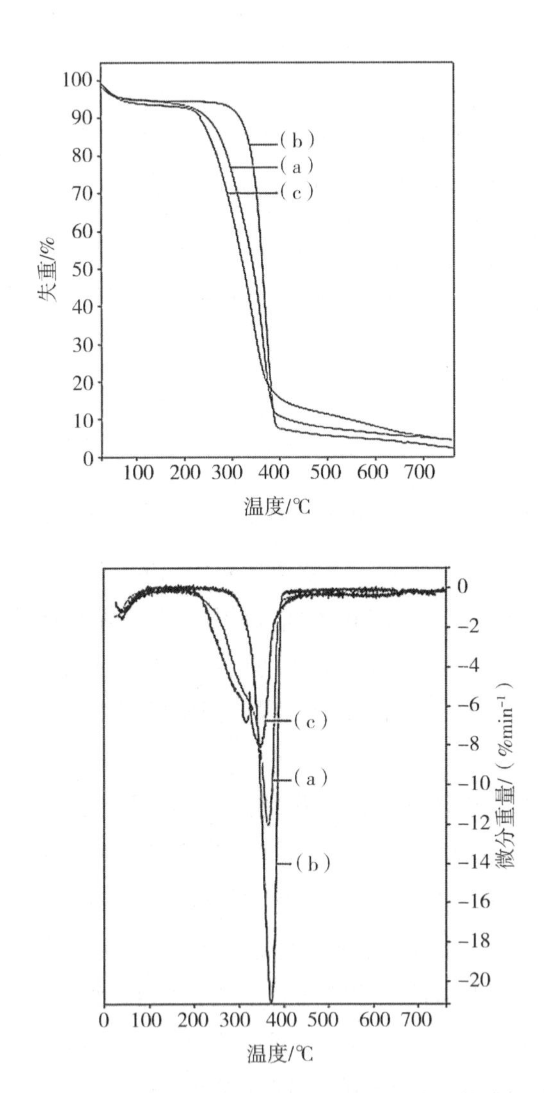

图 4-9 (a)未经处理的甘蔗渣、(b)碱处理过的甘蔗渣,即纤维素、(c)酸水解纤维素,即纳米纤维素的 TG 和 DTG 曲线

他们发现，虽然甘蔗渣和碱处理过的甘蔗渣的降解遵循相同的机制，但酸水解纳米纤维素的降解与311 ℃左右的额外小驼峰或肩峰有关。如图4－9所示，未经处理的甘蔗渣在273 ℃发生降解，降解速率在363 ℃达到峰值，而碱处理纤维素的降解发生在343 ℃，降解速率在370 ℃达到峰值。纳米纤维素的酸水解样品在249 ℃时降解，降解速率在345 ℃达到峰值。他们认为，半纤维素、木质素和其他在低温下分解的非纤维素成分的存在有助于引起甘蔗渣降解的早期开始。而在碱处理后的甘蔗渣即纯纤维素中，所有这些非纤维素物质的去除，有助于纤维素结构更加致密和紧凑，从而使降解起始温度升高。纤维素中晶体的重排有助于提高降解的起始温度。在酸水解甘蔗渣的情况下，他们发现，无论是甘蔗渣原生纤维素还是碱处理后得到的纤维素，降解的早期起始温度都有所降低。

4.7　差示扫描量热法

差示扫描量热法（DSC）是一种常用的材料热分析技术，也用于测量焓随时间和温度的变化，这是由于材料的物理和化学性质发生了变化。DSC已被广泛应用于评估纳米纤维素的热稳定性和热相关特性。

淀粉基薄膜由于其高亲水性和较差的力学性能限制了其应用。Savadekar等人通过热塑性淀粉（TPS）和NCF的纳米复合材料来克服这一问题。他们以短纤维为原料，采用化学－机械法成功合成了NCF；采用溶液浇铸法制备了TPS/NCF复合薄膜。所有样品的DSC谱图如图4－10所示，并给出热流量（mW）与温度（T）之间的关系。TPS和复合薄膜样品的DSC热图表明，相变发生在相当宽的温度范围内。复合膜的熔点对TPS没有明显影响，但添加0.5% NCF后，其熔点会稍微转移到较低的温度。

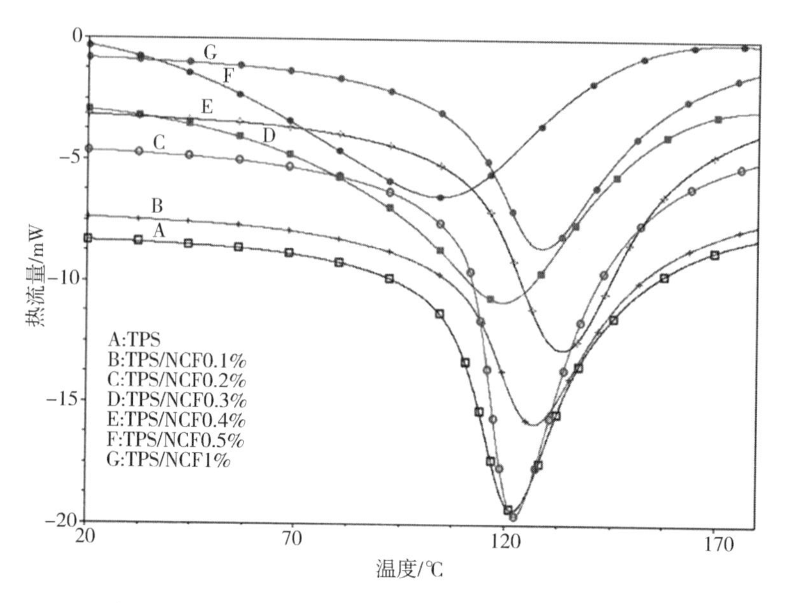

图 4－10　TPS/NCF 复合薄膜和 TPS 薄膜的 DSC 谱图

Moran 等人以剑麻纤维为原料，采用两种不同的方法提取了纤维素。他们用差示扫描量热法比较了商用纤维素以及采用步骤Ⅰ和步骤Ⅱ得到的纤维素的热行为，结果如图 4－11 所示。在 DSC 谱图中，由于水蒸发在 30～140 ℃出现了吸热峰。商业纤维素在 330 ℃显示出一个尖锐的吸热峰，对应于其结晶部分的融合。从步骤Ⅰ和步骤Ⅱ中获得的纤维素没有显示出清晰的融合峰。然而，通过步骤Ⅱ获得的纤维素在 190 ℃显示吸热峰。他们分析认为，峰位置的下降与无定形纤维素量的增加和纤维素微晶长度的减少有关。由于样品的结晶度指数几乎相同，因此，峰的移动更有可能是因为纤维素晶体更大的相对分子质量和尺寸分布。

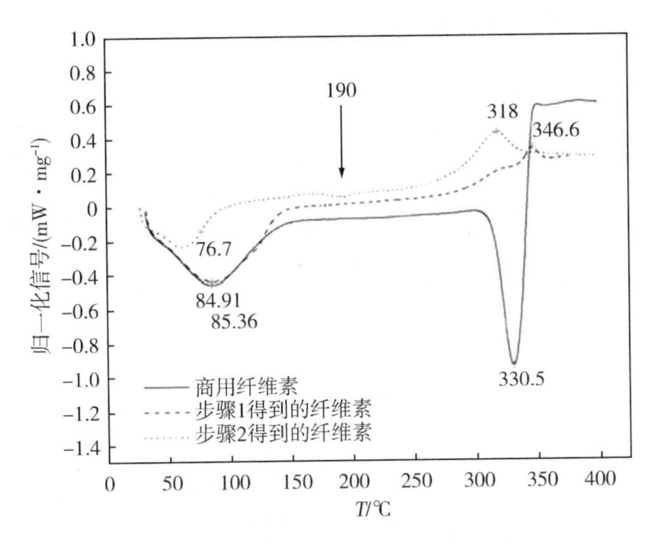

图4-11 所得纤维素和商用纤维素的DSC谱图

4.8 扫描电子显微镜

扫描电子显微镜（SEM和FESEM）通常被用来表征不同的化学机械处理方法制备的纳米纤维素的外观形貌，也被用来发现样品形态和尺寸上发生的变化。Narayanankutty等人通过化学机械法实现了从槟榔壳中分离纤维素纳米纤维，从而开辟了一种废物利用的手段。他们采用的化学过程包括碱处理、酸水解和漂白。机械原纤化是通过研磨和高压均质进行的。

图4-12为纤维在不同加工阶段的SEM图。图4-12(a)为原纤维的SEM图。由于存在半纤维素、木质素、果胶等黏结材料，原纤维的表面看起来不均匀。当这些黏结材料被去除后，通过碱处理的纤维从表面脱落，如图4-12(b)所示。图4-12(c)清楚地显示了酸水解过程中纤维的原纤化。图4-12(d)和图4-12(e)分别为机械研磨后碱处理和酸处理的纤维。图中显示的表面粗糙度表示胶结材料的去除。此外，他们认为机械研磨增加了纤维的表面积，便于碱和酸进入纤维内部，这有助于有效原纤化，图中清楚地表明了这一点。如图所示，直径从15 μm减小到7 μm。他们发现，酸水解后用$NaClO_2$漂白有助于消除剩余的木质素，从图4-12(f)可以清楚地观察到这一点。漂白后的纸浆表现

出光滑和均匀的纤维表面,证实了非纤维素成分的去除。

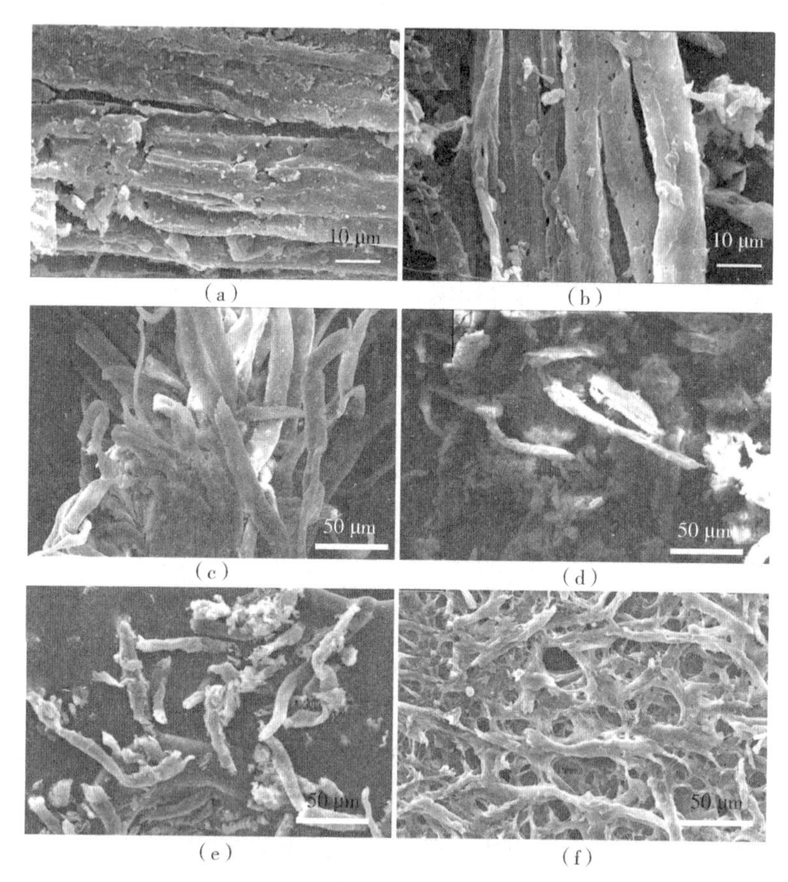

图4-12 (a)原纤维、(b)碱处理纤维、(c)酸处理纤维、(d)碱处理纸浆、(e)酸处理纸浆和(f)漂白纸浆的SEM图

4.9 透射电子显微镜

根据施加的电位差的不同透射电子显微镜被分为TEM和HRTEM,当外加电压小于100 kV时被归类为TEM,当外加电压大于100 kV时被归类为HR-TEM。TEM是一种分析纳米纤维素材料的重要手段,由于TEM的高分辨率,TEM中的透射电子揭示了单个晶体,这是用SEM无法观察到的。因此,利用透

射电镜可以研究纳米纤维素的尺寸和形貌。

Wang 等人报道了使用商用石磨机从漂白桉木纸浆中生产 CNF。他们利用 TEM 观察纳米和微米尺度 CNF 的形态发育。从图 4－13(b)可以看出“骨架”原纤维以及缠结或卷曲和完全扭曲的纳米原纤维的两种纳米级结构的细节。图 4－13(a)是原纤化 11 h 后获取的未分级样品，即使在长时间机械原纤化后仍存在大尺寸的纳米原纤网络。图 4－13(a)的标尺为 20 μm，与原始未原纤化漂白桉木浆的纤维宽度相同。

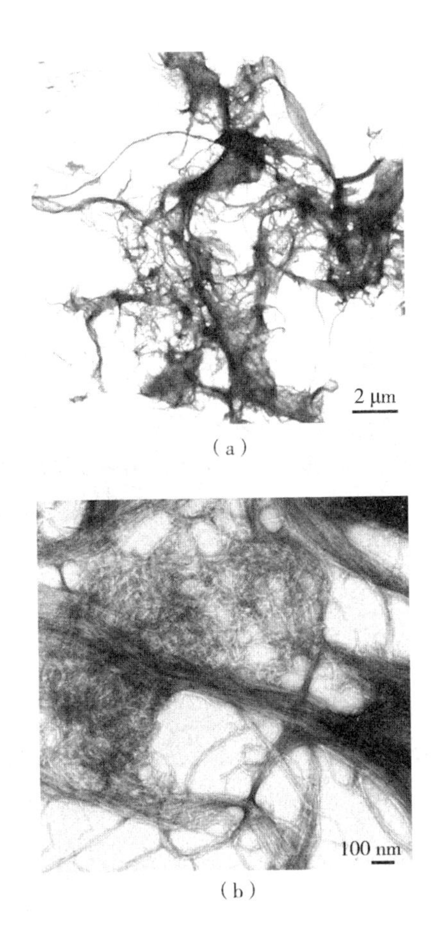

图 4－13　CNF 网络结构的 TEM 图

(a)CNF 网络原纤化 11 h；(b)被扭曲纳米纤维缠绕的未扭曲的骨干纤维

他们认为,“树状”特征主要是因为亚微米或几百纳米的大纳米纤维内部原纤化到 10 ~ 30 nm 的小纳米纤维,再进一步分离到 5 ~ 20 nm,如图 4 - 14(a)所示。大约 10 nm 的小纳米纤维高度扭曲,可能是外部纤维性原纤化的结果。从图 4 - 15(a)可以更好地观察到内部原纤化引起的原纤维分裂,其中一个大的约 250 nm 的纳米原纤维被分裂成 30 nm 的原纤维,并继续分裂成 10 nm 的原纤维。在图 4 - 15(b)中,在 3 ~ 5 nm 的初级原纤水平上,可以更好地看到扭结和自然螺旋状的纳米小纤维的超细细节。两个相邻扭结之间的最短段的长度为 50 ~ 100 nm,如图 4 - 14(a)和图 4 - 15(b)所示,大约等于单质微晶的长度(60 nm)。他们认为,在两个相邻的扭结之间最短的部分代表纤维素的初级原纤微晶,而扭结出现在纤维素链的无定形区域。

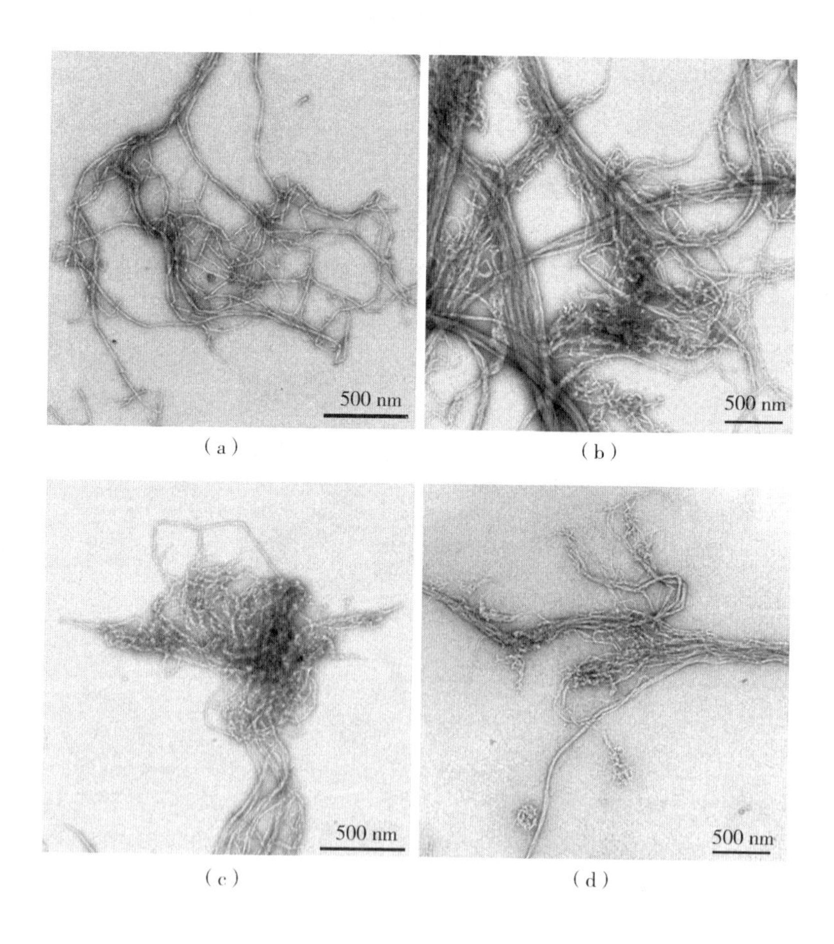

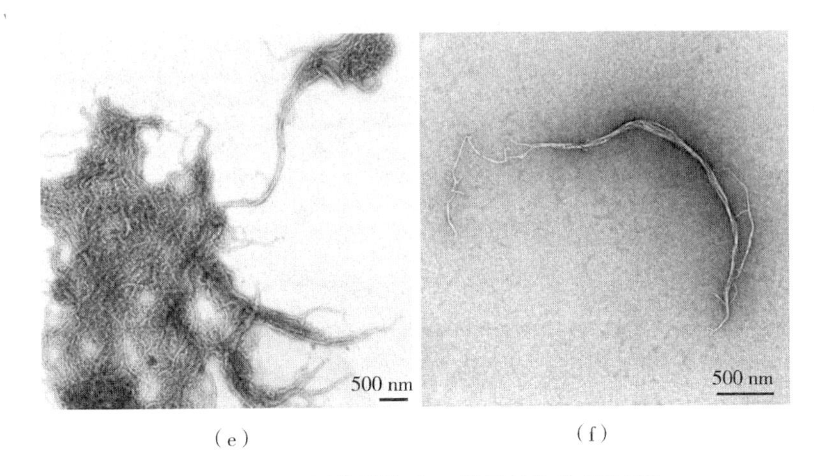

(e)　　　　　　　　　　(f)

图4-14　不同类型的CNF纳米结构的TEM图

(a)树,3 h;(b)网,7 h;(c)花或火炬,1 h; (d)开花树,7 h;(e)"幽灵",9 h;(f)单纤丝,7 h

"网状"特征来自不同尺度的骨架原纤维的交叉和缠绕骨架原纤维的完全扭曲和卷曲的纳米原纤维,如图4-14(b)所示。可以清楚地看到,通过内部原纤化将主干原纤维分裂成20~50 nm,使网络结构复杂化。

"花"或"火炬"特征是由几个不同尺度的骨干原纤维形成的,作为"花"的"茎"或"火炬"的"支架"以及完全缠结且高度扭曲和卷曲的纳米原纤维,如图4-14(c)所示。从图4-15(c)中可以更好地观察完全缠结和高度扭曲或卷曲的纳米纤维的细节。此外,两个相邻扭结之间的段长度为30~60 nm,比从未扭曲的纳米原纤维观察到的短,如图4-15(b)所示。该特征看起来像"很软的花"一样。这种"看起来很柔软"的缠结原纤维结构不同于另一种类型的高度缠结、扭结和自然螺旋但未扭曲的纳米原纤维,如图4-15(d)所示的"树"特征中可能出现的那样。

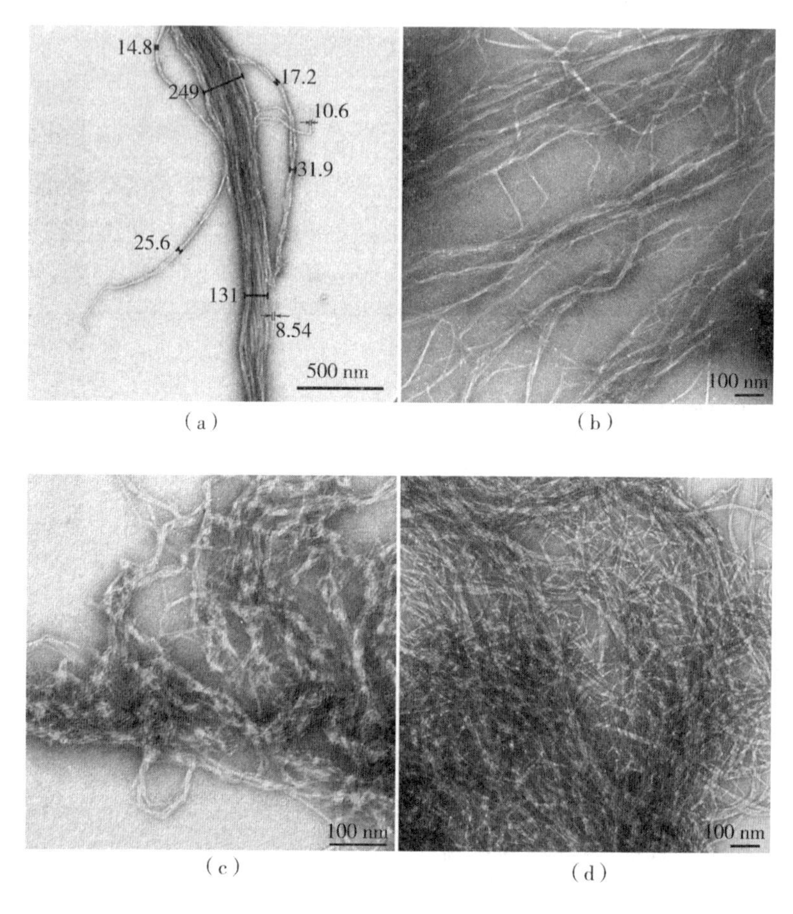

图 4-15 不同纳米纤维结构的细节的 TEM 图

(a)分裂纳米纤维,1 h;(b)扭结但未缠结的纳米纤丝,5 h;

(c)纠缠和扭结的纳米纤丝,1 h;(d)纠缠和扭结但未扭结的纳米纤丝, 9 h

"开花树"特征由"树"和"花"组成,作为"开花的树"。如图 4-14(d)所示,顶部是一个"树"特征,具有扭结和自然螺旋但没有扭曲的纳米纤维,中间和底部具有高度卷曲和扭曲的纳米纤维,如"花",主干原纤维用作"树枝"。图 4-14(d)中的图像表明,高度扭曲的"看起来很柔软"的纳米纤丝和未扭曲和扭结的天然螺旋状纳米纤丝源自纤维细胞壁的不同部分。他们认为,"看起来柔软"的特征可能是从细胞壁的一部分中释放出来的,这些细胞壁具有与那些骨架原纤维不同的特性。他们分析,图 4-15(d)中显示的"树"特征和缠结但未扭曲的结构可能来自半纤维素含量低的纳米原纤维,因此与那些“外观柔软”的原纤维相比,具有更尖锐的扭结和更高的平均结晶度。“幽灵”特征基本上是从主要骨架原纤维中分离出来的,高度扭曲和缠结的“外观柔软”的纳米原纤维,如图 4 – 14(e)所示。图 4 – 14(e)中的图像还显示了从“幽灵”体中伸出的“花”,与一根小的骨干原纤维相连。孤立的棒状原纤维来自网络的断裂、未扭曲的纳米原纤维,没有很多扭结,如图 4 – 14(f)所示。这种分离的原纤维可以进一步分离或分裂成小规模,如图 4 – 15(a)和图 4 – 15(b)所示。

4.10　原子力显微镜

原子力显微镜(AFM)与 TEM 一样也可以作为确定纳米纤维素的粒径和尺寸分布的有效方法。但是,两种技术测量的粒度略有不同。Shaheen 等人以锯末作为 CNC 的一种新资源,采用超声诱导酸水解法从木屑中分离出了 CNC。

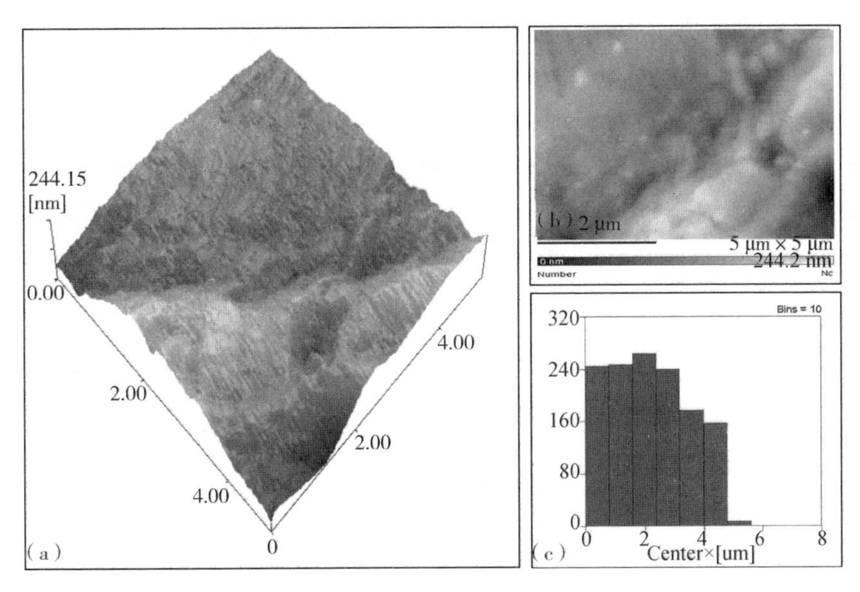

图 4 – 16　CNC 的 AFM 图

(a)三维图像;(b)二维图像和(c)每 1337 个颗粒的粒度分析图像

他们使用 AFM 探头通过非接触方式对 CNC 进行了三维表征。分别在图

4－16(a)和图4－16(b)中介绍了三维和二维图像中的CNC表面。从图4－16所示的AFM结果可以看出,CNC的表面是粗糙的,其高度与纤维素晶体的直径有关,整个棒状样品观察到锐利的边缘。这些水解纤维素的形态特征表明纤维素晶体呈杆状。通过分析某些粒子的直径大小,他们确定纤维素的平均长度在244.2 nm范围内。

4.11 动态光散射

动态光散射(DLS)的目的是确定悬浮在溶液中颗粒的尺寸分布。然而,这种技术只能给出关于尺寸分布的近似结果,没有从SEM和TEM分析中获得的结果准确。DLS已被用于获得纳米纤维素的尺寸分布,以便对其尺寸进行粗略估计。Qua等人比较了从亚麻和微晶纤维素(MCC)制备纤维素纳米纤维的两种不同方法。第一种方法结合了高能球磨、酸水解和超声波,第二种方法采用了高压均质技术,对纤维原料进行或不进行各种预处理。图4－17为酸水解纳米纤维样品的光散射强度分布。根据这一结果,他们列出了三组不同尺寸范围的颗粒。结果表明,MCC纳米纤维的长度为16~42 nm,直径为5~7 nm。由亚麻纤维制成的纤维素纳米纤维长度为44~615 nm,直径为14~24 nm,而由亚麻粉制成的纳米纤维长度为38~396 nm,直径为9~16 nm。他们用此方法测定了酸水解制备的纳米纤维的粒径变化趋势为:MCC纳米纤维 < 亚麻纳米纤维(粉末) < 亚麻纳米纤维。

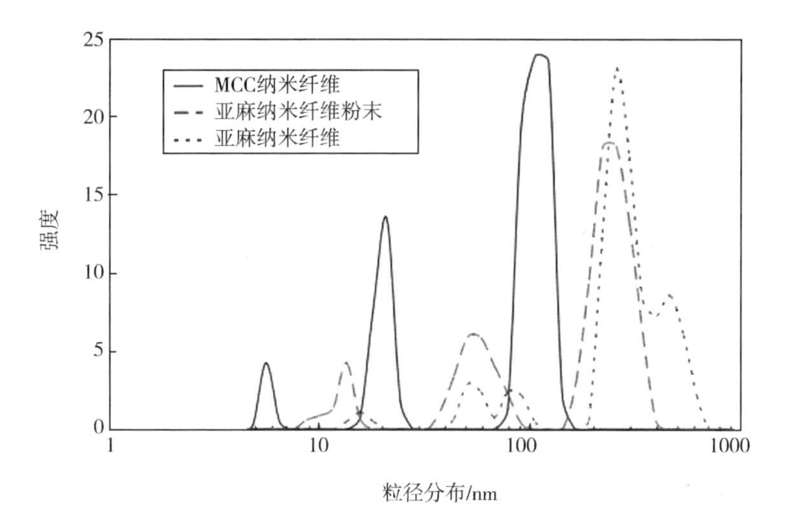

图 4－18　用 DLS 测定酸水解纤维素纳米纤维的粒径分布

第5章 纳米纤维素的结构成形

纳米纤维素是一种具有极大的比表面积和体积比的材料,并且作为结晶纳米颗粒和三维的纤维网络都表现出了极高的强度。纳米纤维素独特的物理性质有利于其结构自下而上组装,就是说可以用纳米纤维素作为基元构筑更大的组装集合体。设计和制备这些结构的关键是了解和控制纳米纤维素颗粒与纤维之间的物理化学相互作用。但是,由于纳米纤维素的种类非常多,因此选择哪种类型使用哪种结构完全取决于最终材料实际用途的需要。

5.1 纳米纤维素颗粒

纳米纤维素可以按照一系列干燥方法从液体悬浮液中组装成层次离散的物体或颗粒。由于颗粒中含有许多纤维素纳米纤维或纤维素纳米晶,因此这些颗粒的尺寸并不均一。经过不同的处理方法可以得到粒径均匀的颗粒或粒径不均匀的颗粒或纤维。干燥纳米纤维素悬浮液的目的是为了更好的对其进行运输和存储,并方便纳米纤维素的加工和应用。

5.1.1 纳米纤维素粉末

干燥纳米纤维素是为了方便其应用和商业开发。另外,有时使用纤维素粉末比使用悬浮液更加有效,尤其是在将其加入非极性有机溶剂反应系统时。干燥的目标是在不损失纳米纤维素的情况下去除水分,这就需要找到合适的干燥技术并了解干燥过程中的除水机理。纳米纤维素颗粒之间有强烈的相互作用，即范德瓦耳斯力、氢键作用力，以及在某些情况下存在的疏水相互作用。此外，在干燥作业的加热过程中有时也会发生纳米纤维素之间的化学反应。

CNF 由于具有亲水性，通常被加工成水悬浮液。其中一个主要的制造挑战是获得干燥的 CNF，同时保持其纳米尺度尺寸。Peng 等人采用喷雾干燥法对纤维素纳米晶和纳米纤维悬浮液进行了干燥试验研究，并制得了纳米纤维素粉末。

喷雾干燥是一种成熟的技术，已用于许多领域，包括食品、制药、陶瓷、聚合物和化学工业。喷雾干燥较低的成本使其成为标准的工业脱水方法。NFC 悬浮液在喷雾染色机中的干燥是通过与热空气接触的雾化来完成的（图 5－1）。具体过程如下：采用双流体雾化系统。NFC 悬浮液首先通过喷嘴泵入形成悬浮膜。采用流动的热气对悬浮液进行外部混合。气体与悬浮膜之间的动量转移将悬浮膜破坏，然后形成直径为几微米到几十微米的液滴。液滴通过干燥室下落时蒸发。接下来用旋风分离器从潮湿的空气中分离出干粉。从 CNC 悬浮液中干燥液滴的步骤与烘干样品的步骤相似。

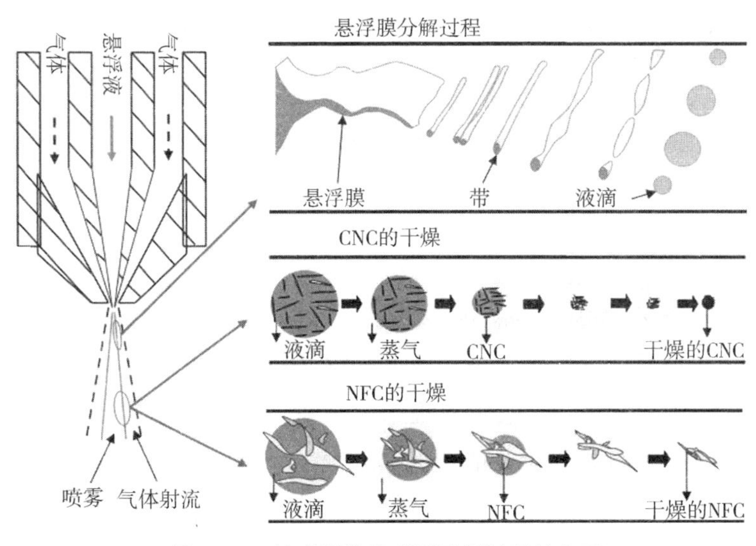

图 5－1　纳米纤维素喷雾干燥过程的机理

喷雾干燥后的 CNC 样品的形貌如图 5－2（a）～（c）所示，得到球形颗粒。

同时,他们观察到球形颗粒的表面比较粗糙。他们认为,这种粗糙度是由针形CNC的团聚造成的。对于NFC悬浮液,他们认为在雾化过程中可能会形成两种不同的液滴:(1)没有NFC原纤突起的NFC液滴,(2)有部分NFC原纤突起的NFC液滴,如图5-2(d)~(f)所示。他们认为,悬浮液中原始纤维的长度造成差异。干燥第一种NFC液滴会形成小球形颗粒,其形貌与CNC非常相似。对于第二种NFC液滴,原始长NFC原纤维的一部分突出在液滴之外。

图5-2 纤维素纳米纤维悬浮液喷雾干燥后形态的SEM
(a~c)喷雾干燥的纤维素纳米晶体(CNC);(d~f)喷雾干燥纳米原纤化纤维素(NFC)

分散性对于NCC很重要,因为在产品干燥储存或运输后恢复独特的悬浮液和颗粒特性至关重要。Beck等人研究的目标是生产干燥的NCC,在不使用添加剂或大量能量输入的情况下,在水中重新分散以产生胶体悬浮液。与制备的酸性NCC(HNCC)相比,他们发现通过蒸发、冻干或喷雾干燥的中性钠型NCC(Na-NCC)悬浮液易于分散在水中。

NCC悬浮液经不同方法干燥后,得到的产品差别很大。室温下蒸发制备的固体NCC薄膜有光泽且具有发光特性,如图5-3(a)所示,坚韧但很脆。冷冻干燥的NCC通常以薄层片状的形式出现,呈透明或白色,偶尔有蓝色的花环,如图5-3(b)所示。喷雾干燥的NCC呈自由流动、面粉状形态,如图5-3(c)

所示。图5-3(d)~(f)分别为风干NCC薄膜(0.10 kg·m^{-2}基重)、冻干NCC薄片(4.3% NCC悬浮液干燥)和喷雾干燥NCC圆颗粒(5%悬浮液干燥)的断口边缘环境扫描电镜(ESEM)图。NCC薄膜的厚度为(100 ± 10) μm,而冷冻干燥的NCC薄膜的厚度仅为200 nm左右。单个纤维素纳米晶体在薄片边缘可见(箭头)。喷雾干燥的NCC颗粒的直径从5~30 μm不等。

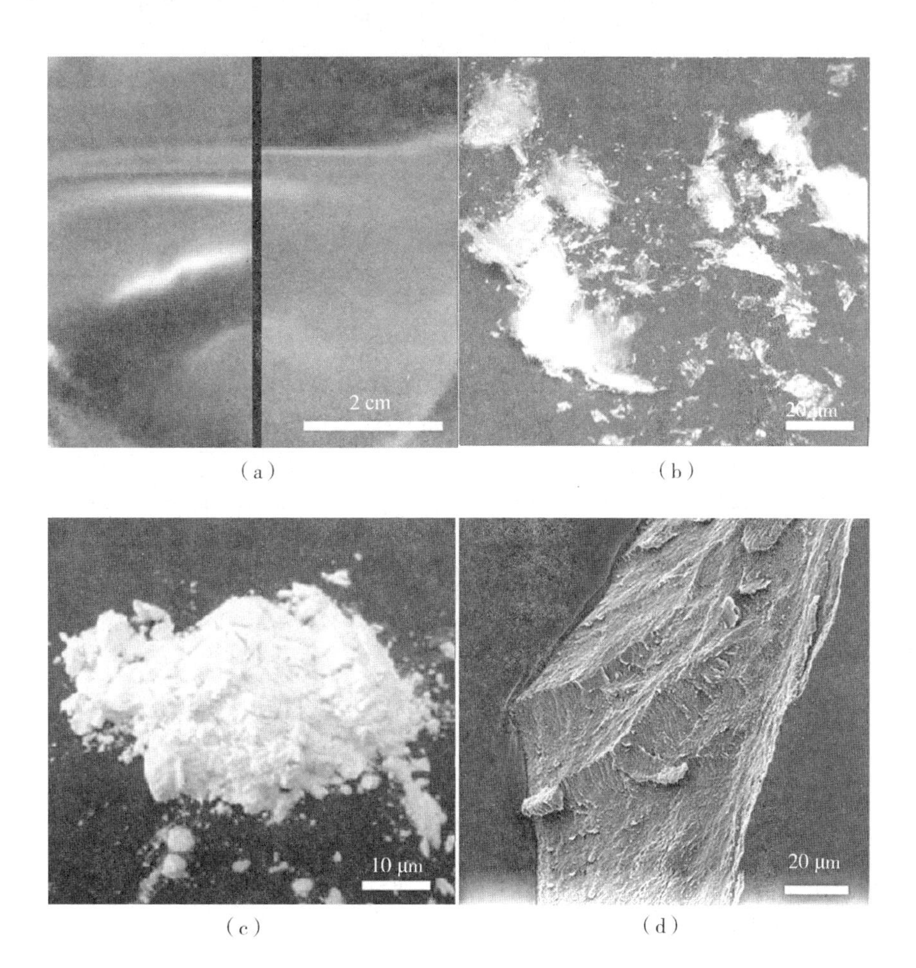

(a)　(b)
(c)　(d)

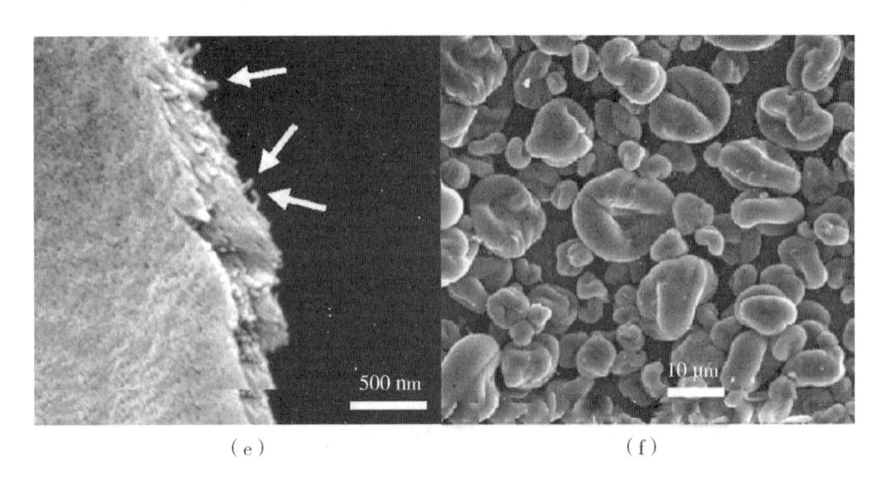

(e) (f)

图 5-3 (a)风干 NCC 薄膜(左)与表面成斜角(右)观察时具有发光特性;(b)冻干 NCC 薄片;(c)喷雾干燥的 NCC 粉末;(d)具有可见 NCC 层的风干 NCC 薄膜的断裂边缘;(e)冻干 NCC 薄片的边缘(箭头表示单个纳米晶体);(f)喷雾干燥的 NCC 颗粒

他们认为,随着未受干扰的 NCC 悬浮液蒸发,NCC 浓度逐渐增加。一旦超过手性向列液晶形成的临界浓度,就会形成有序相。随着 NCC 浓度继续增加,有序相的体积分数增加,直到它占据整个悬浮液。当所有的水都蒸发时,获得了一种固体 NCC 薄膜,该薄膜在紧密堆积的颗粒阵列中保持液晶顺序。

5.1.2 纳米纤维素液滴

微流体装置被用于研究纳米纤维素液滴,因为它可以精确控制液滴的大小和形状,并提供高通量技术,每小时可以生产多达一百万个液滴,并且可以进行平行组装。Parker 等人通过 CNC 在收缩的微米级水滴中的自组装获得了分级胆甾醇结构。他们发现,这种受限的球形几何形状极大地影响了胶体自组装过程,从而导致液滴内的同心排序。

他们配制了 CNC 的水悬浮液,将其稀释得到了 4.7% ~14.5% 的一系列不同浓度的溶液,并在每个浓度下评估了各向异性相的比例,如图 5-4(a)所示。这使得构建传统相图成为可能,如图 5-4(b)所示。该相图可以确定从各向同性相转变为各向异性相的特定悬浮液的 CNC 浓度临界值。为了理解几何限制的影响,他们研究了 CNC 悬浮液的初始浓度如何影响微米级液滴内的自组装。

在聚二甲基硅氧烷(PDMS)流动聚焦微流控装置内,以十六烷油为水相乳液,生成微液滴。在流动聚焦交界处,水相 CNC 悬浮液与十六烷油的流动垂直相交,形成单分散的微液滴(变异系数 < 2%),其直径由流动聚焦的几何形状、不相容溶液的相对流速和黏度决定。液滴形成后,通过微孔管收集到亲氟基材上,用于进一步研究。他们发现,水滴比周围的油滴更致密,因此,水滴在亲氟基材表面而不是在空气 - 油界面。这种油层的存在减缓了液滴中水分的流失,使其可以在数小时到数天的时间内用于研究。

如图 5 - 4(b)所示,直径为 140 μm 的典型微滴是由一系列 CNC 浓度在相变过程中制备的。在流动焦点颈部的两种流体之间产生界面导致微滴内 CNC 径向排序,当在交叉偏振器下成像时产生明显的马耳他十字形图案,如图 5 - 4(c)所示。然而,当微滴沿微流体通道行进时,通过与周围环境的剪切相互作用在微滴内诱导的混沌平流会迅速破坏这种排列。他们发现,在如此高的浓度(14.5%)下,悬浮液非常黏稠并且几乎完全处于液晶相。

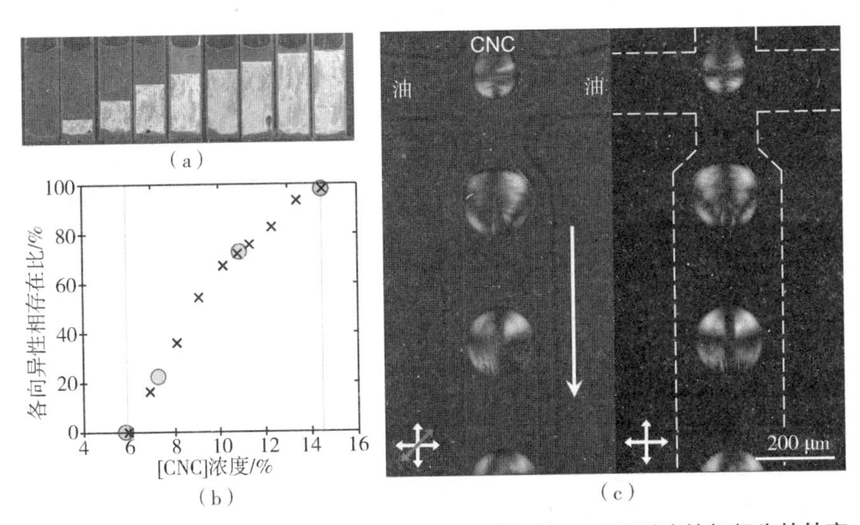

图 5 - 4 (a)在十字偏振器下成像的浓度不断增加的 CNC 悬浮液的相行为的转变;(b)各浓度下各向异性相存在比,编制相图(十字),微液滴内考察的特定浓度由圆圈表示;(c)14.5% CNC 悬浮液在十字偏振器下成像的油包水微流控液滴的极化曲线图(右)和一阶着色板(左)

5.1.3 纳米纤维微球

大多数纤维素微球(也称纤维素珠)由再生纤维素制成,而不是纳米纤维素。在纳米纤维素用于微粒的许多实际例子中,它充当增强剂或交联剂的次要成分,并且经常与聚合物如壳聚糖、藻酸盐、木聚糖或其他功能性纳米颗粒结合使用。

Erlandsson 等人使用一种新方法制造了化学交联的、湿稳定的纤维素纳米纤维(CNF)气凝胶珠(图 5 -5)。该程序促进了毫米级 CNF 气凝胶珠的受控生产,无须冷冻干燥或临界点干燥,同时保持多孔结构。气凝胶珠在干燥状态下机械坚固,在 70% 压缩时能承受 1.3 N 的负载,即使浸泡在水中并重新干燥也是如此。此外,它们在水中能够表现出良好的稳定性和湿压缩。

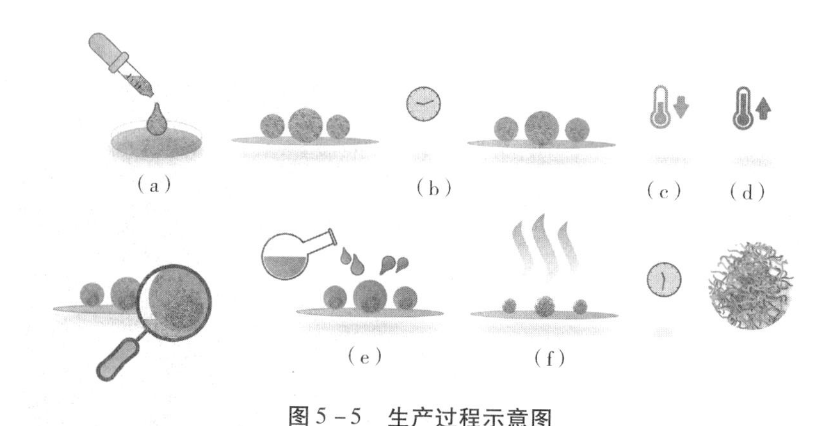

图 5 -5 生产过程示意图

(a)将 CNF 分散体放置在 AKD 表面形成球形液滴;(b)氧化导致 CNF 悬浮液收缩;(c)冷冻;(d)解冻;(e)溶剂交换;(f)在环境条件下干燥

他们使用 SEM 表征了气凝胶珠的多孔结构。图 5 -6(a)为具有代表性的气凝胶珠,珠子的外表面由一层致密的类皮肤结构的 CNF 组成。如图 5 -6(b)所示,在细胞状气凝胶内部,细胞壁反而围绕着冻结过程中形成的冰晶,这些冰晶决定了孔的大小和形状。由于 CNF 被排除在冰晶之外,冰晶成核和晶体生长的速率对所形成的结构起主要作用。

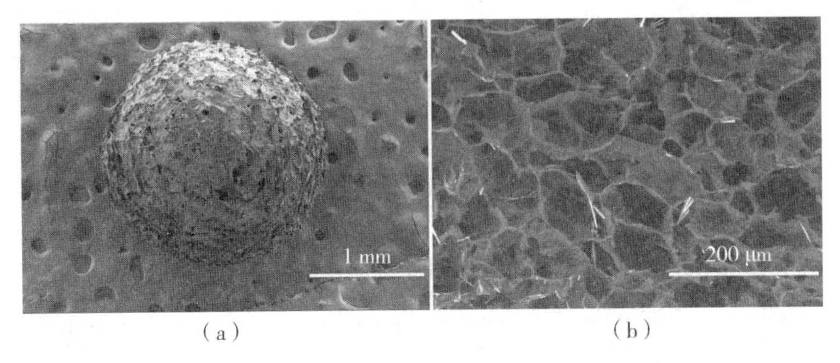

（a）　（b）

图 5－6　（a）原始 CNF 气凝胶珠和（b）气凝胶珠横截面的 SEM 图

Supramaniam 等人使用海藻酸与磁性纳米纤维素（m－CNC）组装了磁性纳米纤维素海藻酸水凝胶珠。m－CNC 由稻壳（RH）经共沉淀法分离得到的 CNC 合成，并掺入海藻酸盐基水凝胶珠中，目的是增强机械强度，调节药物释放行为。

他们将 0.1 g 布洛芬加入 40 mL 4% 的海藻酸钠溶液中，在混合物中添加适量的 m－CNC。将混合液机械搅拌 30 min，进一步超声去除气泡。然后用蠕动泵将混合物挤出，以 1 mL · min^{-1} 的流速滴入 5% 的 $CaCl_2$ 凝胶浴中，在凝胶浴中搅拌 30 min，125 r · min^{-1} 离心，室温下固化。然后过滤，用大量蒸馏水洗涤，去除未包封的布洛芬和残留的钙离子。然后将这些珠子用液氮冷冻，并在冷冻干燥器中冻干，得到了磁性纳米纤维素海藻酸水凝胶珠。

图 5－7 为所制备的海藻酸水凝胶珠（A0、A1、A3、A6 和 A10）的表面和截面形貌的 SEM 图。他们发现，所有珠子在性质上均为椭球形，表面具有皱纹。所有珠子均未观察到严重裂纹，但随着 m－CNC 的加入，海藻酸水凝胶珠表面经历了由光滑到粗糙的变化。他们采用横断面图像描述了每个珠粒内部的结构转变。随着 m－CNC 量的增加，珠子在腔分布方面发生变化，具有更发达的孔隙和层，与 3D 互连网状网络是同质的。

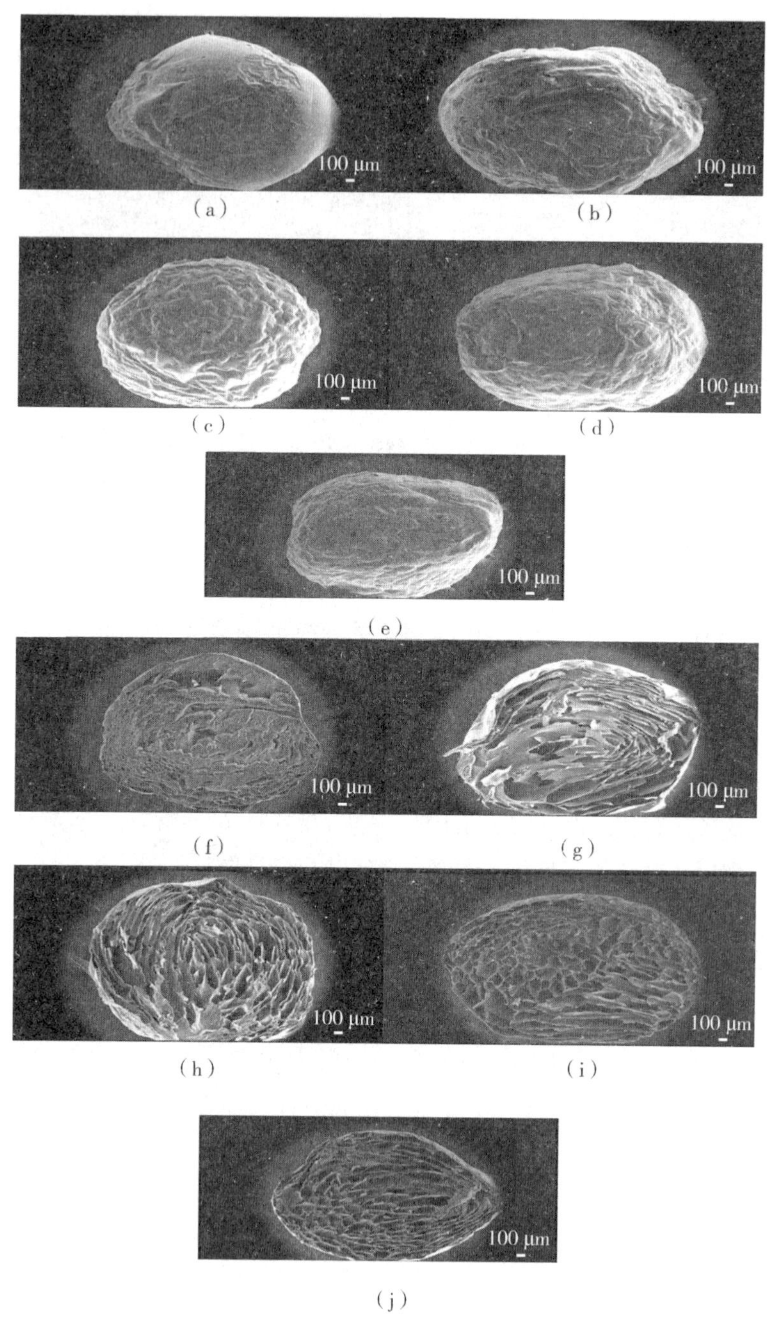

(a) (b)

(c) (d)

(e)

(f) (g)

(h) (i)

(j)

图 5-7 水凝胶珠 A0(a)(f)、A1(b)(g)、A3(c)(h)、A6(d)(i)和 A10(e)(j)的表面形态和横截面的 SEM 图

5.2　纳米纤维素胶囊

纳米纤维素还可以组装成胶囊用于封装技术。胶囊的使用涵盖了从控释、纳米和微粒保护到液体流动性再到分离技术等。纳米纤维素的生物相容性和无毒性使其成为药物缓释胶囊的理想选择，而纳米纤维素的两亲性使其能够包裹疏水性药物。此外，胶囊壳网络的可控孔隙率使得纳米纤维素胶囊可以同时负载纳米粒子和大粒子，而聚合物基纳米纤维素胶囊通常只能负载直径小于 10 nm 的分子。与传统使用的封装材料相比，纳米纤维素作为生物基替代品特别受关注，因为它在低 pH 值、高离子强度和高温下具有稳定性。

Svagan 等人报道了一种快速简便改善液芯胶囊管壁力学性能的新概念（图 5－8）。他们通过模仿自然界自身增强液芯胶囊力学性能的方式，利用果蔬中存在的薄壁植物细胞，将 NFC（ $< 1\mu m$ ）与 CNC 共混，制备出囊壁。NFC/CNC 共混物是由经典木浆水解制备的。囊壳由外囊壁共价交联的 NFC/CNC 结构和以芳香族聚脲为主的内层组成。

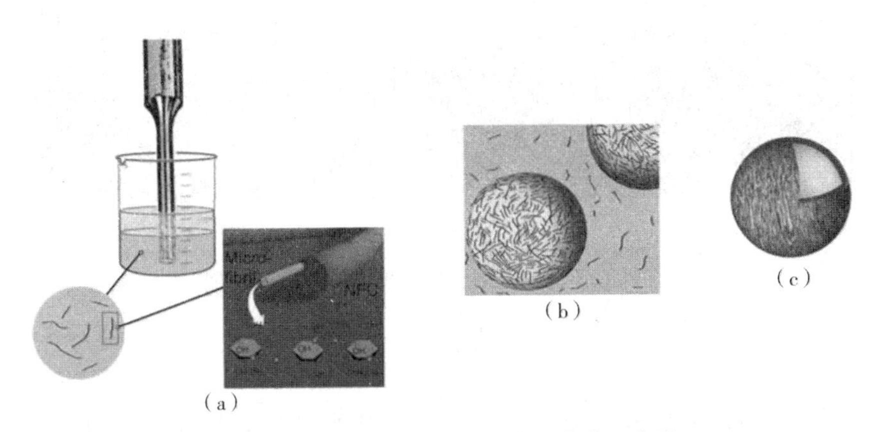

图 5－8　NFC/CNC 胶囊的一步法合成示意图

（a）将含有十六烷、IPDI 和催化剂的分散相用 NFC/CNC 水悬浮液（连续相）超声处理，形成 O/W 乳液；（b）O/W 界面处的 NFC/CNC 有效地稳定了油滴；（c）在液滴界面发生加聚反应后，成功形成具有油核（十六烷）的交联纤维素壳胶囊

他们的研究表明，交联剂异佛尔酮二异氰酸酯（IPDI）的加入量对最终胶囊形态有显著的影响。如图 5-9 所示,在最低 IPDI 量(S2)下,胶囊壁形态可能不完全一致。需要额外的 IPDI 来获得完整的壳壁结构,从而防止在 SEM 研究期间由于真空或电子束损坏而坍塌。根据 SEM 评估,他们发现胶囊的直径为(1.38 ± 0.27) μm(S7)、(1.28 ± 0.22) μm (S8)和(1.40 ± 0.27) μm (S9)。

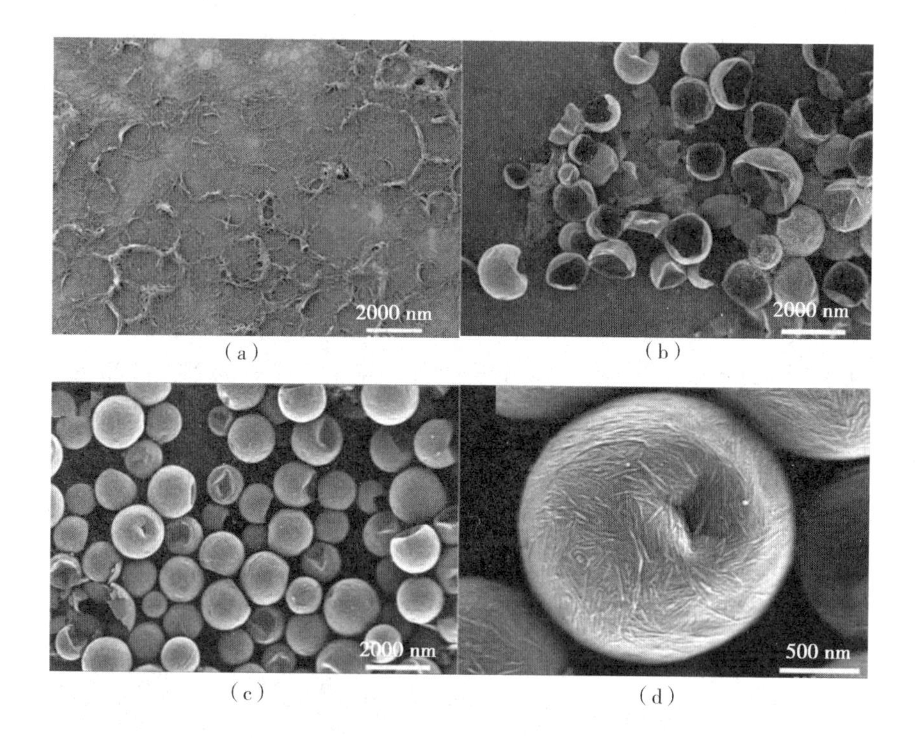

图 5-9 不同交联剂含量的胶囊结构的 SEM 图

(a)S2;(b)S7(c)、(d)S9

然而,当他们将水相中 NFC/CNC 的量从 0.5% 增加到 1%,反而使胶囊直径从(1.38 ± 0.27) μm 减小到(0.92 ± 0.21) μm,从而使 NFC/CNC 沉积在更大的表面积上,而不是有效增加壳层厚度。这一结果表明,半刚性纳米纤维和纤维素纳米晶能够稳定微米油滴的弯曲界面。稳定微米油滴的能力可能是半刚性纤维素纳米晶的长度相对较短以及 NFC 中的棒状/非柔性结晶段所致。他们认为,这些晶体的长度会因植物源而异。

Lemahieu 等人通过在 $CaCl_2$溶液中浸泡海藻酸和纤维素形成了直径几毫米的交联海藻酸胶囊。在海藻酸水溶液中加入纤维素晶须或微纤化纤维素得到了含有 40% 纤维素纳米粒子的纳米复合胶囊。

他们使用分散的纳米物体的保护性封装技术(DOPE)组装了目标胶囊,胶囊分三个步骤制备。首先,将 1.5 g 干海藻酸以粉末形式溶于含有 1 g 纤维素纳米颗粒的悬浮液(1%)中,用均质机处理 30 min,得到均相分散。然后,将此悬浮液逐滴倒入 $CaCl_2$交联液中,即可形成胶囊。将交联胶囊在混悬液中保存 30 min,然后过滤含有胶囊的悬浮液,将回收的胶囊用液氮深冻并冷冻干燥。通过计算其在浸入 $CaCl_2$的悬浮液中的百分比(1.5/2.5)可以估算胶囊中海藻酸的含量。胶囊中海藻酸含量在 60% 左右,但这种估计没有考虑到胶囊中 Ca^{2+}的存在量。当使用较少量的海藻酸钠时,DOPE 胶囊表现出较强的静电性能,表明纤维素纳米颗粒存在于胶囊表面,并未被聚合物完全包围。他们还制备了纯海藻酸胶囊。

图 5-10 为 DOPE 胶囊的 SEM 图。如图 5-10(a)所示,纯海藻酸的胶囊显示了一个外部层,内部有一个空间。对于纳米复合胶囊,仍可观察到外层,但内层显示出肺泡图案。在高倍数的 SEM 下,仍无法看到苎麻须,如图 5-10(d)所示,但对于 MFC 增强胶囊,可以看到完全不同的结构,可能对应于缠结的微纤维束,如图 5-10(c)所示。

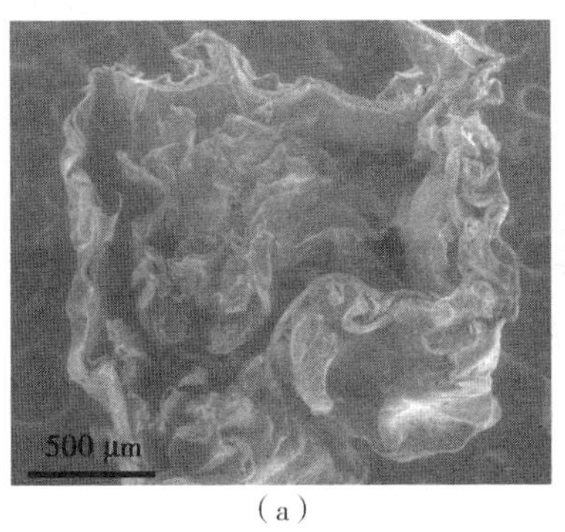

(a)

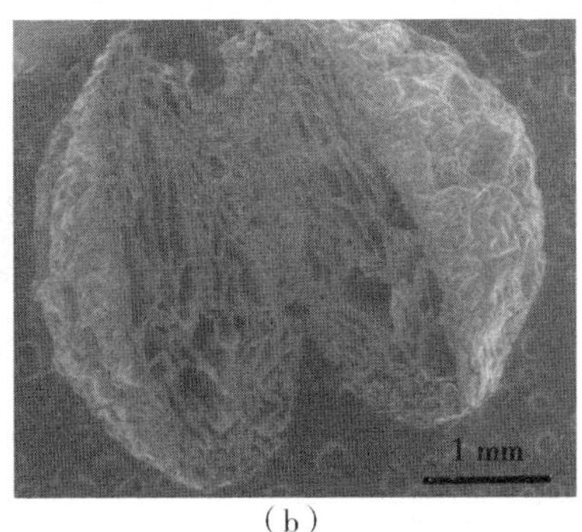

(b)

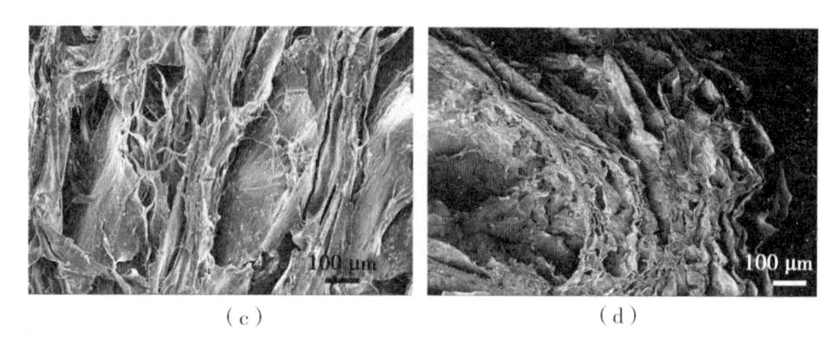

(c) (d)

图 5-10 (a)纯海藻酸和(b)苎麻晶须填充纳米复合 DOPE 胶囊的 SEM 图；(c)丝瓜 MFC 和(d)苎麻晶须填充纳米复合 DOPE 胶囊的 FEG-SEM 图

5.3 纳米纤维素长纤维

天然的纤维通常较短且不连续，因此表现出较低的机械性能。水基纳米纤维素悬浮液可以直接纺丝成直径为 100~500 μm 的连续纤维，避免了大量化学药品的使用，是一种绿色低成本的制备方法。纳米纤维素连续纤维的纺丝过程会使纳米纤维素在生物合成过程中与自然界中的纤维素发生类似的排列。尽管纯纤维素纤维可以从纳米纤维素纤维悬浮液中纺丝，但由于纯纤维素结构的高度脆性，含有纳米纤维素的纤维通常是纤维素/聚合物复合材料。

Walther 等人报道了通过简单的湿法挤出和改性，利用 NFC 分散体实现高光学质量。NFC 的制备类似于 TEMPO 介导的木浆氧化作用，并在微流控器中均匀化，在水悬浮液中可得到直径达几纳米、长度达几微米的高深宽比纳米纤维，形成强水凝胶。图 5-11(b)中的扫描力显微镜(SFM)图像显示了单个 NFC 纳米纤维，其中截面分析揭示了 1 nm 范围内的高度和 35 nm 左右的宽度。考虑到 SFM 尖端的尺寸，纳米纤维非常薄(1~3 nm)，并具有潜在的稍不对称的矩形截面。将 NFC 水凝胶(1%)湿挤出到有机溶剂(如乙醇、二氧六环或四氢呋喃)的凝固浴中可以制备出 NFC 基大纤维，如图 5-11(a)所示。混凝剂的先决条件是与水的混溶性、适中的极性和氢键能力。染料标记的 NFC 分散液清晰地显示了混凝剂浴中不同的挤出物。他们通过控制挤出模式进入凝固浴，可以实现具有纤维间连接的网络，如图 5-12(d)所示。

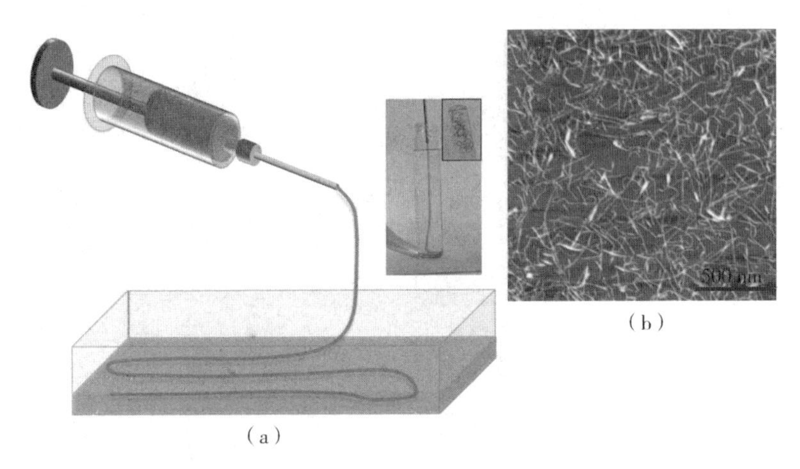

(a)　(b)

图 5－11　(a)通过将 NFC 水凝胶挤出到凝固浴中并干燥来制备 NFC 大纤维，插图为染料染色分散体的真实挤出过程的照片；(b)单个 NFC 的 SFM 图

他们的研究证明，湿法挤出可以方便地制备长的宏观纤维，而无纺布或纤维毡可以通过几何控制的挤出方式获得。图 5－12(a)为直径为 0.2 mm 的 1 m 长纤维，图 5－12(d)为定义的非织造纤维毡。宏观纤维的直径可以通过挤出模或喷丝板的尺寸来调节。迄今为止所得到的宏观纤维截面并非完全圆形，可能沿长度略有变化。他们认为，这些不完善很可能源于 NFC 水凝胶内部纤维间的强烈吸引而产生的不均匀性。考虑到 NFC 材料是在化学和机械均质的过程中从木材中提取出来的，而不是由控制良好的低相对分子质量石化衍生物及其聚合物合成的，最终材料的宏观质量非常出色。

他们利用 SEM 评估了宏观纤维内部单个 NFC 纳米纤维的微观顺序，如图 5－12(d)～(h)所示。在微米尺度上的整体择优取向可以被认为是由挤压过程引起的。然而，单个纳米纤维仅显示中等取向，如图 5－12(g)和图 5－12(h)所示，这也表明在观察交叉偏振器之间的宏观纤维时仅有适度的双折射。挤出过程中产生的剪切力显然不足以使长而缠结的纳米纤丝在宏观纤维内完全对齐。粗纤维表现出纳米孔结构，孔的大小高达 25 nm。将粗纤维的直径与挤出针的尺寸和已知浓度进行比较，可以得到大约 10% 的孔隙率。他们认为，尽管孔隙率可能对机械性能不利，但它可以转化为结合功能的优势。

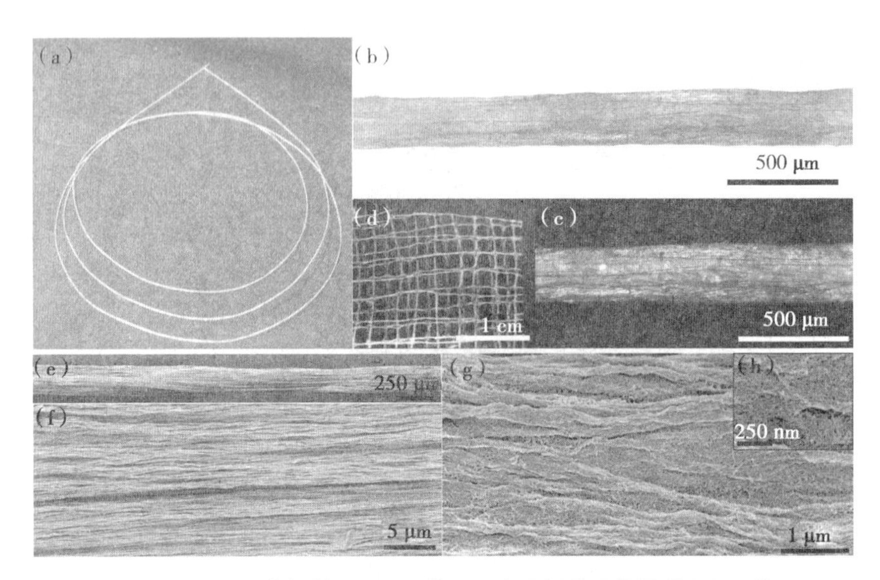

图 5－12　(a)直径约 0.2 mm 的 1 m 宏观纤维照片及其(b)不带和(c)带交叉偏振片的光学显微镜图像;(d)通过控制挤出图案制备的非织造宏观纤维毡;(e)～(h)从微米到纳米尺度结构的 SEM 图

Hooshmand 等人通过干纺 CNF 的水悬浮液制备了低成本且环保的天然纤维素长丝。他们研究了纺丝速度、CNF 浓度与长丝力学性能之间的关系。他们从漂白香蕉轴果肉中分离出了 CNF。首先将 2% 的悬浮液通过磨床直至形成较厚的凝胶。然后将凝胶经几步离心浓缩至所需浓度(8%、10% 和 12%)。图 5－13(a)为浓度为 10% 的浓缩 CNF 凝胶。

他们采用筒径 12 mm、筒长 22 cm 的毛细管流变仪,在 25 ℃下对 3 种浓度(8%、10% 和 12%)的 CNF 进行干纺,制备了连续长丝,如图 5－13(b)所示。从流变仪顶部手动将 CNF 加入毛细管,采用 0.5 $mm \cdot s^{-1}$、1.0 $mm \cdot s^{-1}$、1.5 $mm \cdot s^{-1}$ 3 种活塞速度进行纺丝,纺丝速率(72 $mm \cdot s^{-1}$、144 $mm \cdot s^{-1}$和 216 $mm \cdot s^{-1}$)根据机筒直径和模具直径计算。然后,他们在玻璃片上手工收集 CNF 长丝,并在室温下干燥 10～15 min。为了避免缩水,用纸带将半干纤维贴在玻璃片上,并在室温下放置过夜,如图 5－13(c)所示。然后将干燥后的纤维放入 105 ℃烘箱中保温 2 h 以上以除去剩余水分。

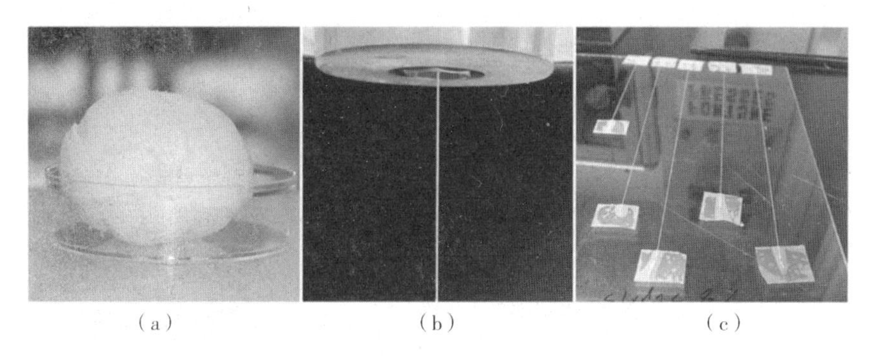

(a)　　(b)　　(c)

图5-13　(a)浓缩CNF(10%);(b)使用毛细管流变仪连续干纺CNF和(c)CNF干燥过程

图5-14为在72 mm·s^{-1}和216 mm·s^{-1}纺丝速率下,8%和12% CNF悬浮液纺制的长丝横截面,插图显示了这些细丝的表面。可以看出,除了在一侧变平之外,细丝近似圆形,并且细丝中存在一些孔隙。他们认为,孔是在进料过程中悬浮液中的空气引起的。然而,在低浓度和高纺丝速率的长丝中观察到的孔较少。此外,在低浓度长丝中形成了凸起,这是湿丝与玻璃板接触所致,他们认为这种结构不会影响材料的机械性能。

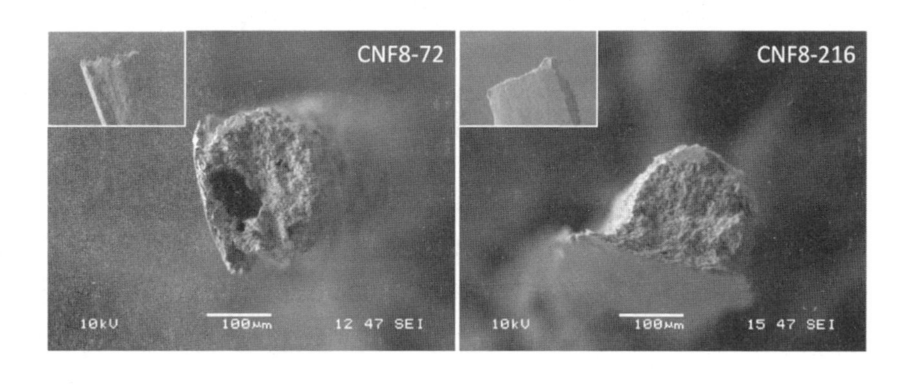

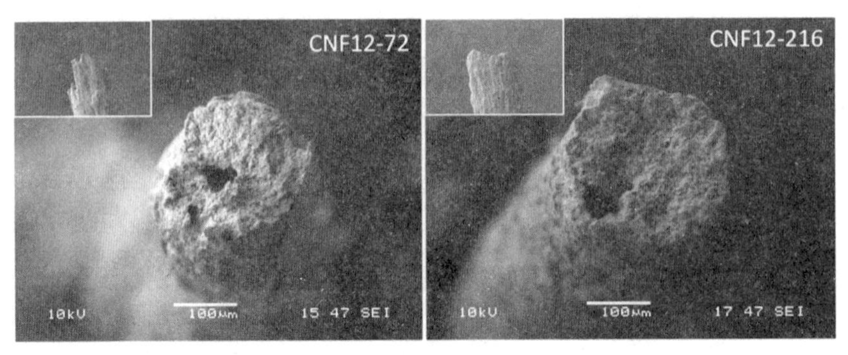

图 5-14 在 72 mm·s^{-1}和 216 mm·s^{-1}条件下纺制的浓度为 8%和 12%的 CNF 的 SEM 图

5.4 纳米纤维素薄膜

纳米纤维素薄膜通常被组装成支撑薄膜或自支撑薄膜，其中支撑薄膜也被称为“涂层”，是将纳米纤维素附着在平整、均匀的基底表面形成的，而自支撑薄膜类似于传统的纸张。通常，支撑薄膜的厚度在 100~1000 nm 之间，而自支撑薄膜的厚度在微米范围内。

5.4.1 涂层

Or 等人提出了一种压力辅助冷冻铸造的方法，在各种基质（如玻璃或柔性聚对苯二甲酸乙二醇酯）上通过共价交联 CNC 形成了具有可控尺寸和内部形貌的机械稳定性气凝胶薄膜。他们在基板上沉积一层所需气凝胶厚度的薄膜，并通过光刻制作具有气凝胶特定形状的模具。随后，将反应性 CNC 或带有聚甲基丙烯酸低聚乙二醇酯的 CNC（CNC-POEGMA）的水性凝胶滴铸到基材上，并施加压力，使凝胶采用模具形状。随后将凝胶冷冻并冻干，并将模具从基材上取下，得到了图案化的多孔气凝胶膜（图 5-15）。图 5-15(b) 为光刻图案的示意图。①为聚对二甲苯沉积在基底上；②为光刻胶层旋涂；③为利用紫外掩模在光刻胶上创建的图案；④为氧等离子体刻蚀两个聚对二甲苯以创建图案。用丙酮和异丙醇冲洗去除聚对二甲苯上过量的光刻胶。

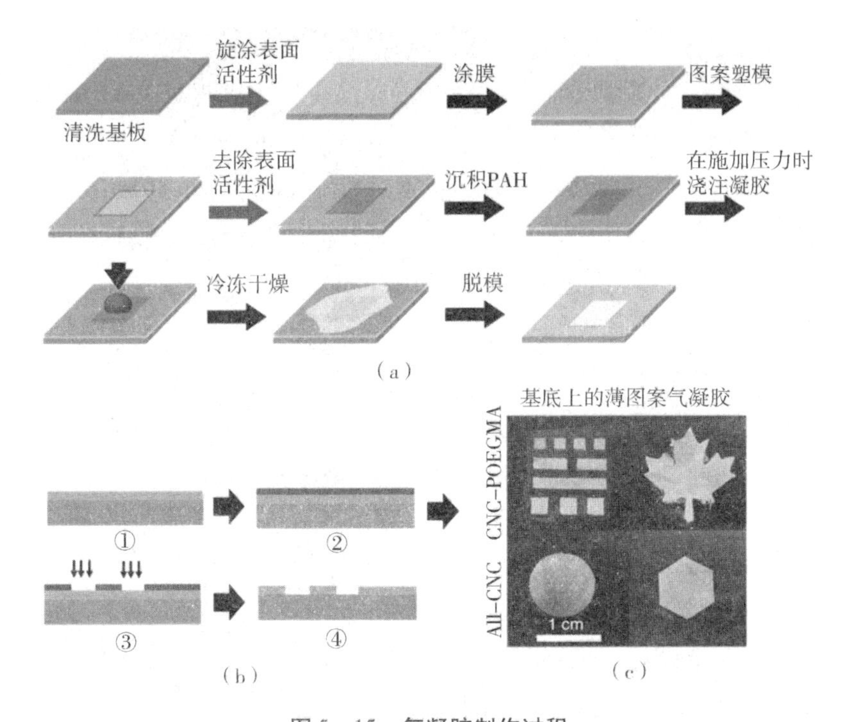

图 5－15　气凝胶制作过程

(a)压力辅助冷冻铸造工艺示意图;(b)光刻图案的示意图;

(c)采用 7 μm 厚的聚对二甲苯模具在玻璃衬底上制备了不同形貌的气凝胶薄膜

他们使用 SEM 对采用 85 μm 厚的模具制备的气凝胶的截面进行了形貌表征。凝胶冷冻后,样品在薄膜中心断裂,冻干,沿断裂面成像(图 5－16)。他们发现,CNC 气凝胶的横截面显示了三种不同的形貌,它们分别从底层基体演变而来:(1)致密的纤维状区域;(2)稀疏的纤维状区域;(3)致密的片状结构。这种形态层次在质量分数为 3% 时最为明显,形态看起来大多是均匀和纤维状的。他们认为,这些形态是由溶胶－凝胶的冷冻动力学引起的。

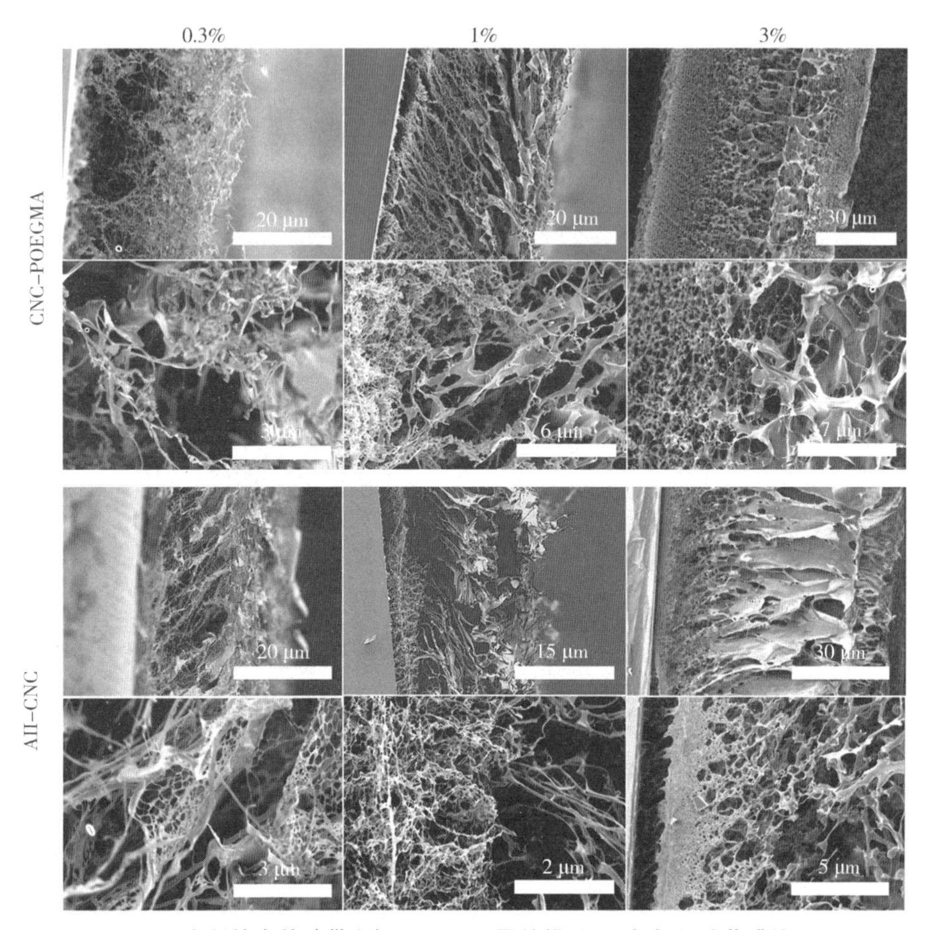

图 5－16　用光刻技术从胶带上切下 85 μm 厚的模具，制备气凝胶薄膜的 SEM 图
所有图像都以左侧的基材定向

Uetani 等人通过比较蒸发诱导自组装（EISA）在 2D（“咖啡环”）和 3D 喷雾干燥微粒（MP）中对棒状和半柔性纳米纤维素的结果，研究了纤维形状和自组装能力之间的关系。他们将囊蛋白纳米晶（TNW）和囊蛋白纳米纤维（TNF）的 EISA 结果进行了比较，如图 5－17 所示。在环的边缘，TNW 形成了一个宽度为 10 μm 的向列区域，但 TNF 没有，如图 5－17（a）和 5－17（b）所示。在“咖啡环”形成后，由于浓度富集，半柔性纳米纤维无法沿周边对齐。纤维形状和柔韧性强烈影响了它们在胶体尺度上的自组装能力。少量残留聚合物薄薄地沉积在 TNF 环外围，如图 5－17（b）所示。含有残余聚合物的悬浮液有时会对“咖啡环”形成的脱品造成干扰。

他们发现，棒状TNW喷雾干燥以产生平滑弯曲的盘状形状，如图5-17(c)所示。TNF-MP也形成扁平形状，同时具有多个尖锐的扭结和粗糙的轮廓，如图5-17(d)所示。他们发现几乎所有的TNW-MP都有一个厚的环形边缘，由强烈排列和密集的TNW组成，如图5-17(e)所示，而TNF-MP几乎没有显示这一点。TNF-MP内的尖锐扭结表明边缘厚度应该是不均匀的。值得注意的是，TNW-MP中几乎所有对齐的束都连接形成闭合环，即使它们进入MP的中心区域。与“咖啡环”的比较表明，棒状TNW在三维液滴蒸发过程中发生了各向同性-中性(I-N)转变。

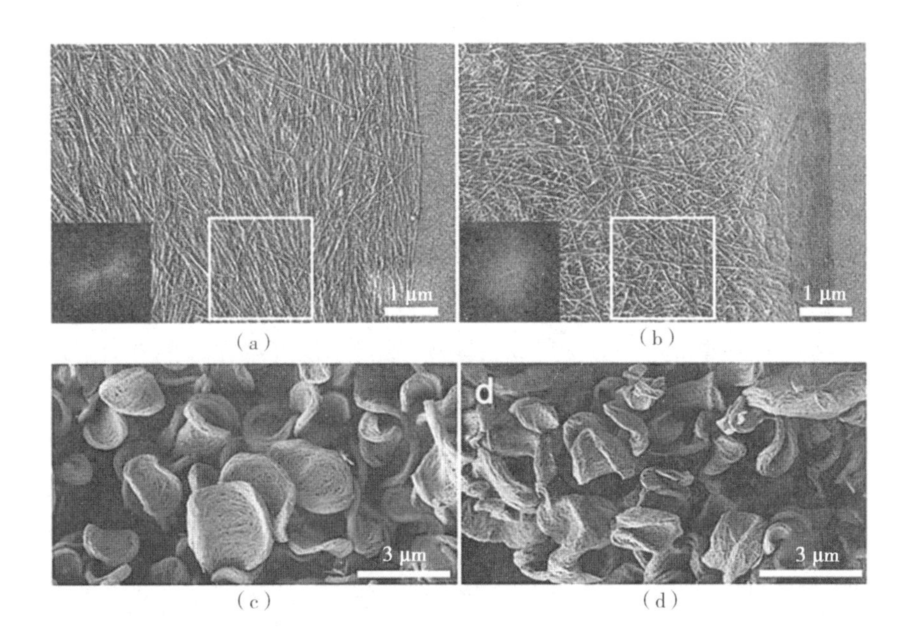

(a) (b)
(c) (d)

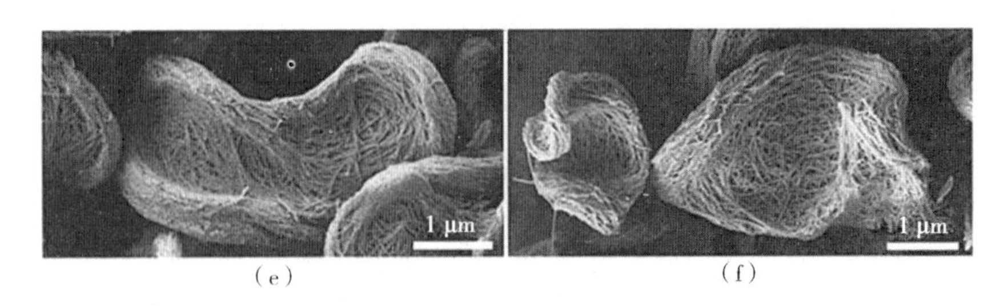

(e) (f)

图 5－17 TNW 咖啡环边缘(a)和 TNF(b)的 FESEM 图,环中心位于左侧,左下角的插图是白框中图像的傅立叶变换;TNW－MP(c)和 TNF－MP(d)的 FESEM 图证实了不同轮廓平滑度的扁平形状;放大后的 TNW－MP(e)和 TNF－MP(f)

5.4.2 自支撑薄膜

Nogi 等人报道了一种由纤维素纳米纤维制成的光学透明纸。它是一种具有低热膨胀性的可折叠纳米纤维材料,使用 15 nm 纤维素纳米纤维制备,其化学成分与常规纸相同,生产工艺也与常规纸相似,唯一的区别在于纤维宽度和间隙腔的大小。为了从植物和木纤维中获得纳米纤维,需要分解纤维的原始结构。纤维的细胞壁由几个薄层组成,其中纤维素纳米纤维在各个方向上取向并嵌入基质物质中。他们从木粉中提取了均匀的纳米纤维。在去除木质素和半纤维素后,将木粉在水溶胀条件下研磨。图 5－18(a)为通过冷冻干燥 0.1% 水悬浮液回收的纤维的 SEM 图。首先通过冷冻干燥获得纳米纤维纸片,然后在真空下机械压缩该片材以消除空气和空隙。然而,这并没有得到透明薄膜。他们发现,纳米纤维在负载下变形但在卸载后恢复,产生的空间会导致光散射。

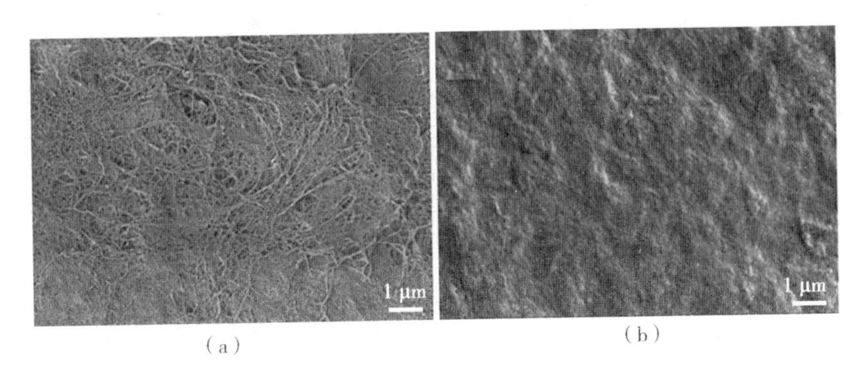

(a)　　(b)

图5-18　(a)冷冻干燥和(b)烘箱干燥的纳米纤维薄膜的SEM图

较细的纤维素纳米纤维在水分蒸发过程中会因毛细作用而塌陷,变形状态由纤维素羟基之间形成的氢键固定,因此无须使用黏合剂即可生产出高强度材料。因此,他们将分散良好的纤维素纳米纤维的0.1%水悬浮液缓慢过滤,使纳米纤维均匀堆积在湿片中。将湿片夹在金属丝网(内层)和滤纸(外层)的组合之间,并在(55 ± 8)℃下干燥72 h,同时施加大约15 kPa的压力。所得薄膜的SEM图如图5-18(b)所示。纳米纤维非常密集,以至于无法观察到单个纤维,这说明薄膜中的空腔几乎被完全去除了。

他们发现,由此得到的干燥薄膜并非光学透明,而是半透明的,如图5-19(a)所示,并且具有类似塑料薄膜的外观,说明散射光在薄膜中被明显抑制。他们认为,透明度的不足是由表面光散射造成的。当板材用砂光纸打磨后就会变得透明。图5-19(a)比较了抛光前后薄膜的常规透光率水平(抛光前薄膜厚度为60 μm,抛光后薄膜厚度为55 μm)。纤维素纳米纤维薄膜抛光后的透光率达到71.6%,包括在600 nm波长处的表面反射。尽管纤维素纳米纤维薄膜具有类似塑料的透明性,但它与传统纸张一样可折叠,如图5-19(b)所示。

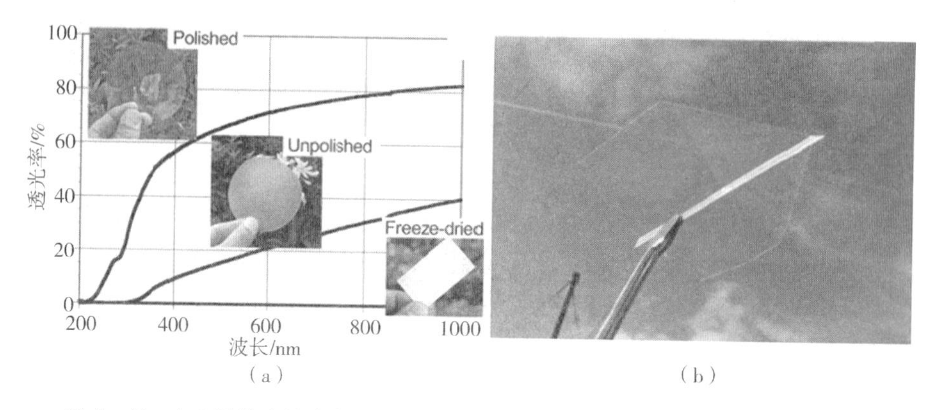

图 5-19 (a)纤维素纳米纤维薄膜的透光率;(b)薄膜与传统纸张一样可折叠

Rajala 等人将桦木经硫酸盐水解和后续漂白得到的 CNF 悬浮于水中,然后通过连续 3 次的磨床进行加工,再利用微流控器进行均质。他们认为,所得到的纤维素纤维是由有序的结晶(纤维素Ⅱ)和无序的纤维素以及无定形的残余杂多糖和木质素组成的,这些杂多糖和木质素可能存在于非常低的浓度中。即使在较低的 CNF 浓度下,它也会形成高度黏稠的水分散体,即水凝胶。如图 5-20(a)所示,他们采用压力过滤(15~30 min),然后在 100 ℃热压干燥 2 h 制备了 CNF 薄膜。

如图 5-20 所示,CNF 薄膜被切成直径略大于电极直径的圆形形状,从而避免了边缘的电击穿。传感器的结构示意图如图 5-20(b)和图 5-20(c)所示,然后将 CNF 传感器夹在两个电极之间,用贴膜从电极周界外固定在一起。制作的传感器照片如图 5-20(d)所示。用测微计测量了传感器的总厚度为 300 μm。CNF 薄膜的横截面和平面 SEM 图如图 5-21 所示。薄膜的横截面显示其呈现了一种平均厚度为(45 ± 3)μm 的分层多孔结构。薄膜的平面视图显示了纳米纤维的随机取向,并且没有发现缺陷的痕迹。他们根据在环境空气中测量的薄膜尺寸和质量测量了其密度。结果表明,CNF 薄膜的密度为 $1.38\ g \cdot cm^{-3}$。

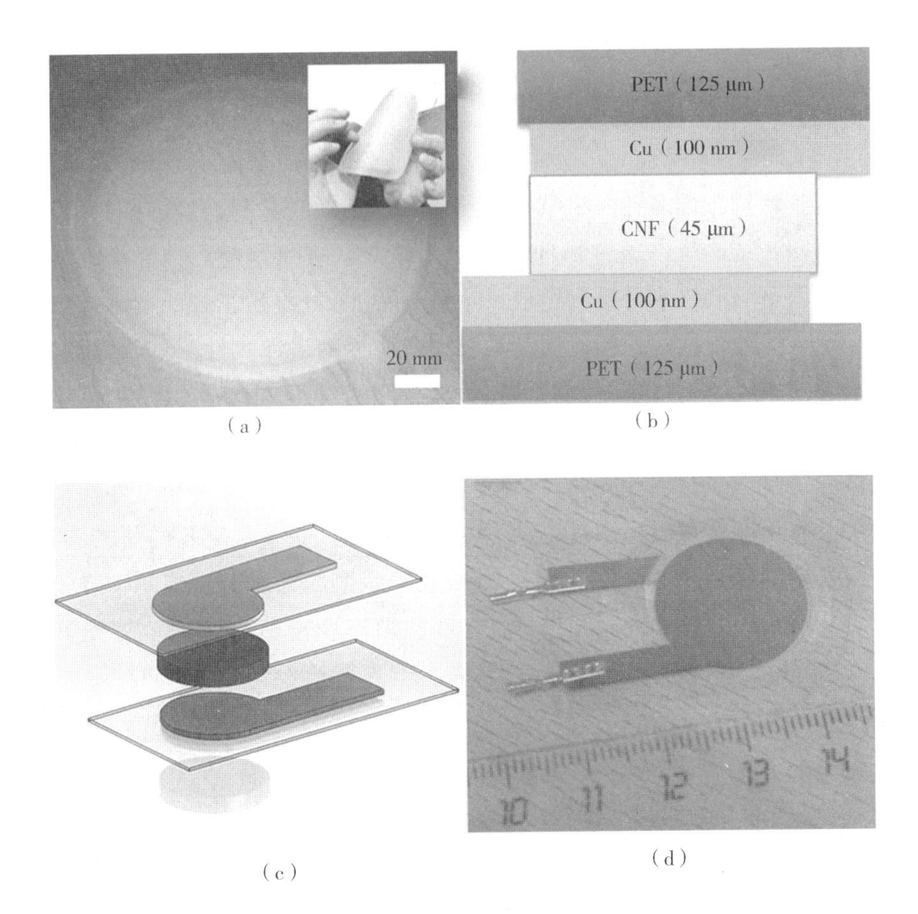

（a）　　　（b）

（c）　　　（d）

图 5－20　（a）自制的 CNF 薄膜及其弯曲坚固性（插图）照片；
（b）、（c）示意图侧视图和（d）传感器的照片

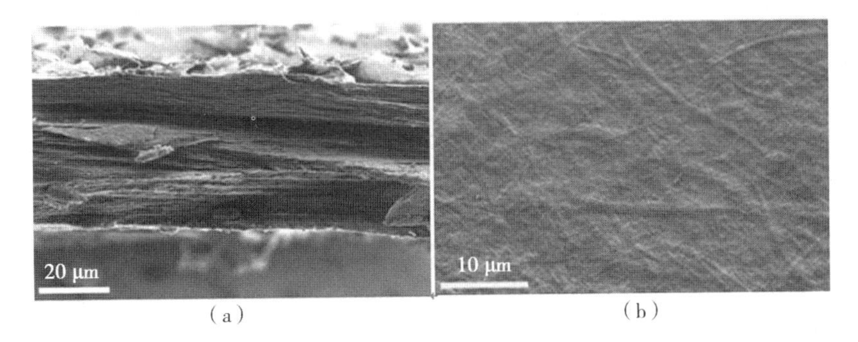

（a）　　　（b）

图 5－21　（a）CNF 薄膜的横截面和（b）平面的 SEM 图

5.5 纳米纤维素凝胶

水凝胶具有三维多孔网络结构,能够在保持其结构完整性的同时保持大量的水分。网状结构可以通过物理交联或化学交联进行保持。纳米纤维素水凝胶既可以由单一的纳米纤维素组成,也可以由纳米纤维素增强的亲水性聚合物组成。纳米纤维素的高长径比使其具有形成渗透网络和"凝胶"的天然倾向,因此纳米纤维素成为制备水凝胶的理想材料。纳米纤维素具有无毒性、可生物降解性、可功能化、高长径比等特点,这使其在水凝胶材料的应用中具有明显的优势。目前,纤维素水凝胶的研究主要集中在如何表面改性或者通过外加交联剂等方法促进化学交联以提高其力学强度。水凝胶是制备气凝胶的前驱体,因此其机械强度就显得非常重要。通常,气凝胶由水凝胶通过升华或超临界干燥用气相代替液相产生的。气凝胶是具有极高孔隙率和较小的密度,空气是其主要成分。

5.5.1 纳米纤维素水凝胶

Abitbol 等人将 CNC 掺入反复冻融处理制备的聚乙烯醇(PVA)水凝胶中。他们的研究显示,负载 CNC 水凝胶的结构稳定性和显微结构均有所改善,表现为 CNC 的有序畴结构。

他们将含水的 PVA - CNC 混合物倒入一个长方形的反应模具中,并在混合物上覆盖一层扁平的有机玻璃。组件被放置在冰箱中,并用一块金属板压实,以便将所有组件固定在合适的位置,并确保将多余的混合物从模具中挤出来。混合物连续进行 5 次冷冻(-20 ℃,18 h)和解冻(室温,4 h)循环。在最后一个循环中,冷冻时间通常超过 18 h,而解冻则根据后续实验进行定义。实验结果表明,经过 5 次冻融循环后,虽然纯 PVA 水凝胶与 CNC 负载的水凝胶相比明显更加脆弱,但半透明凝胶的胶稠度较好,可以进行下一步的加工处理(图 5 -22)。

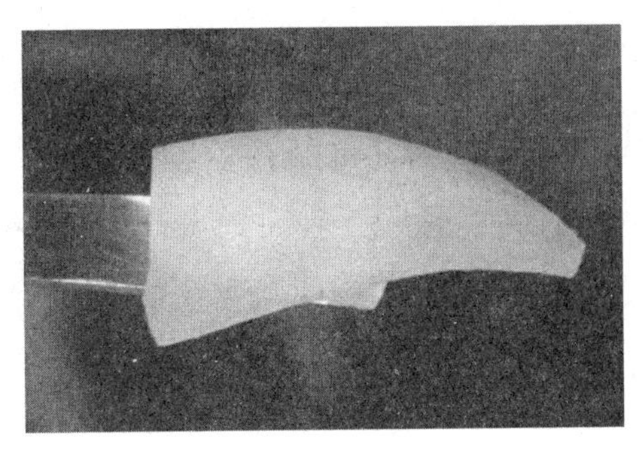

图 5-22　经过 5 次冻融循环后的装载 CNC 的 PVA 水凝胶(厚度为 2 mm)

凝胶样品的 SEM 图如图 5-23 所示。他们发现凝胶的内部形态(即垂直于凝胶表面)高度依赖于 CNC 的负载量。随着 CNC 负载从 0 增加到 1.5%,孔径分布明显向较小的孔偏移,随后在 3.0% 的样品中重新出现较大的孔。他们认为,孔径的变化反映了在冷冻循环过程中形成的冰区的尺寸,这反过来又会受到聚合物和 CNC 浓度的影响。因此,在 3.0% 样品中观察到较大的孔可能是由于在较高 CNC 浓度存在下游离 PVA 体积分数的减少。

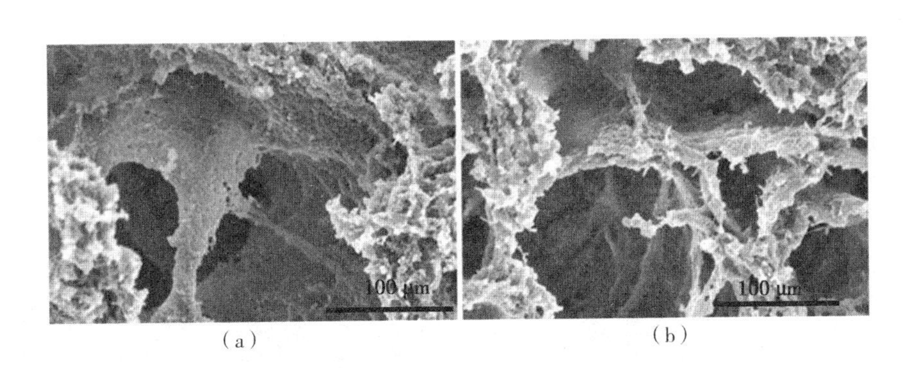

(a)　　　　(b)

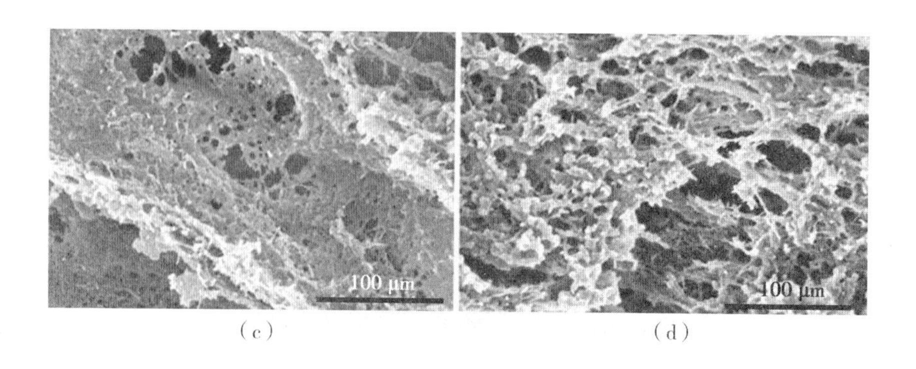

(c) (d)

图 5－23 水凝胶样品的 SEM 图

(a)纯 PVA;(b)0.75% CNC;(c)1.5% CNC;(d)3.0% CNC

Fall 等人开发了一种用于预测胶体稳定性的新模型。该模型预测了在给定离子强度环境中给定 pH 值下的原纤维相互作用电位,结果也支持了该模型的预测。结果表明,聚集是通过降低 pH 值从而降低表面电荷或者通过提高盐浓度来诱导的。说明加盐后聚集的首要机理是通过反离子与去质子化羧基的特定作用降低表面电荷,盐的筛选效果是次要的。

他们用低温透射电子显微镜在溶液中和原子力显微镜在干燥表面表征了 NFC 纤维。结果表明,几乎所有 NFC600 的图像都是单个原纤维,如图 5－24(c)和图 5－24(f)所示。然而,对于 NFC400,特别是 NFC120,也观察到更大的原纤维束,如图 5－24(a)和图 5－24(b)所示。

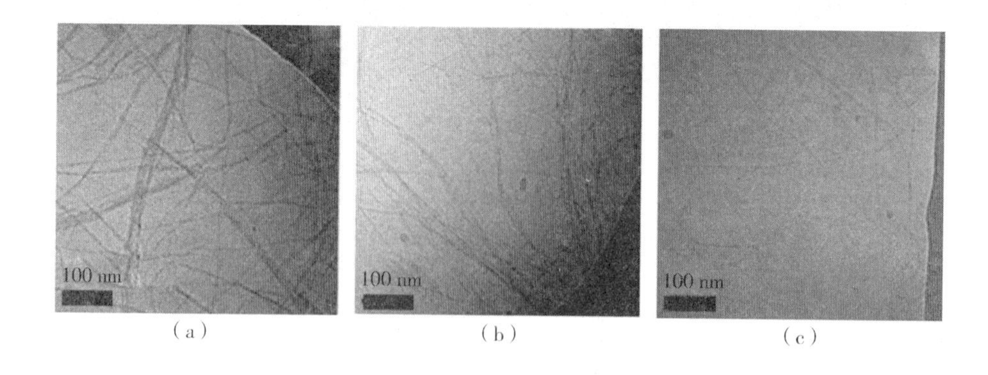

(a) (b) (c)

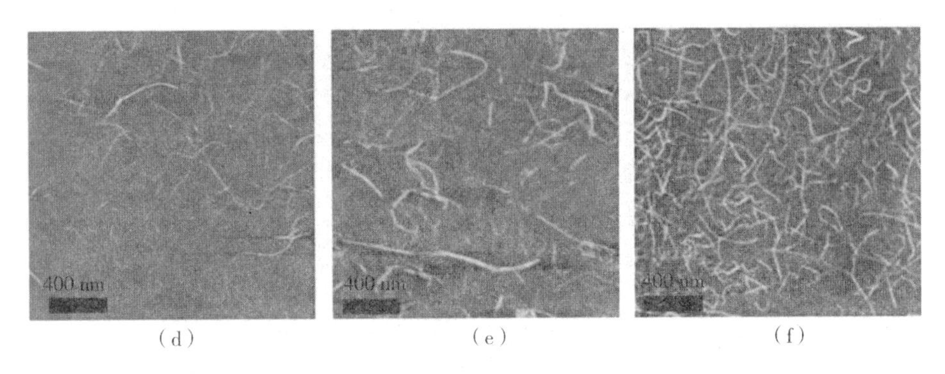

图5-24　(a)(d)低电荷NFC120、(b)(c)中电荷NFC400和(c)(f)高电荷NFC600的AFM图

5.5.2　纳米纤维素气凝胶

Chau等人报道了一种基于冻铸法制备结构和力学各向异性的气凝胶和由腙交联POEGMA和CNC组成的水凝胶的方法，通过控制CNC/POEGMA分散液的组成和冻铸温度，可以制备出纤维状、柱状或片状的气凝胶。他们将H-POEGMA和A-CNC混合，并立即冻结浇铸在圆柱形或立方形模具中。最终的水凝胶除了共价腙交联外，还通过物理交联将H-POEGMA和A-CNC之间的非共价疏水相互作用连接在一起。

除了改变气凝胶成分外，他们还使用冷冻铸造温度以及样品中冰晶的生长速率来控制气凝胶的形态（图5-25）。他们发现，与在-80 ℃下制备的相同样品相比，在-20 ℃下冷冻铸造的气凝胶形成了更明显的层状结构。在较小的温度梯度下获得的较低的冷冻速度下，A-CNC和H-POEGMA有足够的时间从生长的冰晶中排除，从而产生更有组织的结构。

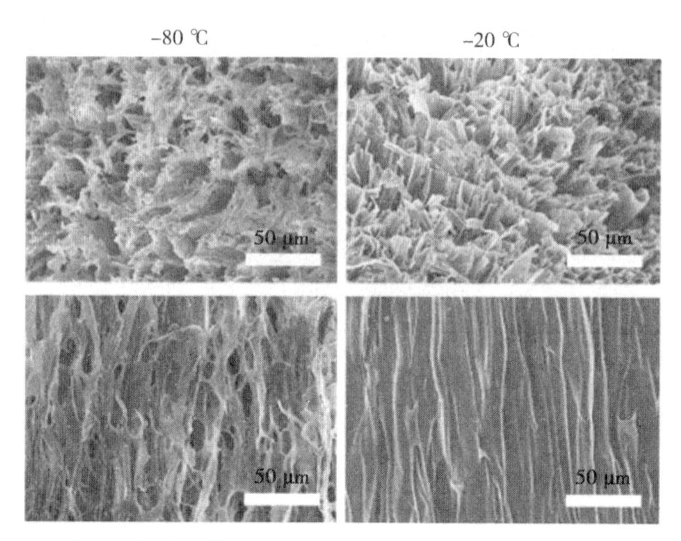

图 5－25　在不同温度下从 A－CNC 和 H－POEGMA 分散体定向冷冻浇铸的气凝胶的 SEM 图,顶行和底行的图像分别显示了与冰生长方向垂直(横截面)和平行(侧视图)的冷冻断裂平面的结构

第6章　纳米纤维素复合材料的制备

将纳米纤维素其他纳米材料复合后,会由于材料之间的协同效应而呈现出优异的性能。目前,纳米纤维素已经与很多纳米材料进行了复合,包括金属纳米粒子、金属氧化物、碳纳米材料、盐类和其他无机非金属元素等。

6.1　纳米纤维素/金属纳米粒子

金属纳米粒子具有良好的导电、导热、磁性能和催化性能,在很多领域都有着广泛的应用。然而,金属纳米粒子在使用过程中非常容易团聚,这不可避免地造成了其性能的下降。相关报道指出纳米纤维素可以有效抑制金属纳米粒子的团聚。

6.1.1　贵金属纳米粒子

Eisa 等人提出了一种基于固态生产负载在 CNC 上的银(Ag@ CNC)和金纳米颗粒(Au@ CNC)的简单易行的合成方法。如图 6 - 1 所示,这种适用于多相催化剂的杂化物的合成是在相应的前体盐和还原剂(抗坏血酸)存在下简单研磨冷冻干燥的 CNC 来进行的。

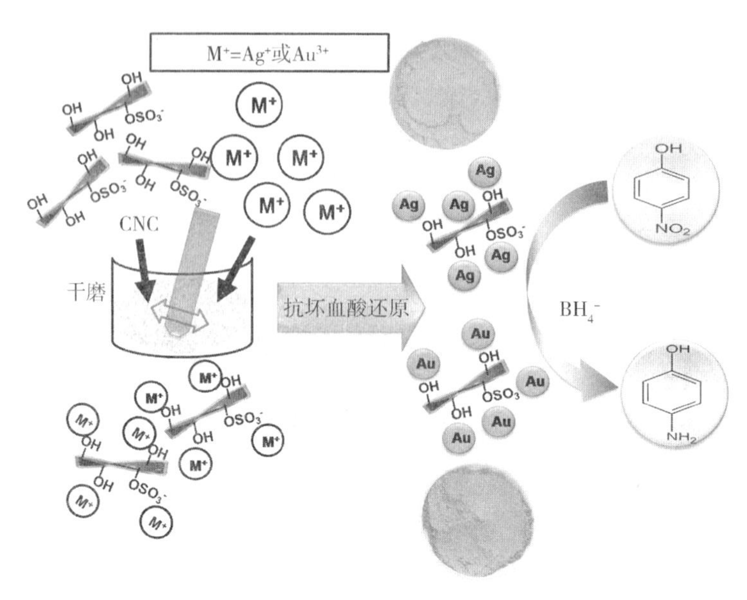

图 6-1　Ag@ CNC 和 Au@ CNC 纳米杂化物的固态合成示意图

他们发现,观察 CNC 表面的金属纳米颗粒是具有挑战性的,因为这两种组件的电子密度和抗束损伤的稳定性不同。金属纳米粒子的稳定性远高于 CNC 纳米粒子,电子束会破坏金属纳米粒子的稳定性。用磷钨酸等重金属进行负染色可以克服这些问题。图 6-2 为 Ag@ CNC 和 Au@ CNC 杂化物染色前后的典型 TEM 图。染色后的样品有利于 CNC 和金属纳米颗粒的同时观察,如图6-2(a)和图 6-2(b)所示。CNC 呈针状,长度为 100 ~ 170 nm,宽度为 15 ~ 20 nm。这些图像清楚地证明了干燥的 CNC 保留了纳米尺度。为了获得具有更好分辨率的 Ag 和 Au 纳米颗粒的 TEM 图,未染色的样品分别被成像如图6-2(c)和图 6-2(d)所示,可以清楚地观察到直径为 6 ~ 35 nm 的 Ag 纳米粒子。所制备的 Ag 纳米粒子具有不规则的六边形形状,尺寸分布广泛。同时,Au@ CNC 的 TEM 图揭示了球形 Au 纳米粒子的形成,直径在 18 ~ 25 nm 之间。很明显,与 Ag@ CNC 混合体中的 Ag 颗粒相比,Au 颗粒尺寸分布更均匀。他们发现,TEM 图显示金属纳米粒子很少或没有聚集。最后,TEM 图表明 Ag 和 Au 纳米颗粒与 CNC 相偶联或结合。

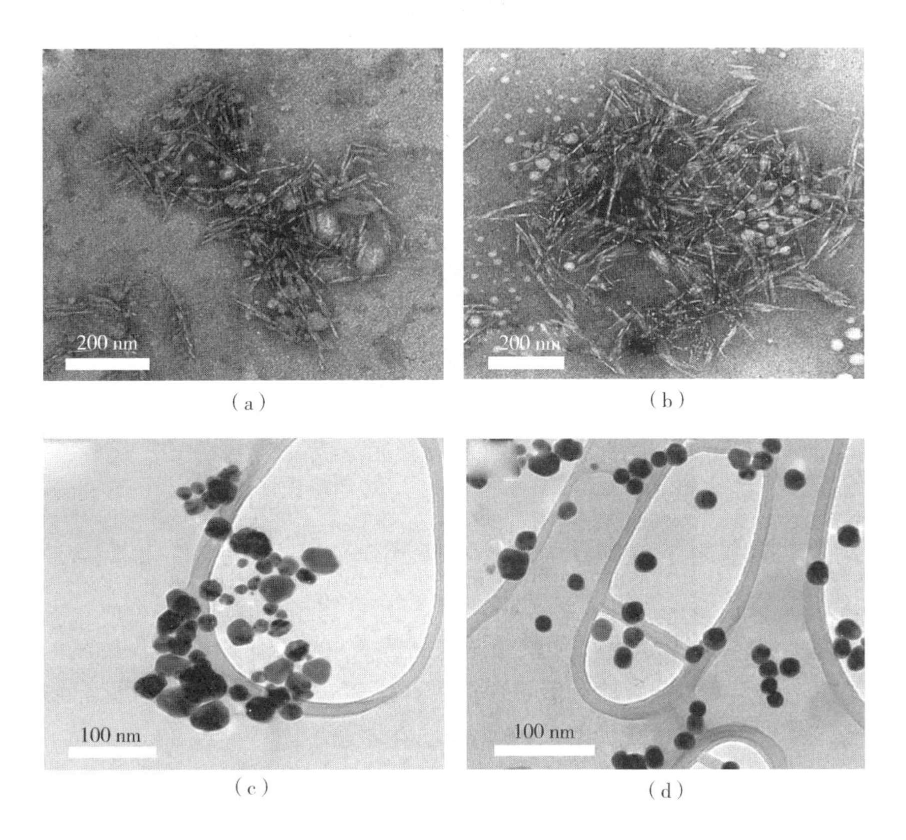

图6－2 (a)染色的 Ag@ CNC、(b)染色的 Au@ CNC、(c)未染色的 Ag@ CNC、(d)未染色的 Au@ CNC 的 TEM 图

Hoeng 等人研究了 CNC 作为一种生物基溶液用于导电轨道印刷的潜力(图6－3)。首先,他们利用 CNC 的分散和稳定能力制备了导电水银悬浮液,研究了 CNC－Ag 混合悬浮液作为导电喷墨的适宜性。为满足喷墨打印的要求,他们对悬浮液理化性质进行了研究,并对配方进行了微调。其次,他们使用 CNC 涂层作为一种简单的替代品,对印刷电子产品提供合适的纤维素多孔基材的能力进行了评估,并与其他聚合物薄膜或传统使用的印刷电子纸张进行了比较。对 CNC－Ag 油墨在不同基材上的印刷质量进行了评价,包括 CNC 预处理基材,以获得最佳的印刷适宜性和最佳的电气性能。

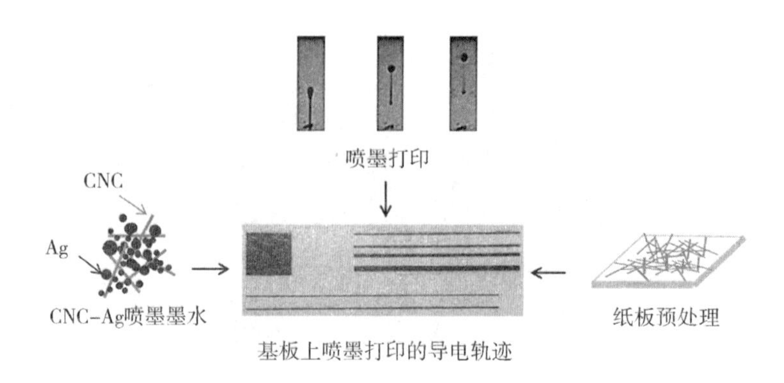

图 6-3 CNC-Ag 喷墨打印的原理图

6.1.2 非贵金属纳米粒子

Goswami 等人采用简单的化学还原法制备了负载在纳米纤维素上的高效铜纳米颗粒。他们从木芙蓉的内茎中提取了纤维素,并以此为聚合物基质合成了纳米铜。具体的实验过程如图 6-4 所示。在室温下超声处理 30 min,将 0.1 g 纳米纤维素分散在 50 mL 水中。在强磁力搅拌下向其中缓慢加入 50 mL 硫酸铜溶液。然后加入抗坏血酸溶液,用于还原铜离子并防止其进一步氧化。此后,加入 10 mL 十六烷基三甲基溴化铵(CTAB)水溶液,作为尺寸控制剂。CTAB 分子在水中解离后产生了十六烷基三甲基铵离子,这些离子将铜离子吸引到自身并形成高浓度的胶束。

他们认为,纳米纤维素中存在富含电子的活化羟基引起的静电和离子偶极相互作用,带正电荷的胶束堆积在聚合物基质中,导致铜纳米颗粒分散在了表面上,防止了聚集。为了保证铜纳米颗粒的完全还原,在加入 NaOH 溶液的碱性条件下,滴加了硼氢化钠($NaBH_4$)稀溶液,保持 pH 值在 11(图 6-4)。碱性条件阻止了在酸性条件下硼氢化钠的分解。反应开始后 60 min 内,颜色由蓝色(初始阶段)逐渐变为黄色/橙色(加入抗坏血酸后),最后变为红棕色(加入硼氢化钠后)。由于纳米粒子的合成是在水相介质中进行的,如果长时间保存在水中,纳米粒子容易发生氧化和团聚。但是胶体溶液能够稳定 1 周,颜色变化不大,离心后得到的纳米颗粒在真空中保存,在进行 C-N 偶联反应的 2 个月时间内都保持了稳定。

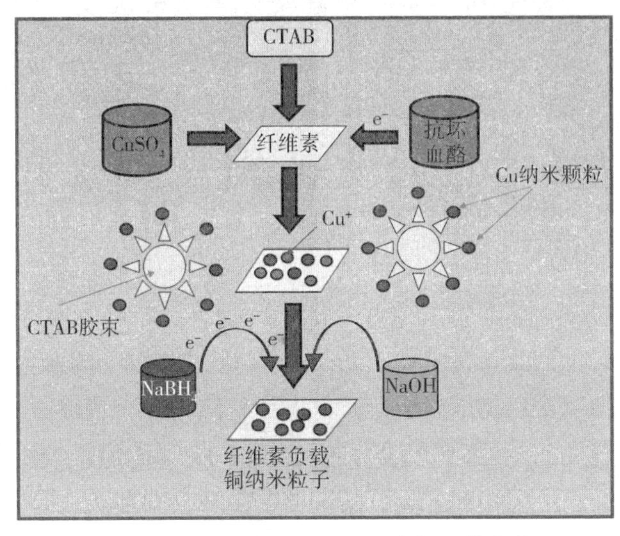

图6－4　纤维素负载的铜纳米粒子的合成

他们使用SEM表征了萃取纤维素和合成产物的表面形貌，如图6－5所示。从纳米纤维素的SEM图可以明显看出，在酸水解过程中，纤维素的层次结构被打破，生成了更小的非结构化独立单元。纳米纤维素－铜纳米复合材料的SEM图清楚地显示了铜在纳米纤维素基体表面的掺入。他们通过EDX得到了有关样品中元素的确切信息。图6－5(d)、(h)、(l)分别为纤维素、纳米纤维素和纤维素负载铜纳米颗粒的EDX谱图。纤维素和纳米纤维素的化学组成与它们的EDX光谱中存在信号(C和O)一致。图6－5中由Cu引起的峰值表明，在纳米复合材料中，Cu随纤维素一起存在。

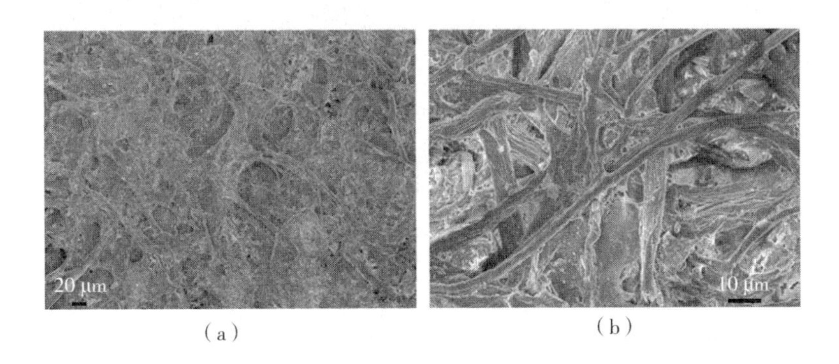

(a)　　　　(b)

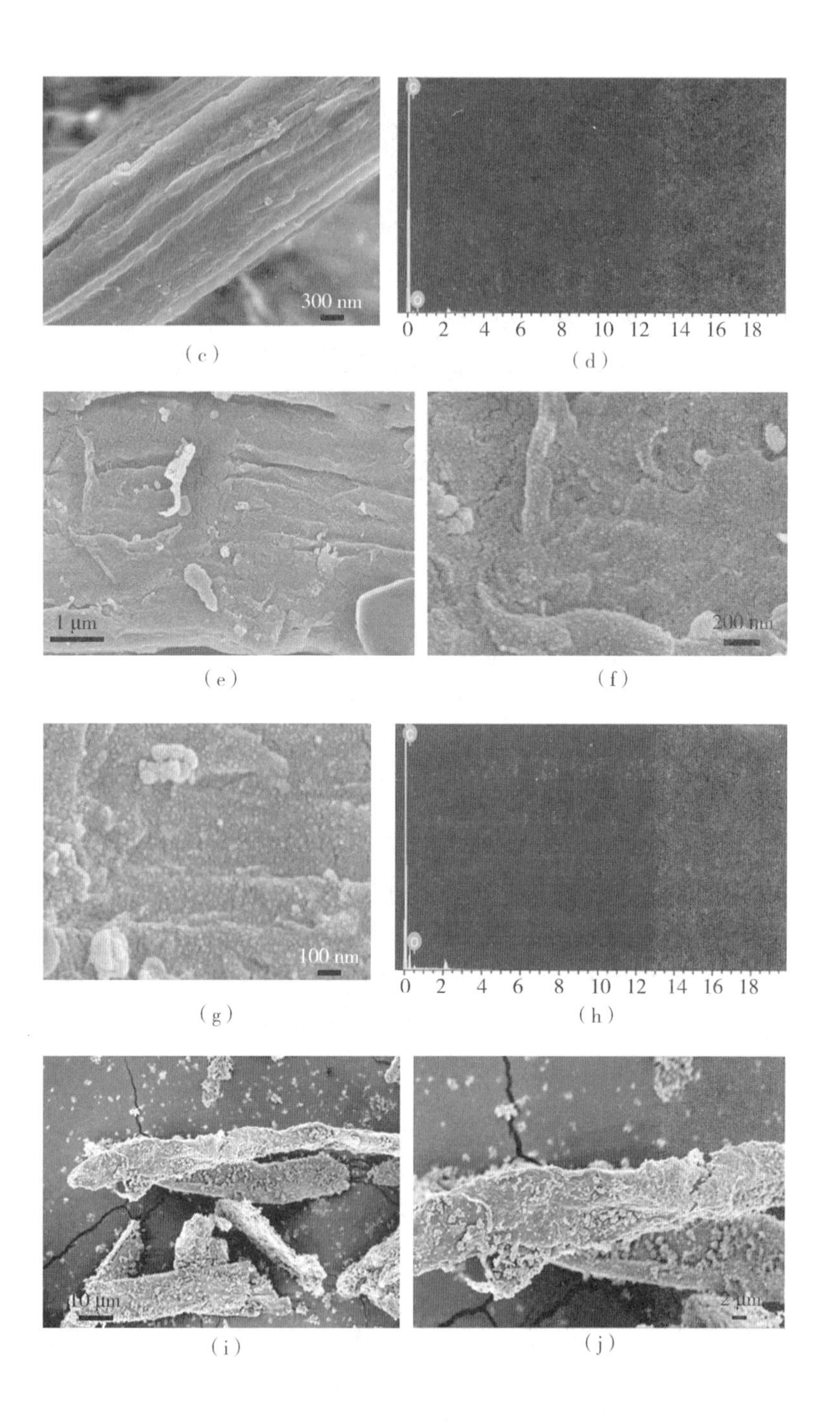
300 nm
0 2 4 6 8 10 12 14 16 18
1 μm
200 nm
100 nm
0 2 4 6 8 10 12 14 16 18
10 μm
2 μm

(c) (d)

(e) (f)

(g) (h)

(i) (j)

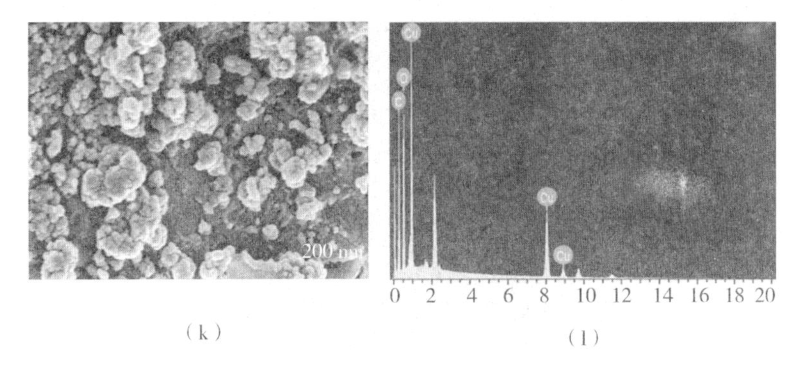

（k） （l）

图6－5 （a）～（c）木槿纤维素在不同放大倍数下的SEM图；（d）纤维素的EDX图像；（e）～（g）纳米纤维素在不同放大倍数下的SEM图；（h）纳米纤维素的EDX图像；（i）～（k）纤维素负载铜纳米颗粒在不同放大倍数下的SEM图；（l）纤维素负载铜纳米颗粒的EDX图像

Shin等人将Ni(Ⅱ)离子沉积并稳定在纤维素纳晶（CNXL）表面后，在N_2下400～500 ℃通过热还原过程在碳表面简单制备镍纳米晶。他们认为，CNXL悬浮液的稳定性主要靠静电、水化力、疏水相互作用和氢键来维持。无机盐的加入可以改变溶液中CNXL之间的相互作用，进而会导致相分离，最终形成金属离子分布均匀的CNXL各向异性相。图6－6（a）为CNXL的TEM图。很明显，CNXL悬浮液含有直径为15～20 nm、长度为150～200 nm的棒状纤维素。这些CNXL发生了轻微的团聚。CNXL在空气中230 ℃下具有热稳定性。如图6－6（b）所示，他们通过SEM对制备的Ni(Ⅱ)沉积CNXL薄膜样品的形貌和结构进行了表征并清楚地观察到了杆状CNXL。

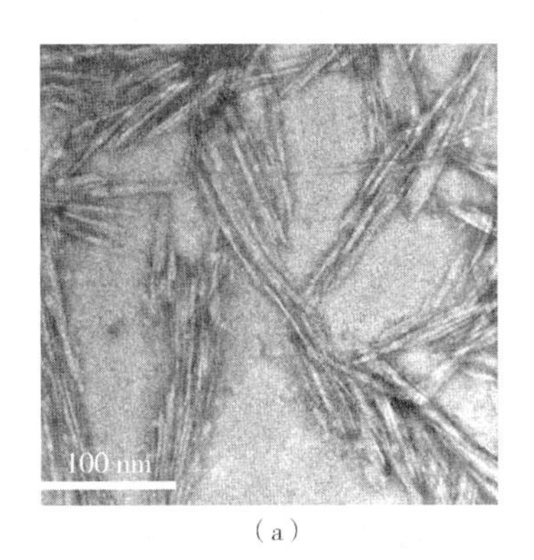

（a）

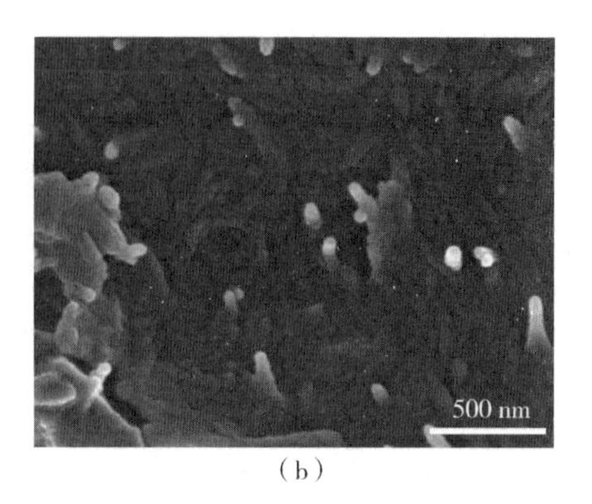

(b)

图6-6 (a)棒状CNXL的TEM图和(b)Ni(Ⅱ)离子沉积CNXL薄膜的SEM图

6.2 纳米纤维素/氧化物

纳米纤维素作为负载氧化物纳米颗粒的载体已经被广泛报道。氧化物纳米颗粒和纳米纤维素的复合材料通常使用原子层沉积法、溶胶-凝胶法、层自组装法和原位合成法制备。氧化物纳米粒子的晶体结构、尺寸、形状和分布在很大程度上取决于纳米纤维素的形态和表面官能团的种类。

6.2.1 非金属氧化物

Garusinghe等人制备了5%~77% SiO_2 纳米颗粒负载量的可调孔径的柔性纳米纤维素复合材料。通过调节 SiO_2 纳米颗粒的含量,实现了对复合材料孔结构的控制。复合悬浮液的制备涉及通过双控制同时添加(CSA)方法将纳米纤维(0.2%)、胶体二氧化硅(0.1%)和阳离子甲基丙烯酸二甲氨基乙酯聚丙烯酰胺(CPAM,0.01%)悬浮液混合在一起。他们首先将CPAM和纳米颗粒(NP)悬浮液混合在一起;随后将NP-CPAM和纳米纤维悬浮液混合以获得0.15%的最终悬浮液。为了促进两个阶段的混合,最初将少量去离子水(50 mL)添加到两个烧杯中。在复合悬浮液中的质量分数从5%~77%不等。由于具有较高NP含量的复合材料有更多的溶液需要混合,因此流速会发生变化。CPAM流速范围为2.1~165 $mL \cdot min^{-1}$,NP悬浮液流速范围为5.2~397 $mL \cdot min^{-1}$,而纳米纤维以 75 mL · min^{-1}混合。调整流速将每一步的混合时间保持在 8 min,将最终悬浮液倒入手抄片机进行复合加工。他们将纳米纤维质量固定为 1.2 g,而 NP 以纳米纤维质量的百分比添加。因此,复合材料的最终质量各不相同。他们使用了两种不同尺寸的 NP 制备了两组复合材料,对于可变总质量和小 NP 尺寸用“复合 V/S”表示,对于可变总质量和大 NP 尺寸用“复合 V/L”表示。

随 SiO_2含量逐渐增加的 V/S 复合材料的 SEM 图如图 6 -7(a)所示。结果表明,在没有 NP 的情况下,纳米纤维形成了高度互连、相当致密的薄膜,具有不规则形状的孔。随着 NP 含量的逐渐增加,纳米纤维的多孔结构被 NP 填充,如图 6 -7(b) ~ (d)所示。NP 含量较高导致形成了大的 NP - CPAM 簇,由于团簇之间没有纳米纤维的存在,团簇保持完整,如图 6 -7(e)所示。他们发现,团簇均匀地分布在纳米纤维基体中。超过一定的 NP 含量,团簇会变得比纤维间孔隙大,从而嵌入纳米纤维基体中,使纳米纤维被推开,纳米纤维基体解构成填充床结构。因此,NP 含量在 5% ~40%(低负荷)之间代表了 NP 的作用是填补纳米纤维网络空隙的一种机制。而 NP 含量在 50% ~77%(高负荷)之间代表了 NP 团簇形成更紧密、受控孔隙结构的另一种机制,如图 6 -7(e) ~ (g)。图 6 -7(h)和(i)分别为 NP 含量为 60% 和 77% 的 SEM 图。结果表明,以 SiO_2 纳米颗粒为配合物是控制纳米颗粒孔结构和获得高比表面积的有效途径。

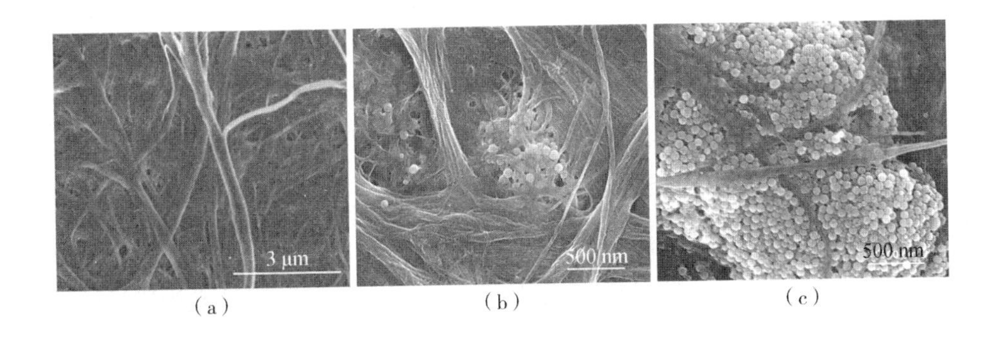

(a)　(b)　(c)

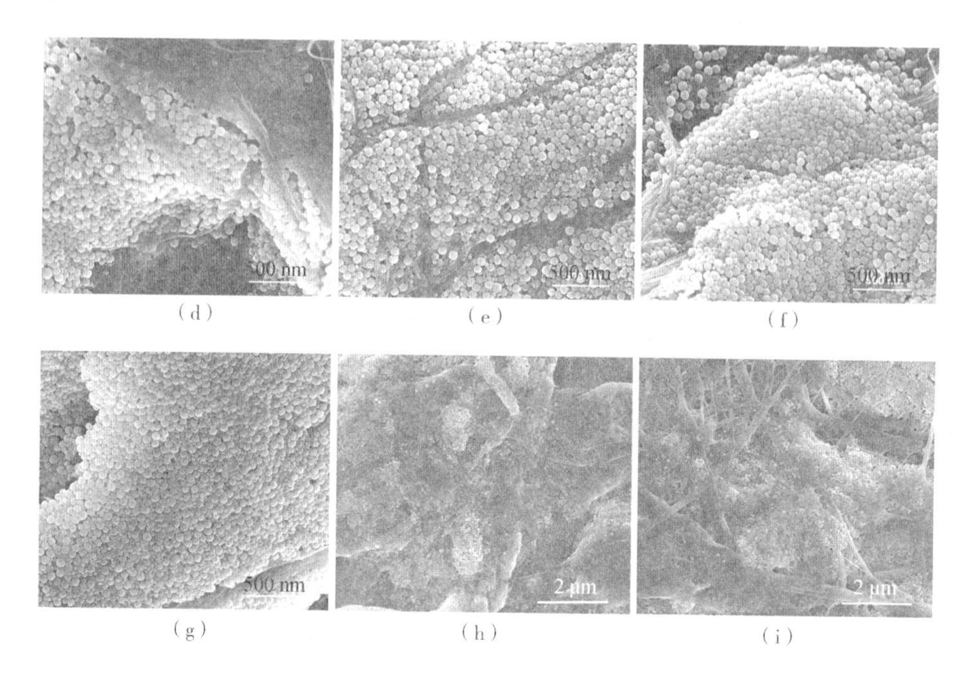

图6-7　纳米纤维复合材料(V/S)的SEM图
(a)单独纳米纤维片;(b)20%、(c)30%、(d)40%、(e)50%、
(f)60%、(g)77% NP在高倍率下;(h)60%和(i)77% NP在低倍率下

6.2.2　金属氧化物

Mahmoud等人以嵌入CNC的磁铁矿纳米粒子(Fe_3O_4NP)和Au纳米粒子(AuNP)组成的纳米复合材料用作木瓜蛋白酶共价结合的磁性载体,并促进该固定化酶的回收。

他们以65% H_2SO_4、65% HNO_3、35% H_2O_2(3:1:2)为酸-过氧化混合物,采用改良酸水解法从亚麻纤维中提取了白色的CNC悬浮液。该方法产生了棒状纤维素碎片,直径为10~20 nm,相应的长度为120~300 nm。在硫辛酸(Thc)存在下,$FeCl_3/FeCl_2$(2:1)与氢氧化铵共沉淀法在CNC表面沉积Fe_3O_4NP,并将羧酸官能团附着在Fe_3O_4NP表面。以CNC为支撑基体,控制Fe_3O_4NP(10~15 nm)的均匀生长,室温下Fe_3O_4NP表现出超顺磁特性,饱和磁化值高达60 emu·g^{-1}。

SEM 显示了 CNC/Fe_3O_4NP 的形貌,如图 6-8(a)所示。随后他们进行了 AuNP 的沉积,为酶接合提供较高的比表面积。在 α-环糊精存在下,用 $NaBH_4$ 还原 $HAuCl_4$,控制 CNC/Fe_3O_4NP 悬浮液中 AuNP 的尺寸。通过 Thc 的自由内环二硫基封端 AuNP 形成磁铁矿纳米复合物 CNC/Fe_3O_4NP/AuNP,最后将产物与磁铁反应混合物分离。通过 TEM 证实了 Fe_3O_4NP 和 AuNP 在 CNC 上的稳定和均匀的分散,如图 6-8(b)所示。

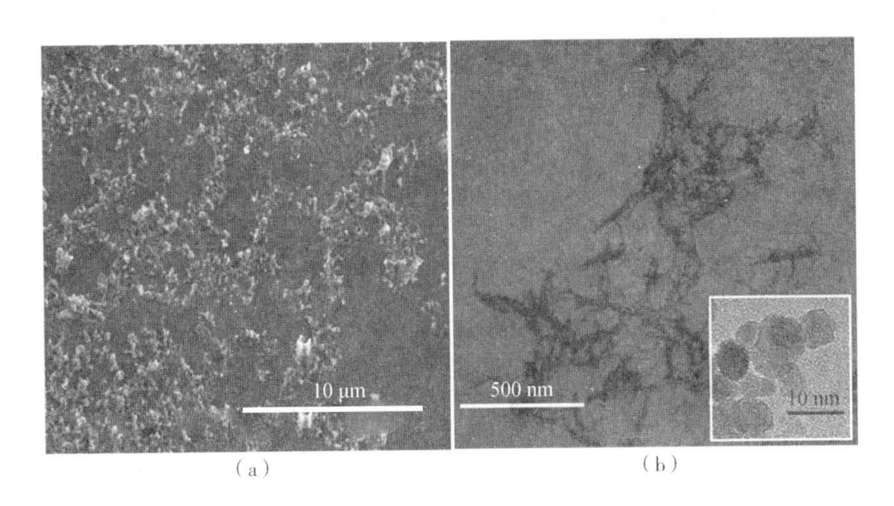

图 6-8　(a)CNC/Fe_3O_4NP 的 SEM 图和(b)CNC/Fe_3O_4NPs/AuNP 的 TEM 图,插图为 AuNP(3~7 nm)和 Fe_3O_4NP(10-20 nm)之间的 HRTEM 对比度和尺寸差异

6.3　纳米纤维素/盐类

纳米纤维素与各种盐类的复合已经被广泛报道。相关研究已经通过纳米纤维素与各种盐类的复合制备了具有各种结构和改进性能的复合材料。Choi 等人采用高效的水悬浮浇铸和电极化方法制备了不同钛酸钡纳米颗粒含量的环境友好型纳米纤维素基复合膜。研究了 $BaTiO_3$ 含量对纳米纤维素复合膜的微结构、介电性能和压电性能的影响。

如图 6-9 所示,为了制备 $BaTiO_3$ 纳米颗粒与纳米纤维素复合薄膜,他们将预定量的 $BaTiO_3$ 纳米颗粒加入 1% 纳米纤维素的水溶液中,搅拌 12 h,超声

1 h。为了便于比较,他们将每种混合水悬浮液都在培养皿上浇铸,然后在 50 ℃下烘干。同样的浇铸方法也制备了整齐的纳米纤维素膜并将纳米纤维素及其复合膜的厚度控制在了 30 μm 左右。

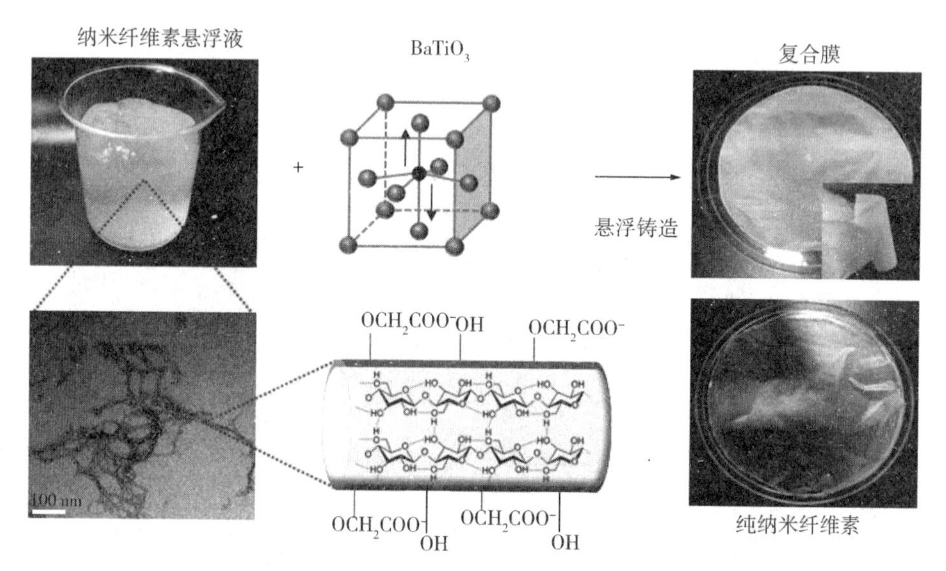

图 6-9 制备纯纳米纤维素和 $BaTiO_3$/纳米纤维素复合膜的示意图

如图 6-10 所示,为了确定 $BaTiO_3$ 纳米颗粒在纳米纤维素基体中的分散状态,他们对不同 $BaTiO_3$ 含量的纯纳米纤维素及其复合膜的表面和断面进行了 SEM 表征。在整齐的纳米纤维素膜中,高长径比的纤维随机取向于膜表面,但沿膜表面方向聚集,如图 6-10(a)所示。对于复合膜,$BaTiO_3$ 纳米颗粒均匀地分布在纳米纤维素基体上,并且随着复合膜中 $BaTiO_3$ 含量的增加而变得致密,如图 6-10(b)和图 6-10(c)所示。他们认为,$BaTiO_3$ 之间的密度差异相对较大,在浇铸过程中,高密度的 $BaTiO_3$ 纳米颗粒随机分散在纳米纤维素水悬浮液中而没有沉淀。

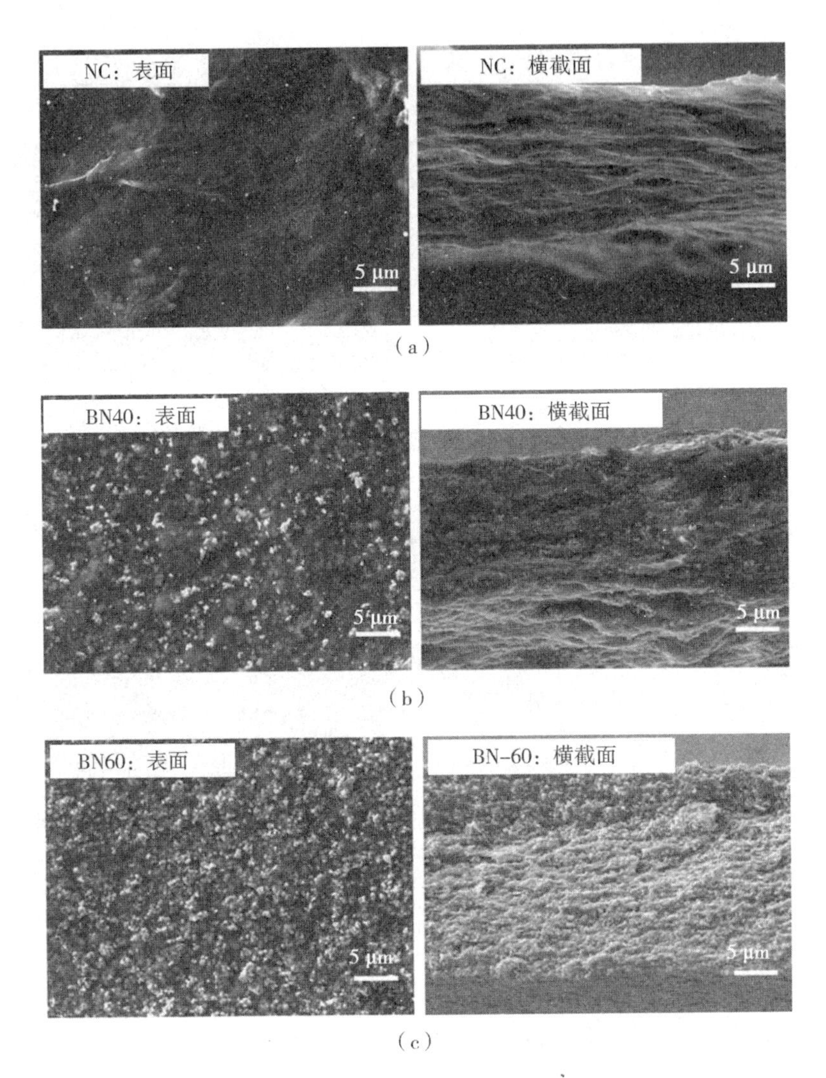

图 6 - 10　不同 $BaTiO_3$ 含量的纯纳米纤维素及其复合膜的表面和横截面的 SEM 图

Werrett 等人合成了一系列难溶的苯基双膦酸铋(Ⅲ)配合物,并将铋配合物掺入微纤化(纳米)纤维素中,生成了铋纤维素复合物作为纸片。他们用 SEM 对复合物进行了分析,以确定铋在复合材料中(特别是在表面)的存在,并了解铋在纤维素基体中的分散情况。从 SEM 图中可以明显看出,铋配合物缠绕在纤维素网络中,如图 6 - 11(a)和图 6 - 11(c)所示。针状磷酸铋颗粒可以清楚地分辨,背散射电子图像被用来探测颗粒在薄片中的分散性能。图 6 - 11(b)

和图6－11(d)清楚地表明,明亮的含铋颗粒在整个纤维素中分散得相当好。

图6－11　铋纸样品的SEM图

6.4　纳米纤维素/碳纳米材料

碳纳米材料(碳量子点、碳纳米管、石墨烯等)具有优异的物理化学性能。然而,由于在应用过程中存在无法避免的团聚问题,它们很难独立作为功能材料使用。因此,很多报道将纳米纤维素与碳纳米材料进行复合,较好地解决了其团聚问题。

6.4.1　碳点

Junka 等人将由 CNF 组成的薄膜和水凝胶通过发光的水分散性碳点(CD)的共价 EDC/NHS 偶联进行改性。随后,使用石英晶体微重量法(QCM－D)和表面等离子体共振(SPR)研究了 CD 在羧甲基化纳米纤维素(CM－CNF)上的附着。他们首次报道了 CD 在纳米纤维素产品中的应用,为透明荧光纳米纸的合成及其通过共聚焦显微镜成像证实的可调谐发光提供了概念证明。

在 QCM－D 测量之前和之后他们使用 AFM 对薄膜进行了成像,以观察 CD 附着后的形态变化(图 6－12)。结果表明,CM－CNF 薄膜的形貌在 CD 的共价附着后明显改变。此外,由于添加了 CD,薄膜的高度轮廓显著增加。也有迹象表明,CD 作为单个颗粒附着在 CM－CNF 膜上。

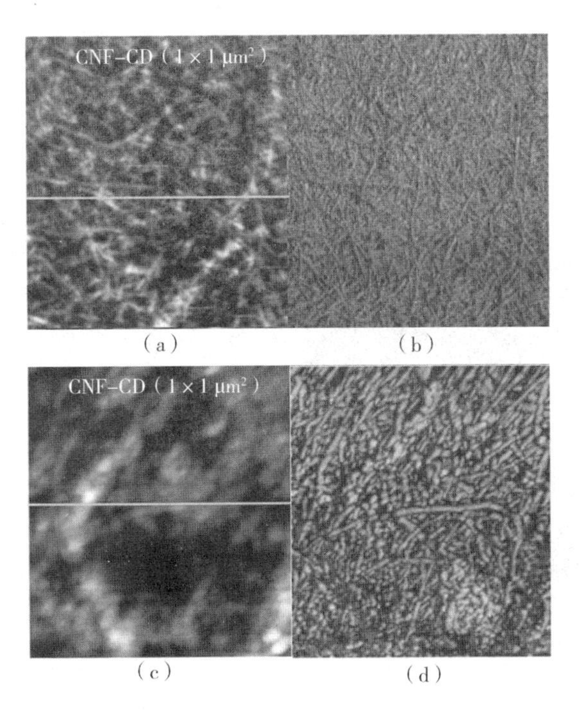

图 6－12　羧甲基化 CNF(CM－CNF)用 AFM(1 × 1 μm^2)成像前(a)高度和(b)相位图像以及 CD 附着后(c)高度和(d)相位图像

羧甲基化 CNF 以水凝胶形式在水介质中改性。在合成和纯化样品后,用聚电解质在两种不同的 pH 值条件下滴定,以揭示所合成的 CD 的作用依赖于体系中质子化胺和脱质子羧基的存在(羧基在 pH = 8.5 时完全解离)。根据滴定结果,由于 CD 的共价结合,CM - CNF 的表面电荷明显降低,如图 6 - 13(d)所示。此外,TEM 图显示 CM - CNF 基底上存在 CD,如图 6 - 13(c)所示。正如他们预期的那样,由于 CD 附着,CM - CNF 的表面电荷减少。根据 CD 吸附前后 CM - CNF 表面电荷的下降(pH = 8.5)计算结果,45% 的表面羧基参与了 CD 的结合。需要指出的是,CM - CNF 在合成过程中可能会发生一些副反应和轻微的聚集,进而会降低 CNF - CD 的表面电荷和 CD 的结合效率。

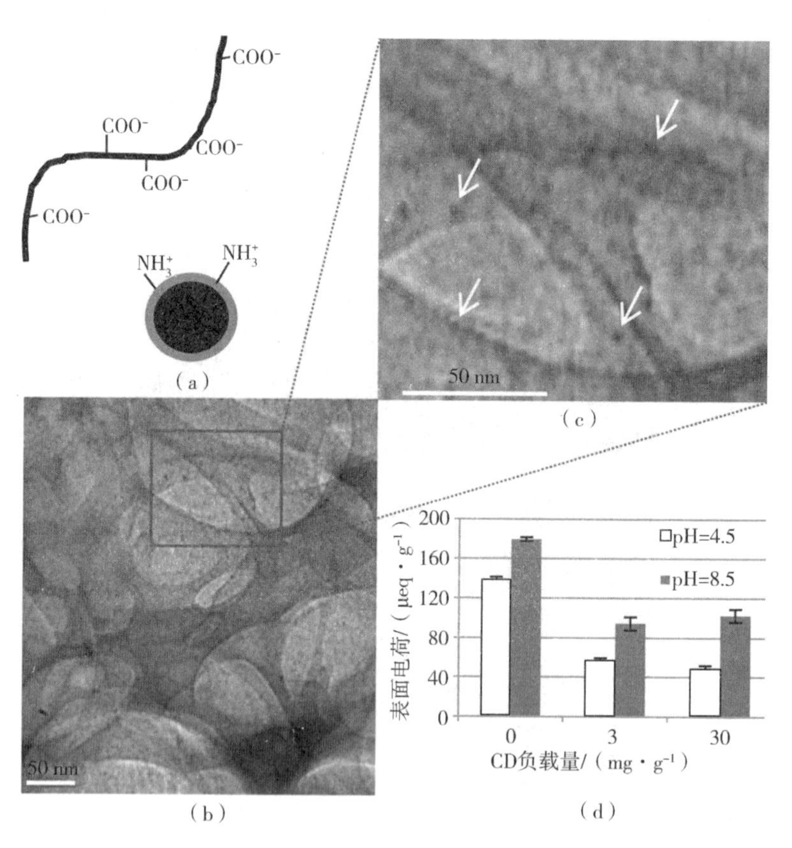

图 6 - 13 (a)用 CD 改性 CM - CNF 凝胶;(b)在碳网格上干燥的 CNF - CD 的 TEM 图;(c)为(b)的部分放大视图,说明 CD 的存在(箭头表示其中的一部分);(d)CNF - CD 表面电荷的变化作为 CD 添加的函数

CM－CNF 上实际的 CD 负载量是通过将表面电荷的相对变化除以 CD 的电荷密度来计算的，分别为(10 ± 6) $mg \cdot g^{-1}$和 (26 ± 6) $mg \cdot g^{-1}$。这表明几乎所有添加的 CD 都附加到了 CM－CNF 上。CNF－CD 在合成后也通过 TEM 成像进行了表征，结果进一步表明 CD 被结合在 CNF 上了，如图 6－13(b)和图 6－13(c)所示。

6.4.2　碳纳米管

Farjana 等人报道了用双壁碳纳米管(DWCNT)和多壁碳纳米管(MWCNT)修饰 BNC 得到的复合材料。

他们使用的 BNC 是由木葡糖酸醋杆菌在静态培养基中产生的。羧基改性的 DWCNT 和 MWCNT 被用作 BNC 改性的导电剂，以 CTAB 为表面活性剂对 CNT 进行分散。分散过程包括加热、搅拌和超声相结合，离心除去未分散的 CNT。采用浓度分别为 1 $mg \cdot mL^{-1}$和 2 $mg \cdot mL^{-1}$的 DWCNT 和 MWCNT 分散液。将 3 × 3 cm^2的 BNC 膜分别置于 1 $mg \cdot mL^{-1}$、2 $mg \cdot mL^{-1}$和 3 $mg \cdot mL^{-1}$的 CNT 分散液(15 mL)中浸泡 24～72 h。处理步骤完成后，所有样品用去离子水小心清洗，以除去游离表面活性剂和 CNT 残留物。

CNT 改性的纳米纤维素样品具有与天然纤维素相同的柔韧性。BNC 膜的横截面上没有 CNT 的深穿透，如图 6－14(a)所示。他们认为，原生 BNC 基体中过小的孔隙阻止了 CNT 向纤维素中的渗透，如图 6－14(b)所示。因此，在 BNC 膜层表面形成了不对称导电层。他们通过 SEM 研究发现，与 DWCNT 相比，MWCNT 在 BNC 表面的分布更加均匀，这与对样品进行目测的结果一致，如图6－14(c)和图 6－14(d)所示。

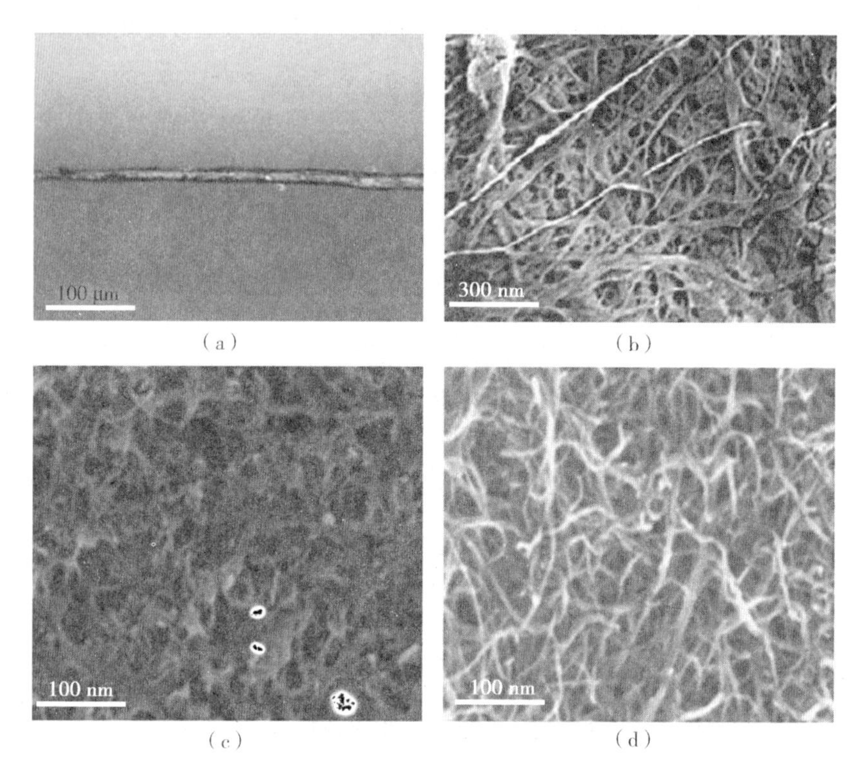

图 6 - 14　BNC 的 SEM 图

(a)DWCNT 修饰的 BNC 薄膜的横截面；(b)未经处理的天然 BNC；
(c)DWCNT 处理的纳米纤维素；(d)MWCNT 处理的纳米纤维素

6.4.3　石墨烯

Laaksonen 等人将蛋白质经过基因改造以连接石墨烯和 NFC，使其在界面处自组装，从而导致内聚和排列，如图 6 - 15(a)所示。与石墨烯的结合是通过疏水蛋白实现的，更具体地说是Ⅱ类疏水蛋白 HFBI，它在各种界面和表面上自组装，包括石墨烯。通过使用在纤维素降解酶中发现的表示为纤维素结合域(CBD)的蛋白质来实现与纤维素的结合。因此，他们将融合蛋白命名为HFBI - DCBD，其中 DCBD 代表双纤维素结合域，因为两个 CBD 串联使用可以提高结合效率；与疏水蛋白 HFBI 相比，CBD 较小。由于该蛋白质包含两个功能块，一个用于与石墨烯结合，另一个用于与纤维素结合，因此它是双嵌段蛋白。

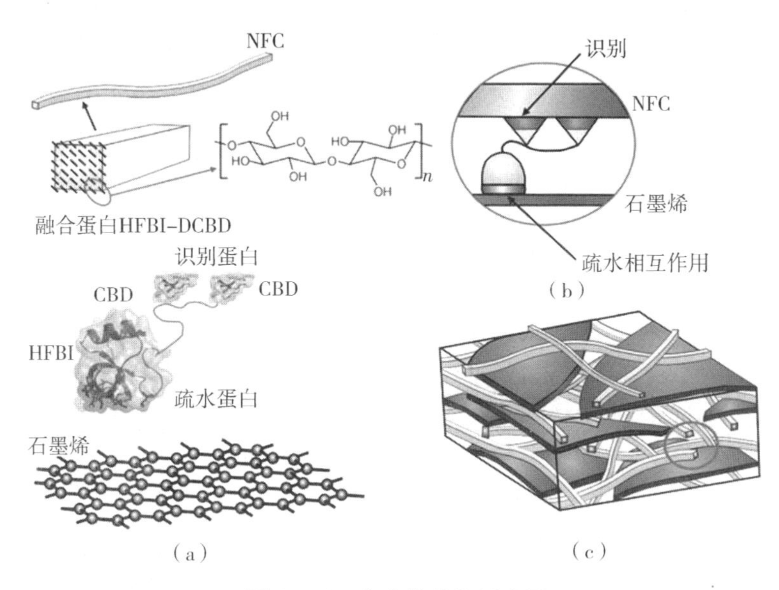

图 6-15　复合物结构示意图

(a)在分子水平上，融合蛋白 HFBI-DCBD 及其靶表面存在两个功能块；(b)双嵌段结合蛋白；(c)石墨烯/NFC/双块结合蛋白组装

他们研究了 HFBI-DCBD 融合蛋白水溶液中在有(浓度 2 $g \cdot L^{-1}$)或没有 NFC 的情况下对石墨的剥离效率，如图 6-16(a)所示。他们以 660 nm 处的消光值用作剥离的定性度量，显示出与预期的超声能量的线性相关性。他们发现，尽管融合蛋白部分与 NFC 基质结合，但在有或没有 NFC 的情况下，石墨烯剥离的效率是相似的。然而，他们在石墨烯的沉淀过程中观察到了较大的差异。剥离后三天，在没有 NFC 的情况下石墨烯发生沉降，而含有 NFC 的样品没有沉降，这可能是由 NFC 提供并由 HFBI-DCBD 介导的石墨烯薄片的空间位阻稳定的结果。重要的是，这表明 NFC 凝胶促进了石墨烯薄片的胶体稳定性。复合薄膜是通过真空过滤 NFC、HFBI-DCBD 和剥离石墨烯薄片的水分散体制备的，如图 6-16(b)所示。过滤前 NFC 和 HFBI-DCBD 的量相等，并且石墨烯含量以质量百分比(%)与 NFC 相比发生改变。除了石墨烯的量外，还通过制备含有纤维素结合 HFBI-DCBD 融合蛋白和野生型单功能 HFBI 蛋白(仅包含

疏水蛋白部分)的混合物的薄膜来研究石墨烯薄片和 NFC 之间的键合贡献。他们观察到含有少于 70% HFBI - DCBD 的石墨烯悬浮液的稳定性显著下降,最终导致复合材料的均匀性也大大降低。图 6 - 16(c)中的 SEM 图显示了薄膜非常致密,石墨烯薄片和 NFC 呈层状排列。图 6 - 16(d)中的 SEM 图表明纤维素原纤维和石墨烯薄片均匀混合。因此,蛋白质涂层使石墨烯能够很好地分散到纤维素基质中,从而在微观尺度上形成均匀的结构。

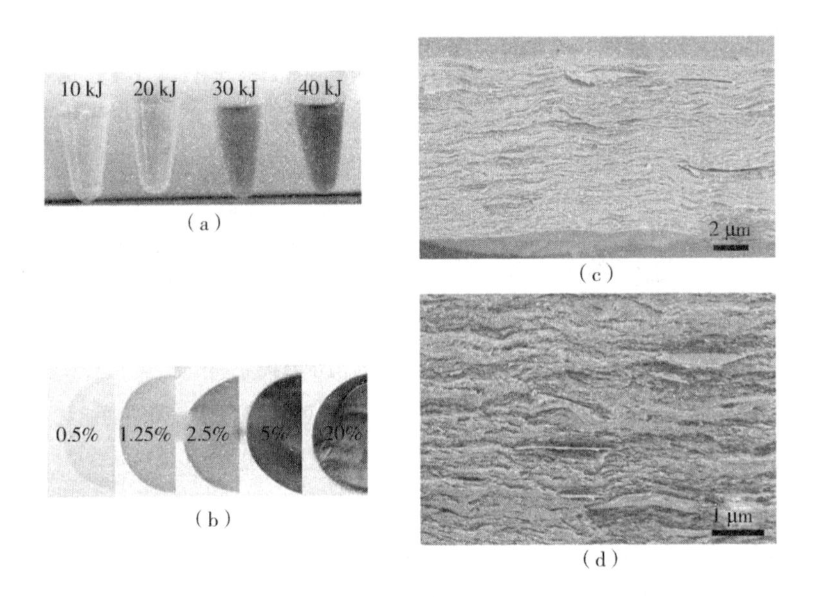

图 6 - 16 (a)不同超声能量下,在 NFC 和 HFBI - DCBD(浓度均为 2 g · L^{-1})的混合物中的石墨片层的水分散体;(b)含有不同量石墨烯的 NFC/HFBI - DCBD 薄膜的照片;(c)、(d)NFC/HFBI - DCBD 薄膜横截面不同放大倍率的 SEM 图,石墨烯相对于 NFC 的质量百分比为 20%

6.4.4 氧化石墨烯

Asmat 等人制备了一种基于纳米纤维素融合聚吡咯 - 氧化石墨烯的复合材料(Ppy/NCe/GO),该材料具有良好的储存稳定性、热稳定性、机械性能和脂肪酶固定化的可重复使用性。他们采用 SEM 对 Ppy/NCe/GO 和 CRL@ Ppy/NCe/

GO的表面形貌进行了分析。图6－17(a)显示了Ppy/NCe改变了GO片层的表面形貌,GO片层看起来是固定的,表面有较多折痕。他们认为,样品的团聚可能是由于GO表面具有大量的含氧官能团。吸附在GO上的合成纳米粒子表明Ppy/NCe纳米粒子与GO的有效共混。由图6－17(c)可知,由于纳米载体表面大部分被CRL包裹,固定化后相应SEM图的表面形貌发生了明显变化,证实了酶在NC表面的高产率固定化。他们使用TEM观察了CRL固定化前后NC的形态变化,结果证实了脂肪酶与Ppy/NCe/GO－NC成功共轭。图6－17(b)清楚地表明,NC多为球形,平均粒径为30～40 nm。TEM照片验证了GO纳米片在其表面黏附NCe/Ppy的能力。此外,NC的选区电子衍射轮廓(插图)显示了多晶衍射和非晶态形貌。图6－17(d)显示了CRL与Ppy/NCe/GO－NC的结合。将大量脂肪酶固定在NC载体上会增加生物催化剂的尺寸,且对形态几乎没有影响。NC在固定脂肪酶后保持球形,由于一些较大的颗粒与较小的颗粒重叠,平均直径从56 nm增加到88 nm,并伴有一些聚集。

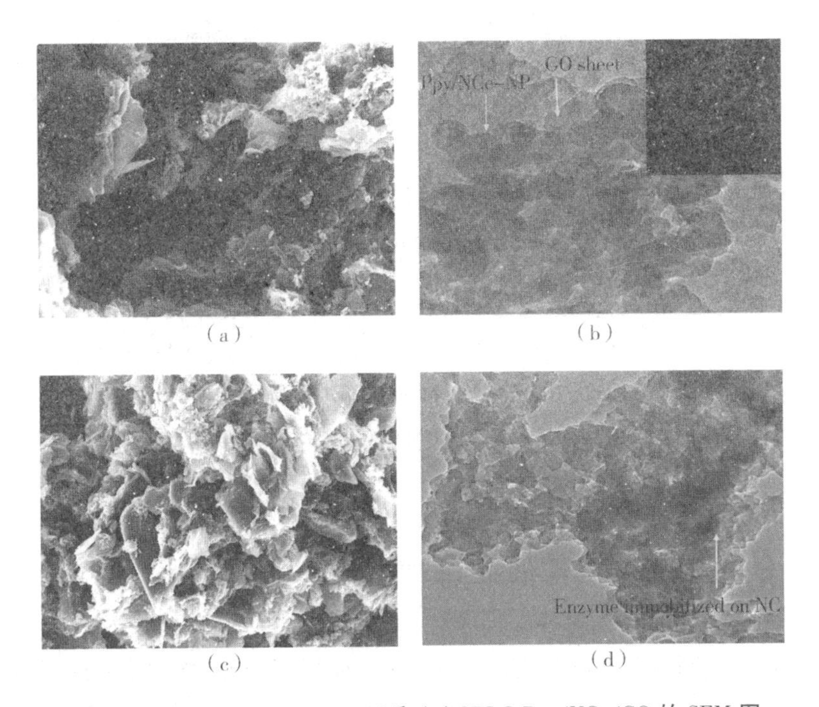

图6－17 (a)Ppy/NCe/GO－NC和(c)CRL@Ppy/NCe/GO的SEM图;(b)Ppy/NCe/GO的TEM图和电子衍射图(插图)和(d)CRL@Ppy/NCe/GO－NC的TEM图

他们利用 AFM 中的敲击模式，对获得的显微图像进行了峰谷距离的测量，以探测样品表面的粗糙度。从图 6－18(c)中可以看出，NC 表面比较均匀光滑，峰谷距离较小。分析显微照片的相应表面粗糙度可以与固定模板相互关联。CRL 分子吸附到 NC 上后，NC 表面的酶涂层导致有效酶积累，峰谷距离显著增加，如图 6－18(d)所示。

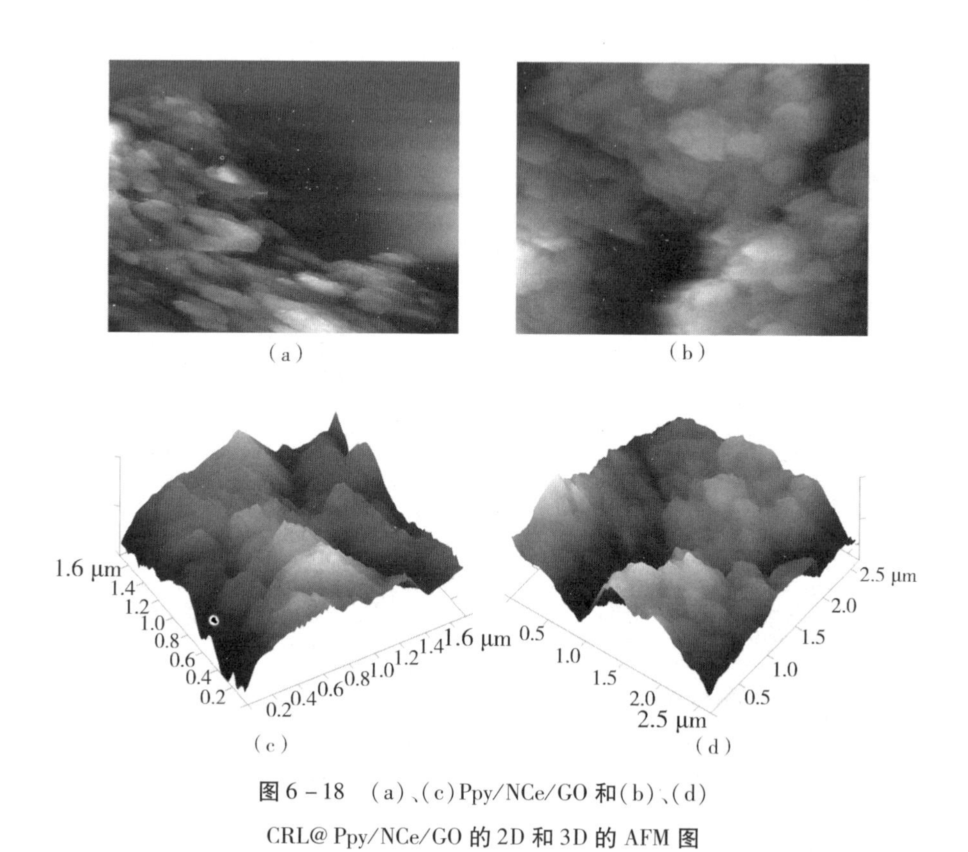

图 6－18 (a)、(c)Ppy/NCe/GO 和(b)、(d)CRL@ Ppy/NCe/GO 的 2D 和 3D 的 AFM 图

6.5 纳米纤维素/其他非金属元素

Park 等人制备了一种具有硅纳米颗粒(SiNP)和聚苯胺(PANi)的独特导电细菌纤维素(BC)复合材料。如图 6－24 所示，植酸在 SiNP 表面的吸附导致磷酸负载到 SiNP 的表面。这样可以通过 SiNP 的磷酸与纤维素纳米纤维中的羟

基之间的氢键作用将 SiNP 固定在 BC 纤维上。

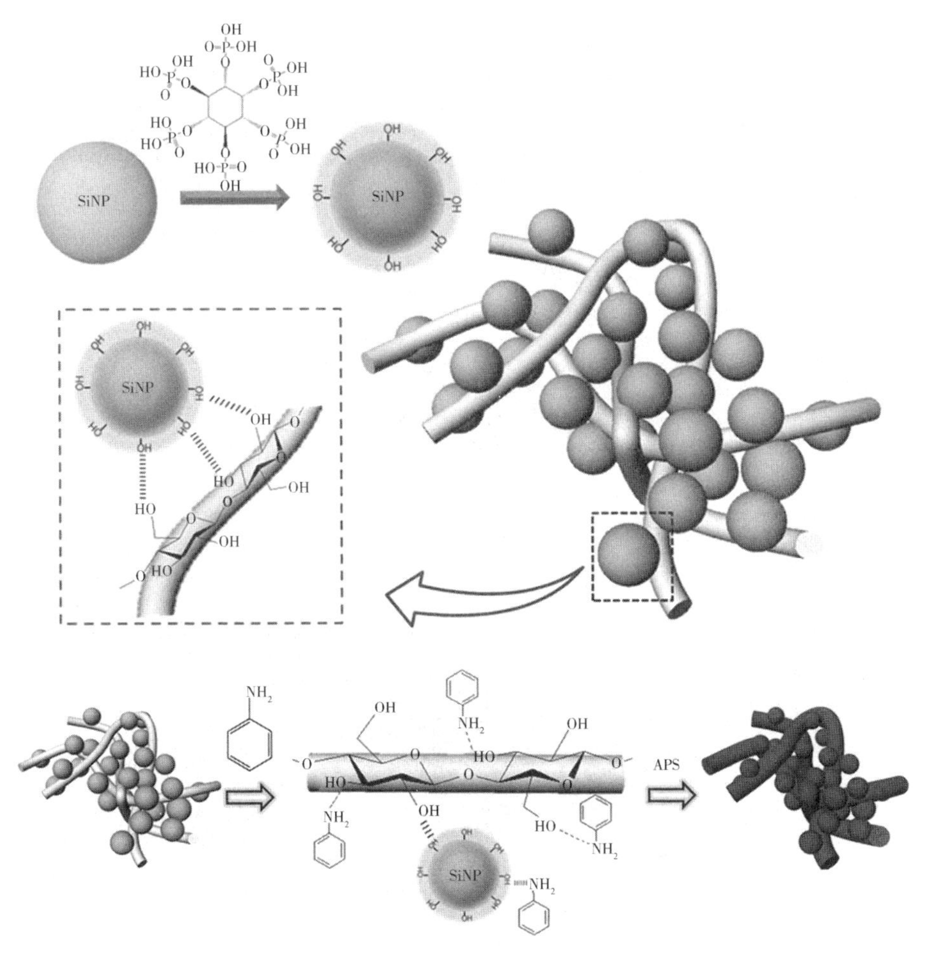

图 6 - 19　制备 PANi - Si - BC 复合材料的示意图

他们在 TEM 图中观察到了 PANi 包覆的 SiNP，如图 6 - 20 所示。SiNP 被固定在网状 BC 纳米纤维表面，经过超声处理后表现出合理的稳定性，如图 6 - 20（a）所示。当苯胺单体与未改性的 SiNP 聚合时，在 SiNP 表面没有观察到 PANi。相反，PANi 在体相中形成了分枝状形貌，如图 6 - 20（b）所示。当苯胺单体在植酸存在下聚合时，SiNP 被 PANi 包裹得很好，如图 6 - 20（c）所示。他们认为，SiNP 对 PANi 的亲和力增强主要归因于 SiNP 表面的植酸磷酸基团与苯胺单体的氨基之间的氢键作用。Si－BC 样品中 SiNP 之间的空隙被 PANi 填充，由于其结构紧凑，复合材料具有更好的导电性，如图 6－20(d)所示。

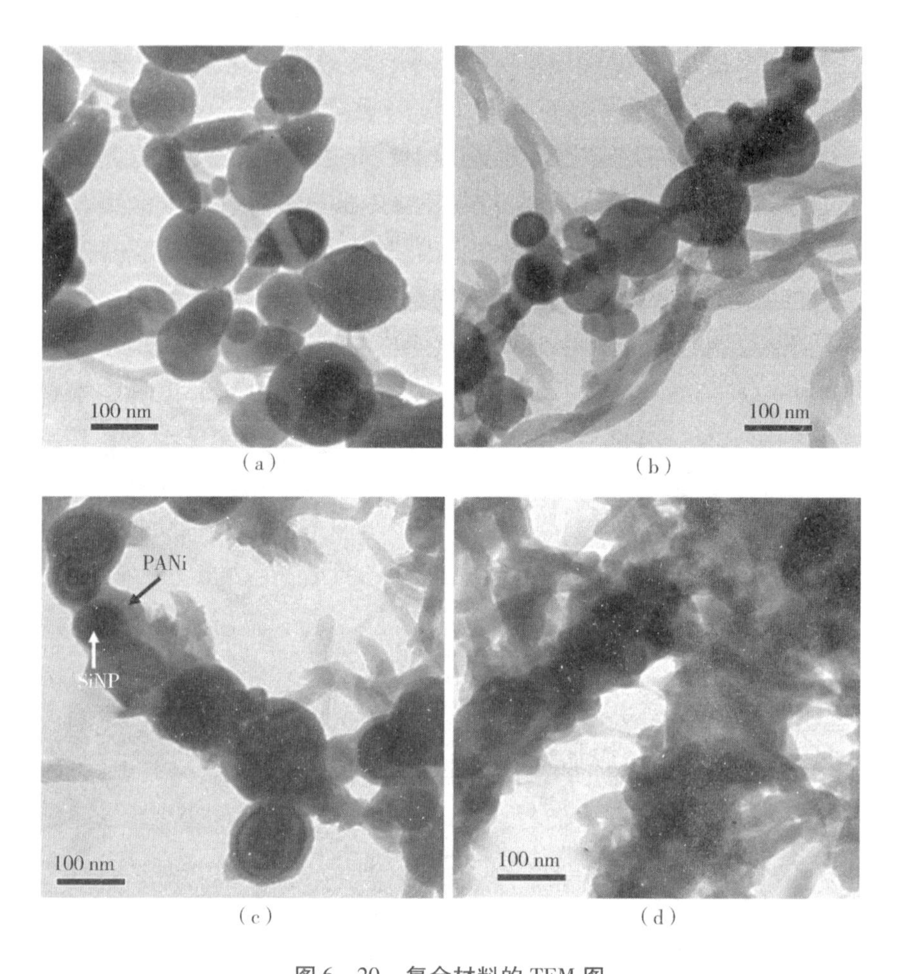

图 6－20 复合材料的 TEM 图

(a)Si－BC 和(b)Si－PANi 不含植酸；(c)Si－PANi 和(d)PANi－Si－BC 含植酸

Shin 等人在水热条件下以 CNXL 作为还原剂和结构导向剂制备了直径为 10～20 nm 的硒纳米颗粒。Na_2SeO_3 在水热条件下被还原形成元素硒纳米颗粒。在水热过程(120～160 ℃)中，CNXL 棒被保留，硒纳米颗粒与 CNXL 通过表面界面结合。

图 6－21 的 FESEM 图显示了不同温度水热处理 16 h 制备的 CNXL 负载硒

纳米粒子,硒纳米颗粒均匀地结合在 CNXL 表面。这些高分辨率 FESEM 图清楚地表明复合材料由许多包覆硒纳晶的 CNXL(150～200 nm)组成。从高倍率的 FESEM 图中能够看出硒纳米颗粒尺寸随反应温度分别为 120 ℃、140 ℃、160 ℃ 时,颗粒直径从 10～15 nm 逐渐增大到 20 nm。

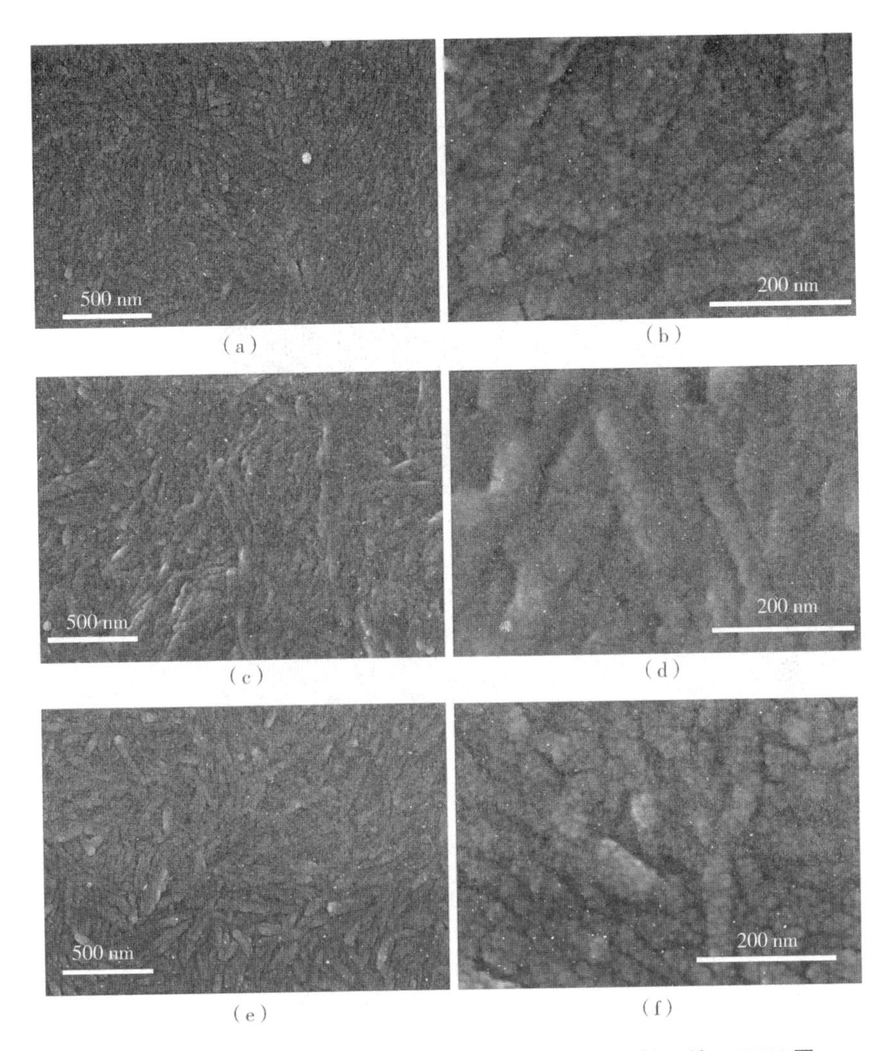

(a) (b) (c) (d) (e) (f)

图 6-21 在不同温度下制备的 CNXL 负载的硒纳米粒子的 FESEM 图

(a)、(b)120 ℃;(c)、(d)140 ℃;(e)、(f)160 ℃

他们采用 TEM 结合选区电子衍射对不同温度下硒纳米颗粒的结构进行验

证,结果如图 6 - 21 所示。衍射环(插图)被认定为(100)、(101)、(110)、(102)、(111)、(210)、(112)和(202)反射,表明六方硒晶相的形成。硒的粒径在每个反应温度(分别为 120 ℃、140 ℃、160 ℃时的 10 nm、15 nm、20 nm)下平均分布,这与 SEM 结果吻合较好。

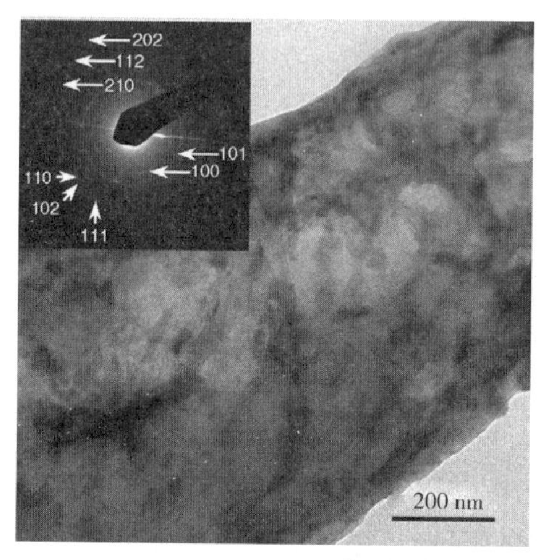

图 6 - 22　在 160 ℃下制备的 CNXL 负载的硒纳米粒子的 TEM 图,插图为 SAED 图

第7章　纳米纤维素在储能器件中的应用

纳米纤维素是一种具有独特性能和潜在应用价值的天然材料，其纳米尺寸使其拥有高比表面积，因此这些纤维素可以与周围物质之间产生强大的相互作用。最重要的是，纳米纤维素为天然聚合物纤维素开辟了可持续材料和纳米复合材料以及能源存储、医疗、食品以及环保领域的应用空间。纳米纤维素独特的结构和化学多样性能够为储能材料和器件提供与传统合成材料难以实现的性能。因此，纳米纤维素已经成为替代常规储能材料的首选研究目标。

7.1　超级电容器

超级电容器的电化学性能通常用比电容、能量密度和功率密度来表示。根据储能机制，超级电容器在很大程度上可以分为两种不同的系统：双电层电容器，其电化学能量通过离子的吸附/解吸来存储；赝电容器基于氧化还原反应存储能量。目前，在超级电容器研究领域，纳米纤维素已被相关研究作为结构基底、电极粘结剂、隔膜材料以及碳电极材料的前驱体使用。

7.1.1　电极粘结剂

Choi 等人报道了一种新型的固态柔性电源，它是利用商用桌面喷墨打印机直接在常规 A4 纸上制备的。他们以活性炭/碳纳米管和离子液体/紫外光固化三丙烯酸酯聚合物基固态电解质组成的超级电容器(SC)为模型电源，探讨了该概念的可行性。纤维素纳米纤维介导的纳米多孔垫被喷墨打印在纸张顶部作为底漆层，以使图像具有高分辨率。此外，为了进一步提高电极的导电性，在电极上引入了 CNT 辅助的光子互焊 Ag 纳米线。

在喷墨打印制备 CNF 底漆层时，他们仔细地调节了 CNF 悬浮液的分散状态和流变性能。在他们所研究的各种 CNF 悬浮液中，0.3 $mg \cdot mL^{-1}$ 的 CNF 浓度满足上述黏度要求，从而能够可靠地通过微型(20 μm)喷墨头喷嘴，而不存在泄漏、跳跃和堵塞问题，CNF 悬浮油墨在环境条件下稳定存在了一个多月。

该超级电容器的循环伏安(CV)曲线呈现出了一种几乎为矩形的形状，这说明其储能机制为双电层电容，如图 7－1(a)所示。恒定电荷/放电电流密度为 0.2 $mA \cdot cm^{-2}$，如图 7－1(b)所示。在超过 10000 次充电/放电循环后没有观察到电池电容(100 $mF \cdot cm^{-2}$)的显著下降。

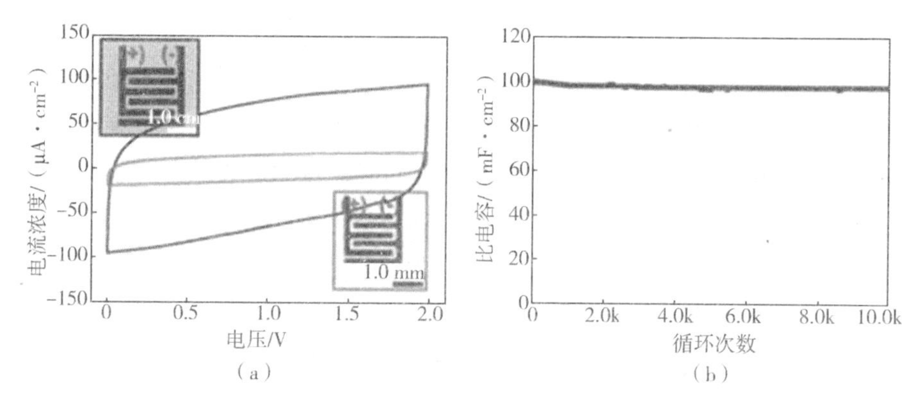

图 7－1 (a)具有不同尺寸的喷墨打印 SC 的 CV 曲线；(b)喷墨印刷的 SC 在 0.2 $mA \cdot cm^{-2}$ 的恒定充电/放电电流密度下的循环性能

Zheng 等人报道了一种新型高柔性全固态超级电容器，该电容器以 CNF/还原氧化石墨烯(RGO)/CNT 混合气凝胶为电极(图 7－2)，H_2SO_4/聚乙烯醇(PVA)凝胶为电解质。这种柔性固态超级电容器是在没有任何黏合剂、集流体或电活性添加剂的情况下制造的。由于 CNF/RGO/CNT 气凝胶电极的多孔结构和 CNF 优秀的电解液吸收属性，因此表现出了较高的比电容和循环稳定性。

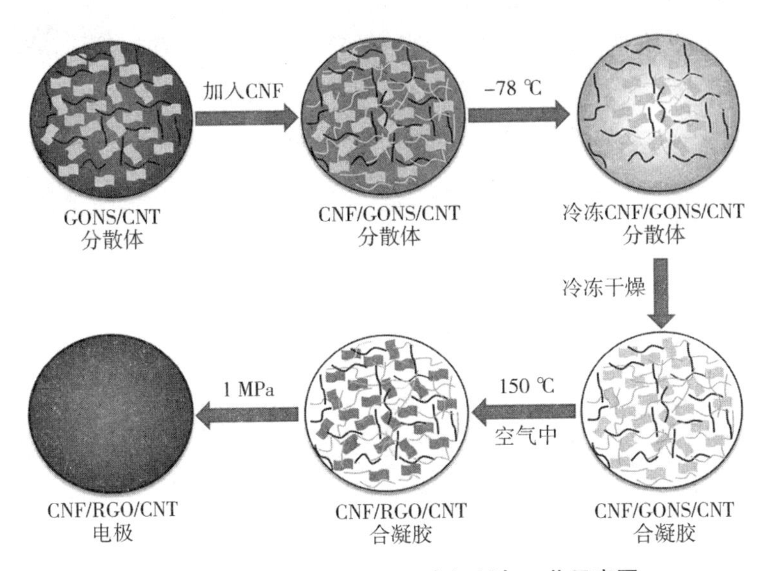

图 7－2　CNF/RGO/CNT 电极制备工艺示意图

图 7－3 为 CNF、CNF/GONS(氧化石墨纳米片)/CNT 和 CNF/RGO/CNT 气凝胶低温破裂表面的 SEM 图。如图所示，这些气凝胶都具有高度相互连接的三维多孔结构。CNF 气凝胶的孔径通常为 4～8 μm，如图 7－3(a) 和图 7－3(b) 所示，略大于 CNF/GONS/CNT 气凝胶的 2～5 μm，如图 7－3(c) 和图 7－3(d) 所示。这是因为在冻干过程中，CNT 和 GONS 很容易与 CNF 纠缠在 CNF/GONS/CNT 气凝胶内形成三维网络，从而影响冰晶的成核和生长。图 7－3(e) 和图 7－3(f) 为 CNF/RGO/CNT 气凝胶的 SEM 图。在热还原过程中，三维多孔微结构得到了很好的维持，因为 GONS 中含氧基团的损失，气凝胶样品的密度降低至 4.9 mg · mL^{-1} 左右。

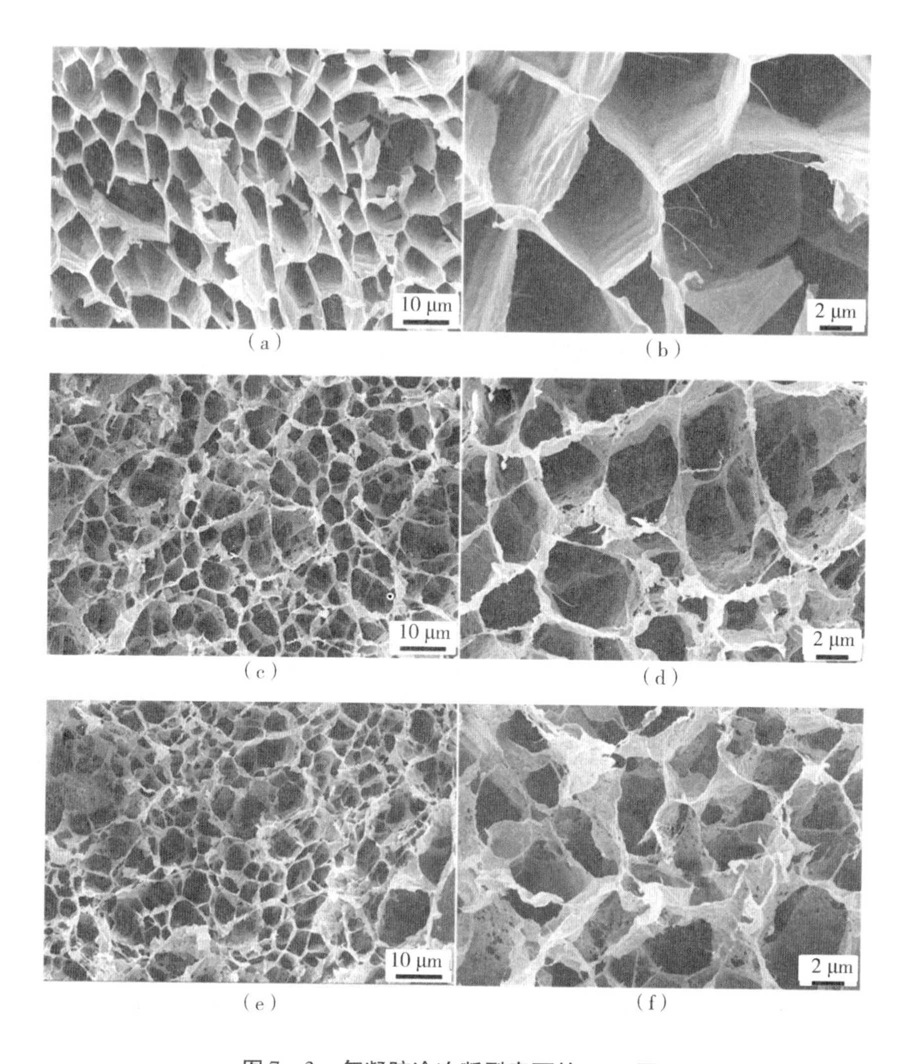

(a) (b)
(c) (d)
(e) (f)

图 7-3 气凝胶冷冻断裂表面的 SEM 图

(a)、(b) CNF 气凝胶；(c)、(d) CNF/GONS/CNT 气凝胶；(e)、(f) CNF/RGO/CNT 气凝胶

他们使用 1 MPa 的压力压缩 CNF/RGO/CNT 气凝胶，获得了厚度为 200 μm 的 CNF/RGO/CNT 气凝胶薄膜。经测试，CNF/RGO/CNT 薄膜的电导率为 12 $S \cdot m^{-1}$，与活性炭相当。尽管孔径减小到纳米级，CNF/RGO/CNT 气凝胶的高度多孔微结构可以在压缩的气凝胶膜中得到很大程度上的保持，如图 7-4(a) 和图 7-4(b) 所示。他们认为，压缩的 CNF/RGO/CNF 气凝胶膜的高度多孔和纳米级微结构非常有助于增加电解质的吸收并为电解质离子提供扩

散通道，从而提高超级电容器的性能。图7－4(c)和图7－4(d)为压缩的CNF/RGO/CNT气凝胶膜横截面的SEM图，从中可以观察到良好堆叠的层。

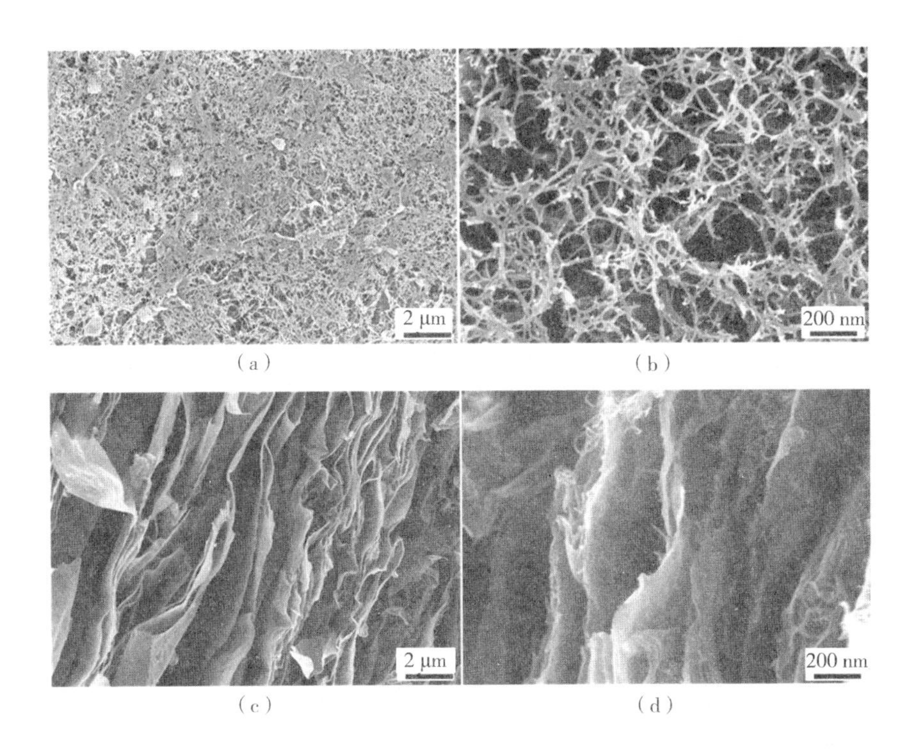

图7－4 压缩的CNF/RGO/CNT气凝胶膜的SEM图

(a)、(b)气凝胶膜的底面和(c)、(d)气凝胶膜的横截面

他们认为，未来的多功能储能系统将需要高度灵活且易于卷起的设备。因此，弯曲状态下的电化学稳定性对于全固态柔性超级电容器非常重要。图7－5(a)为在各种弯曲角度下测试的超级电容器的CV曲线。弯曲对电容性能没有造成任何明显影响。图7－5(b)显示了在1 $A \cdot g^{-1}$的电流密度下弯曲角从0°增加到180°，由压缩的CNF/RGO/CNT气凝胶膜制成的超级电容器的比电容的依赖性。在承受200次弯曲循环后，CV曲线的形状没有明显变化，表明这些超级电容器具有很高的柔韧性。

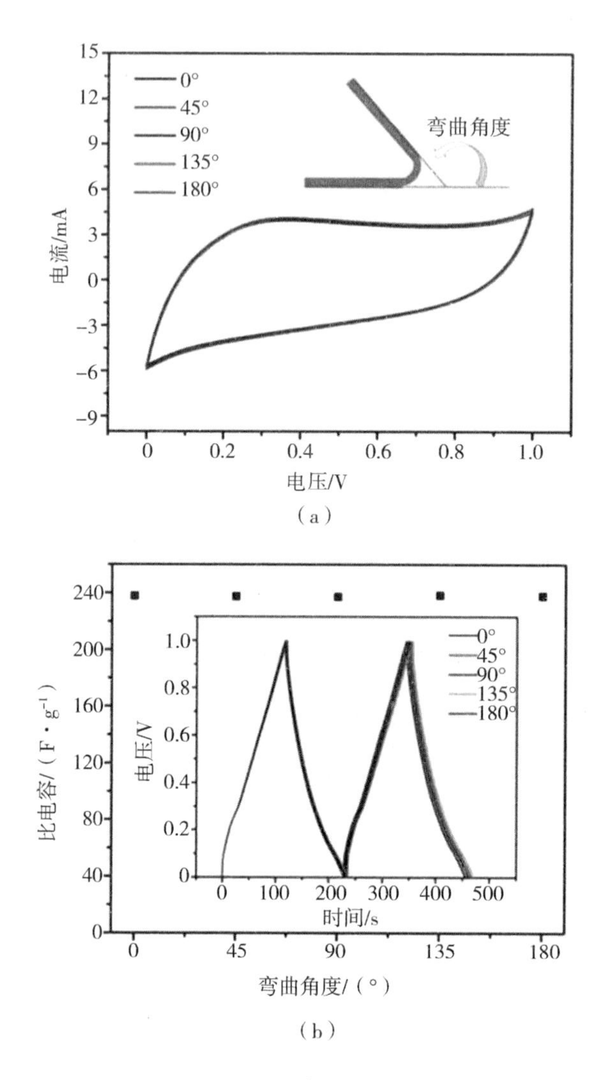

图 7-5 (a)扫描速率为 10 mV·S^{-1}时,不同弯曲角度下超级电容器的CD 曲线;(b)不同弯曲角度下超级电容器比电容的相关性,插图为电流密度为 1 A·g^{-1}时超级电容器的充放电曲线

7.1.2 结构基底

Yang 等人报道了一种轻质、高度多孔和柔性混合气凝胶的制备和超级电容

性能。

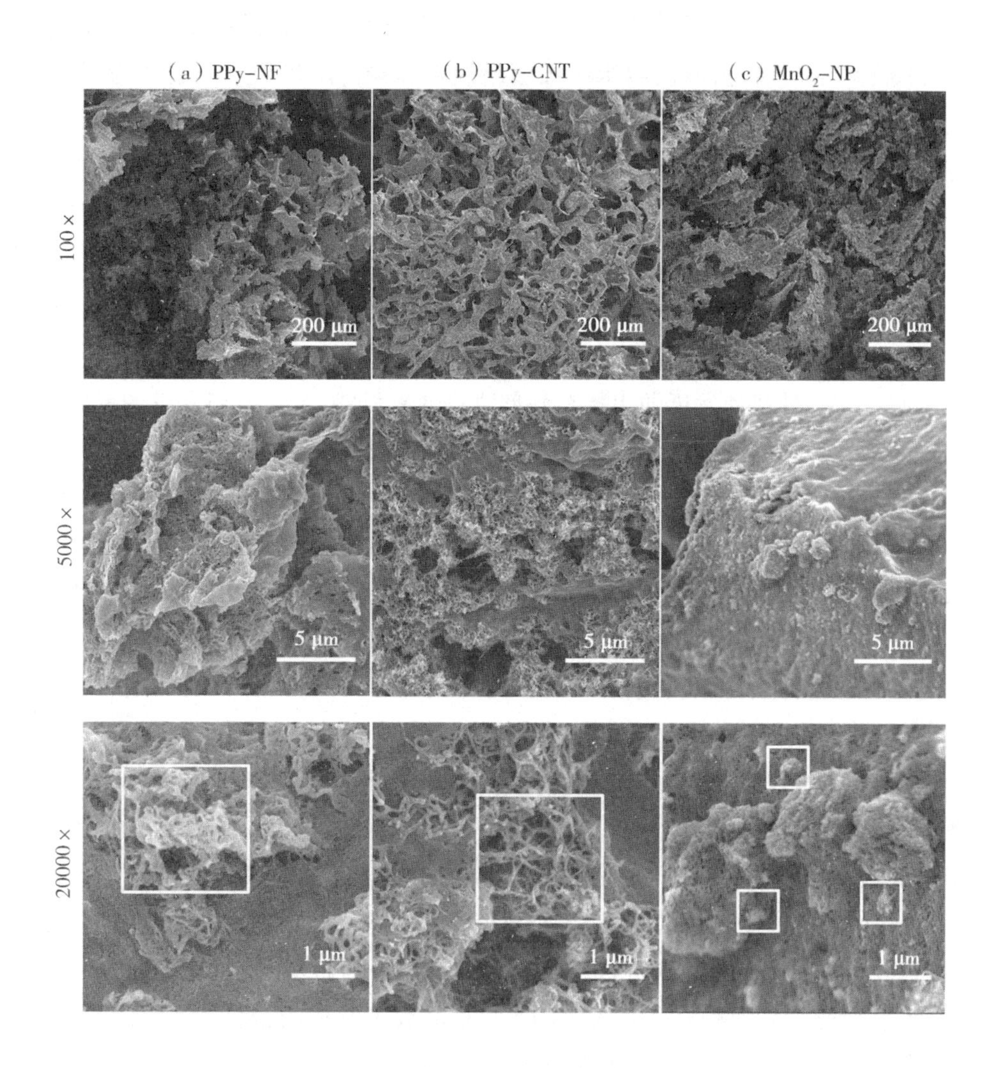

图 7－6　混合气凝胶在不同放大倍数率下的 SEM 图，
(a)列 PPy－NF、(b)列 PPy－CNT 和(c)列 MnO_2－NP，
一些具有高密度电容纳米粒子的区域被交联的 CNC 片包围，用白框标识

在气凝胶组装过程中，聚吡咯纳米粒子(PPyNF)、聚吡咯碳纳米管(PPy－CNT)、MnO_2－NP 等电容性纳米颗粒均可一步嵌入三维纤维素气凝胶结构中，进而形成具有较大可利用比表面积的电容性材料，促进电荷存储。他们的研究

与之前的工作相比，由于活性物质与电极总质量的质量比较大，在高充放电倍率下获得了优异的电容保持率。气凝胶中的多个通道为扩散提供了更多的电子和离子传输的通道，所以纳米纤维素超级电容器内阻最低。他们认为，化学交联的 CNC 气凝胶代表了一种多功能、通用的基底，可以制备出适合许多电子应用的复合材料。气凝胶质量轻，不论采用何种活性纳米颗粒，所有气凝胶都表现出相似的内部形貌（图 7－6）。他们认为，大孔是由冰晶形成的，中孔是由化学交联簇形成的。孔隙率的提高可以增强电解质的扩散进而有利于整体电化学性能的提升。此外，电容式纳米颗粒分布在整个 CNC 网络中，这是因为在溶胶－凝胶过程中形成了胶体稳定的团簇。

NFC 是一种快速发展的生物友好型块状纳米材料，为一系列先进的微纳米结构的水自组装提供了巨大的可能性。通过在 NFC 分散体中混合功能材料，研究人员还开发出了磁性纳米纸和碳纳米管等活性复合材料。除了纳米结构，NFC 的高阴离子或阳离子表面电荷也为非共价强离子相互作用提供了可能性。最令人感兴趣的是在 NFC 结构上使用层组装方法（LbL）的可能性。相关研究表明，NFC 与不同类型的阳离子聚电解质结合可以形成良好的 LbL 结构。Hamedi等人选择使用 NFC 作为气凝胶的组成部分，并研究了材料的超级电容性能。

他们采用直径为 2～3 nm，长度为 2～3 μm 的羧甲基 NFC 作为基底纳米纤维素材料。NFC 是通过用一氯乙酸（2%）处理亚硫酸盐溶解的软木纸浆，引入带电的羧基（550 meq · g^{-1}），然后用匀浆机机械分解而得到的。因为 1，2，3，4－丁烷四羧酸（BTCA）可以通过与纤维素羟基反应形成酯键，他们进一步使用 1，2，3，4－BTCA 作为交联剂进行反应，如图 7－9（a）所示。气凝胶是通过将 BTCA 和次亚磷酸钠粉末溶解在 2% 的 NFC 凝胶中制成的，然后将凝胶冷冻干燥，形成气凝胶。随后将气凝胶加热到 170 ℃，在干燥状态下引发共价化学反应，形成交联气凝胶。除了交联外，每个 BTCA 分子还会向气凝胶中添加两个额外的羧基，导致产生更高的总阴离子表面电荷，这有利于 LbL 的制备过程。他们采用红外光谱和电导滴定法对不同交联程度的 NFC 气凝胶进行了表征。

图 7－7（b）为不同交联程度的表面电荷，在红外光谱中 1720 cm^{-1} 处峰周围的增大区域也可以看到。他们发现，最大交联使电荷增加了 440%，达到 2300 mmol · g^{-1}。这个值是气凝胶报道的最高表面电荷密度之一，这使得这种

材料对于一种基于离子面相互作用的自组装过程非常理想。他们认为,在室温下,气凝胶表面电荷之间的平均距离小于 Bjerrum 在水中的长度,因此其他因素,如盐浓度和 pH 值,将决定 LbL 组装期间的可用电荷密度。

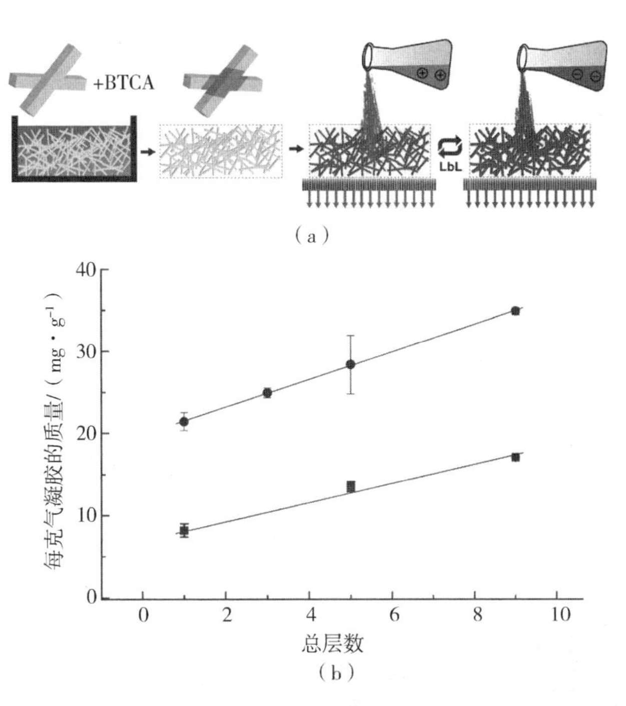

图 7-7　(a) NFC 中交联、气凝胶结构和气凝胶上 LbL 组装的表征;(b) 每克气凝胶质量的 PEI (●) 和 PAH (■) 吸附量与总层数的函数

为了研究 LBL 和几种不同功能气凝胶的制备,他们使用了四种不同的材料,如图 7-8(a)所示。其中包括两种水溶性导电聚合物,聚[2-(3-噻吩基)乙氧基-4-丁基磺酸钠](ADS2000P),它是荧光的,在这里用共聚焦显微镜研究 LbL 涂层的 3D 结构,以及聚(3,4-亚乙基二氧噻吩):聚(苯乙烯磺酸盐)(PEDOT: PSS),它们是所有导电聚合物中用途最广的。此外,他们对生物聚合物透明质酸(HA)进行了测试,它在过去几年被广泛应用于生物医学应用的多层结构。最后,单壁碳纳米管被用于介观物体的 LbL 组装,这为气凝胶的电子功能提供了多种可能性。

他们使用共聚焦显微镜对涂有 10 层 ADS2000P 的气凝胶进行了成像。荧光 LbL 层 3D 结构的重建图像如图 7-8(b)所示,结果表明 LbL 涂层的整体结构以整体均匀的强度延伸到气凝胶中,从而表明气凝胶表面的均匀覆盖。该共焦图像可以与 SEM 图进行比较,两者都揭示了相同的微观结构和相似的孔结构,并显示了多孔 NFC 纳米膜的结构,如图 7-8(c)所示。涂有 10 层 PEI/PEDOT: PSS 的气凝胶的高倍 SEM 图显示出与原始气凝胶非常相似的外观,如图 7-8(d)所示,因为聚合物涂层只有几纳米厚且非常均匀,这是一个成功生长的 LbL 薄膜的特征,他们将所有残留物在每个 LbL 步骤之间进行清洗,以确保纳米级的生长和平滑度。图 7-8(e)为涂覆有 5 双层 PEI/SWCNT 的气凝胶的 SEM 图。他们发现,与聚合物 LbL 膜相比,此 LbL 膜的结构确实是可见的,显示出 SWCNT 纳米线的随机网络。

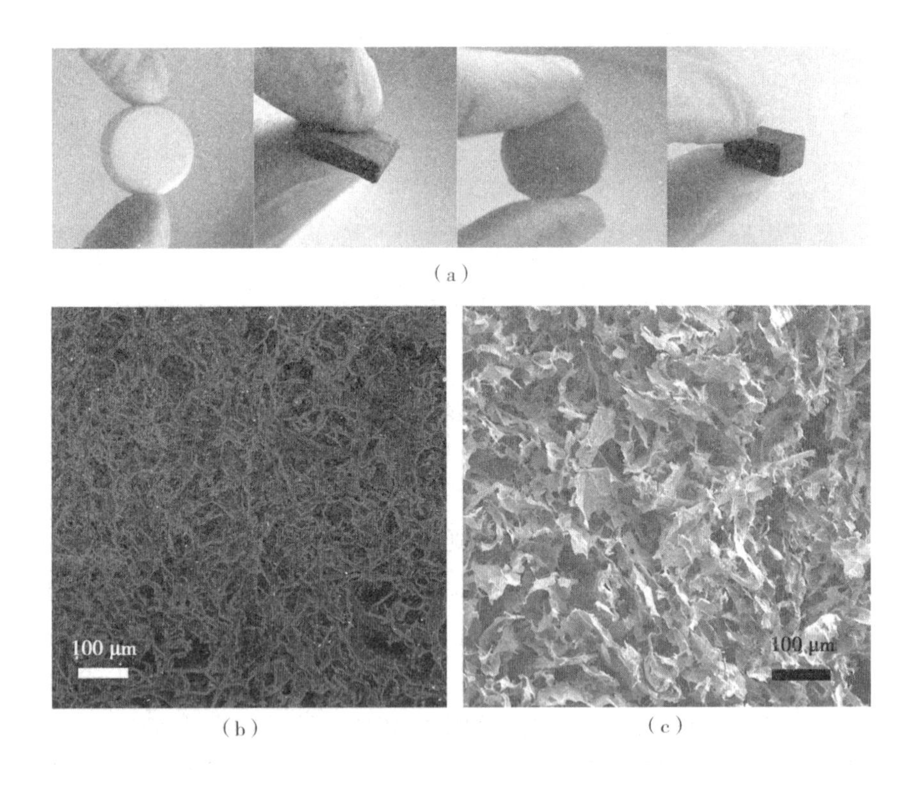

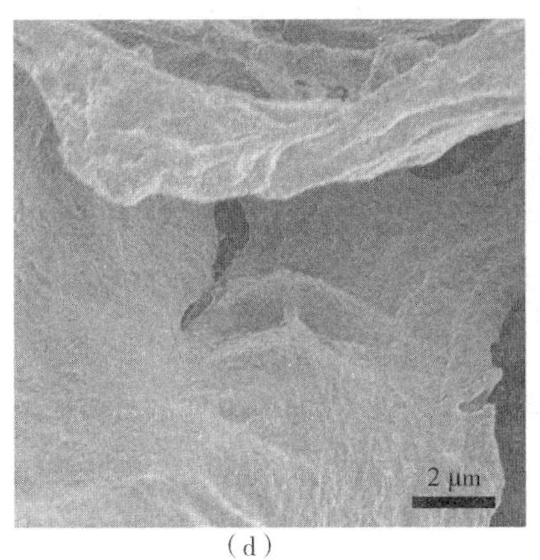

(d)

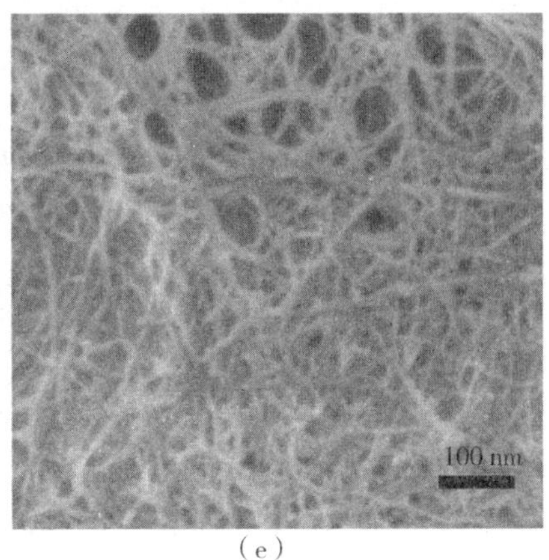

(e)

图7-8 (a)干燥状态下LbL功能化气凝胶的光学显微照片，LbL涂层从左到右为：(PAH/HA)5、(PEI/PEDOT: PSS)10、(PEI/ADS2000P)10、(PEI/SWCNT)5；(b)在干燥状态下拍摄的(PEI/ADS2000P)10的LbL多层膜的荧光通过共聚焦显微镜获得的切片图像重建的3D图片；(c)、(d)(PEI/PEDOT: PSS)10和(e)(PEI/CNT)5的SEM图

为了显示基于LbL涂层和溶液之间的主动功能，他们组装了基于SWCNT功能化的气凝胶的超级电容器。该装置在显示了几乎完美的方形双层电容行为，如图7-9(b)所示，并且在多个循环中表现出稳定的恒电流循环，如图7-9(a)所示。他们通过仅考虑活性LbL层的测量质量，计算出超级电容器的比电容高达(419±17) $F \cdot g^{-1}$。

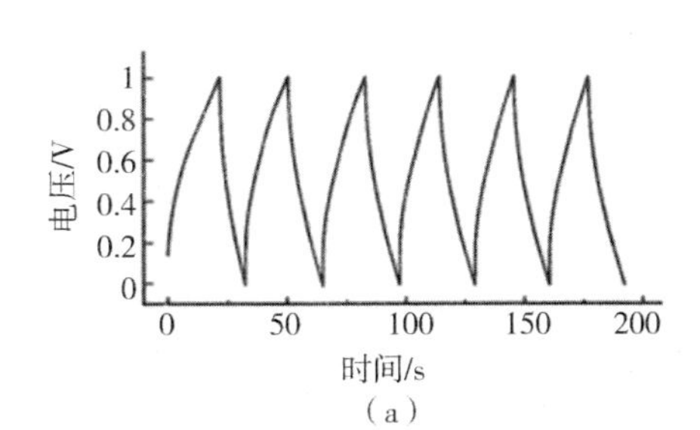

(a)

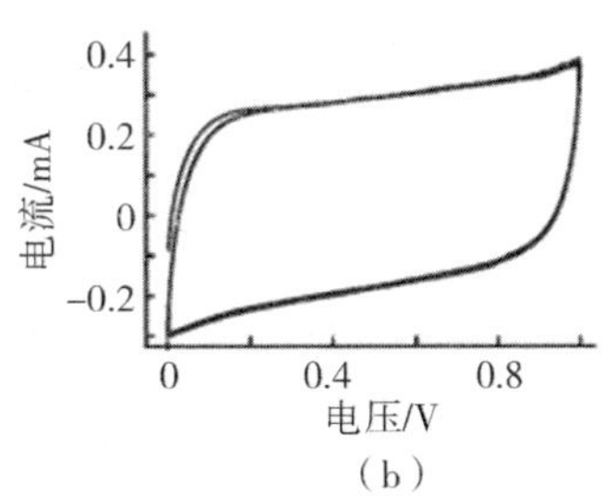

(b)

图7-9 超级电容器的(a)恒电流循环和(b)CV图

7.1.3 碳电极材料前驱体

Wu 等人首次将 CNC 转化为高度多孔的氮掺杂碳纳米棒，作为超级电容器的电极材料并显示出了良好的电容性能。CNC 被用作碳源和模板，用于控制氮前驱体的生长以形成三聚氰胺甲醛(MF)涂覆的 CNC 纳米棒(MFCNC)。所得混合材料进一步进行热解，以产生具有高氮掺杂含量和有利的微孔、中孔和大孔的氮掺杂碳纳米棒(N - MFCNC)。N - MFCNC 在硫酸电解液中的最佳电容为 328.5 $F \cdot g^{-1}$ 和 5 $A \cdot g^{-1}$ 下充放电测试的 352 $F \cdot g^{-1}$。该材料还在 20 $A \cdot g^{-1}$ 的高电流密度下表现出高循环稳定性(2000 次循环后损耗小于 4.6%)。

他们使用 TEM 对合成的 MFCNC 进行了表征，如图 7 - 10(a) ~ (c)所示。如图所示，未染色的 CNC 由于密度较低，在 TEM 图中颜色很浅。图 7 - 10(b)为染色 CNC 的更清晰的边缘，直径为 6 nm。但 MFCNC 颜色较深，如图 7 - 10(c)所示，直径显著增大至 25 nm 左右，表明 MF 树脂包覆成功。该复合材料保持了 CNC 的棒状结构，具有光滑的 MF 表面。合成后的 MFCNC 在溶液中保持了很好的分散性，呈乳状。图 7 - 10(d) ~ (e)为不同温度炭化后 MFCNC 的 TEM 图，通过将热解温度从 800 ℃提高到 900 ℃，N - MFCNC 的直径略有收缩，形状保持较好。但是，如图 7 - 10(f)所示，当温度进一步升高到 1000 ℃时，会导致一些结构发生破坏。

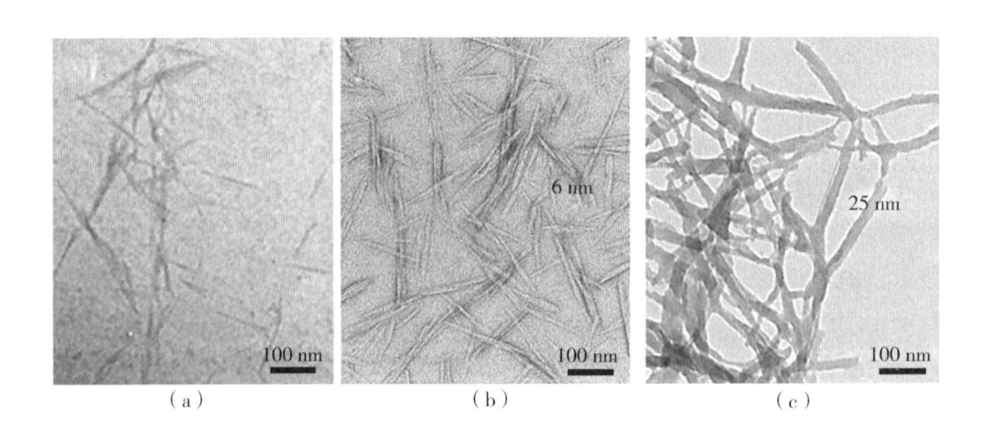

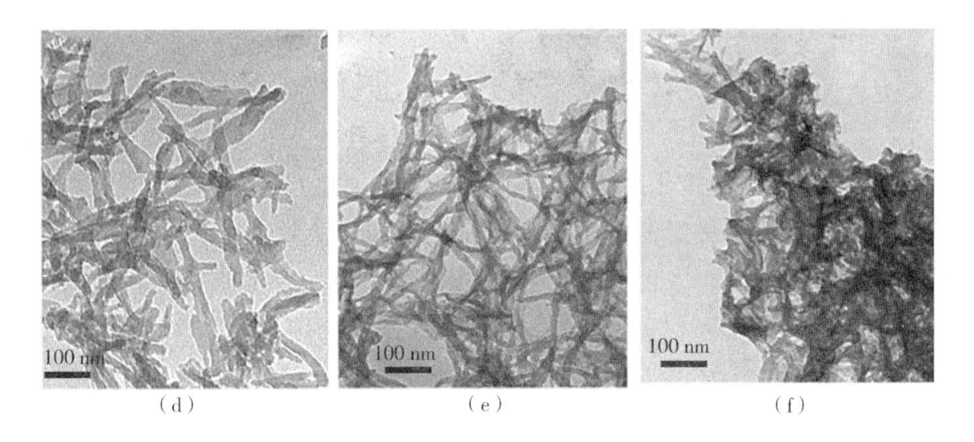

图7-10 (a)未染色的CNC的TEM图;(b)染色的原始CNC的TEM图;(c)MFCNC、(d)MFCNC800、(e)MFCNC900和(f)MFCNC1000的TEM图

他们对所有N-MFCNC样品进行了交流阻抗测试,以阐明其电容行为,结果如图7-11所示,MFCNC900在低频区的线性斜率较其他两个样品陡峭,表现出理想的电容行为,离子扩散电阻最低。

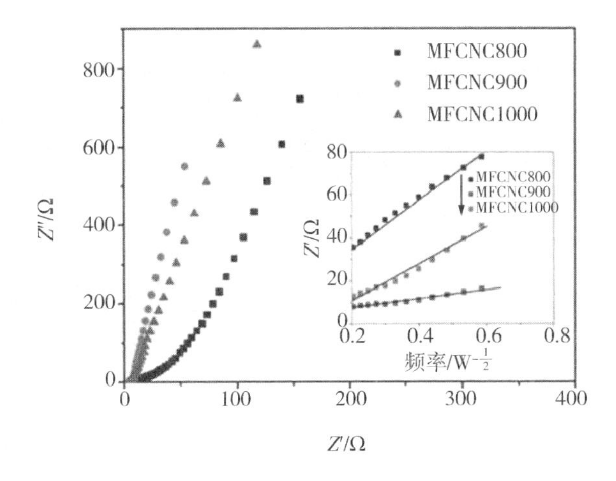

图7-11 MFCNC800、MFCNC900和MFCNC1000在5 mV交流电压下的电化学阻抗谱

Xu等人开发了柔性木质素基气凝胶和碳气凝胶。这两种气凝胶首次使用BC作为支架进行增韧。他们使用木质素-间苯二酚-甲醛(LRF)溶液浸渍

BC,经 LRF 缩聚得到 BC - LRF 水凝胶。BC - LRF 气凝胶和碳气凝胶使用 CO_2 超临界干燥和无催化剂碳化生产。他们所获得的碳气凝胶呈现出一种独特的类似“黑莓”的纳米结构,其力学行为与碳纳米管或石墨烯基的碳海绵相似,这些碳海绵通常是通过催化剂辅助生长过程合成的。他们认为,无催化剂合成是一种更经济、更环保的工艺,所得到的碳不需要进一步处理以去除催化剂。以 BC 转化的碳纳米纤维为骨架,LRF 转化的碳纳米聚合为类似“黑莓”的涂层,具有中等的比表面积,面积电容较高。他们认为,这个较高的比电容值是由于高导电 BC 碳纤维网络和多孔的“黑莓”表面适合离子存储造成的。

他们对 BC、LRF 和 BC - LRF 气凝胶的 SEM 图进行了比较,如图 7 - 12 所示。他们发现,BC 纳米纤维和 LRF 纳米聚集体可以在它们各自的气凝胶中清楚地看到,如图 7 - 12(a)和图 7 - 12(b)所示。在 BC - LRF 气凝胶中,LRF 纳米聚集体装饰在 BC 纳米纤维的表面上,形成了黑莓状的分层结构,如图 7 - 12(c)所示。由于装饰,BC 纳米纤维的直径几乎增加了一倍。从上述气凝胶转化而来的碳气凝胶如图 7 - 12(d) ~ (i)所示。他们认为,碳化过程保留了气凝胶的结构,尽管它显著减小了纳米纤维和纳米聚集体的尺寸。BC - LRF 碳气凝胶的平均直径为 41.1 nm,而且纤维是连续的。

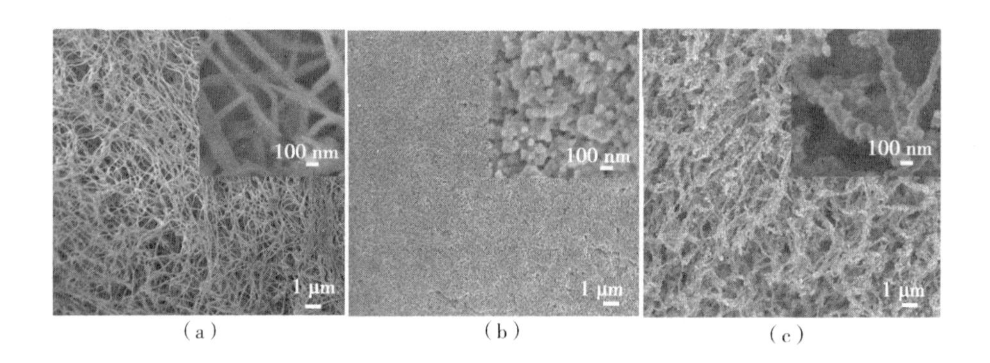

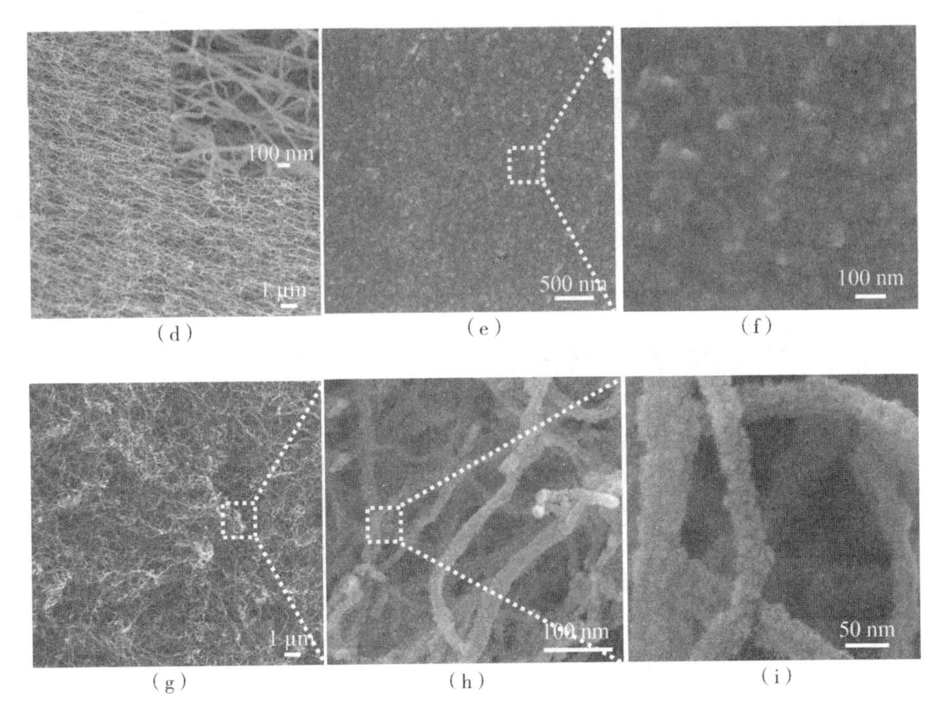

图7-12　(a)BC气凝胶、(b)LRF16气凝胶、(c)BC-LRF16气凝胶、(d)BC碳气凝胶、(e)(f)LRF16碳气凝胶、(g)(h)(i)BC-LRF16碳气凝胶的SEM图

他们对BC和BC-LRF碳气凝胶的TEM图进行了比较,如图7-13所示。如图7-13(a)所示,BC转化的碳纳米纤维光滑且连续,而LRF装饰使BC-LRF碳纳米纤维呈波浪状且较粗糙,如图7-13(b)所示。如图7-13(c)所示,高分辨TEM图像显示了高度有序的石墨碳结构。他们发现,两种碳气凝胶的SAED图像显示出了类似于AB Bernal堆积的石墨单晶的图案,如图7-13(d)和图7-13(e)所示。他们认为,衍射条纹和图案上的额外衍射斑可能由不同的原因引起,包括晶格畸变、旋转堆垛层错和重叠域。图7-13(c)中的层间距测量为3.12 Å,接近石墨的层间距,如图7-13(f)所示。

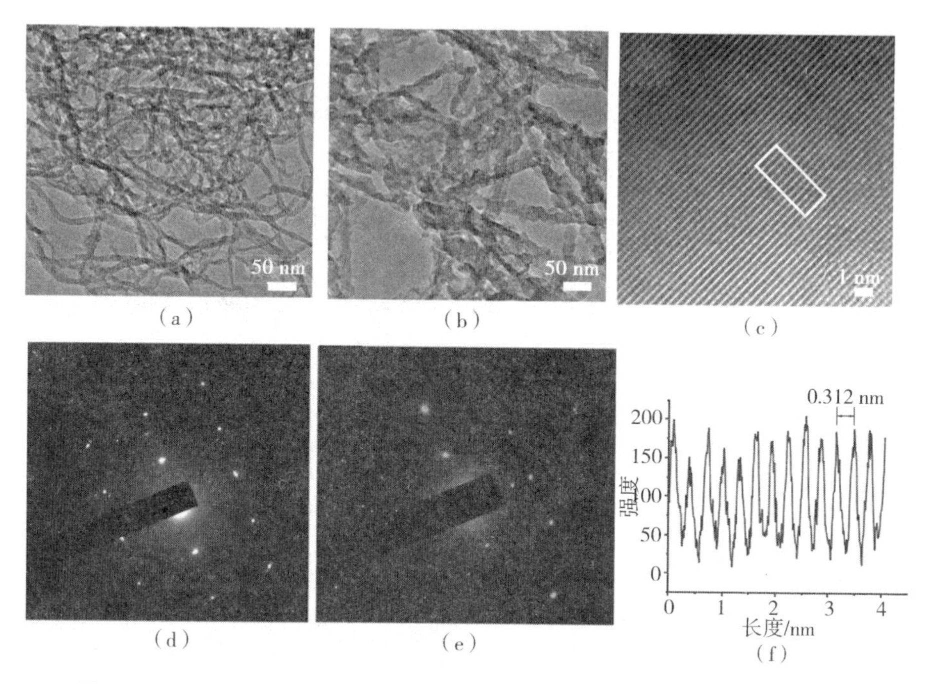

图 7－13 (a)BC 碳气凝胶的 TEM 图;(b)BC－LRF16 碳气凝胶的 TEM 图;(c)BC 碳气凝胶的 TEM 图的高倍放大图;(d)、(e)BC 碳气凝胶和 BC－LRF16 碳气凝胶的 SAED;(f)由(c)中的方框所获取的强度分布

他们认为,可用于电解质离子吸附的表面积(即有效表面积)和电荷分离距离是决定双电层电容器电容的两个主要因素。通过创建分层纳米结构电极来增加有效表面积是提高电容器性能的主要方法。他们的实验结果和理论模型都表明,虽然中孔平均直径的增加适度提高了电极的比电容,但小于1 nm(大约电解质离子的大小)的微孔可以产生显著的电容增加。为了获得极高的比电容,必须有丰富的微孔用于有效的离子捕获和足够数量的介孔作为离子传输途径。中孔在捕获离子并产生电容的同时,通过提供快速的离子传输对电极的倍率能力很重要。介孔的主导作用也表现出特定的电容－介孔比表面积关系(图 7－14),这表明电容几乎与介孔比表面积成比例的增加。

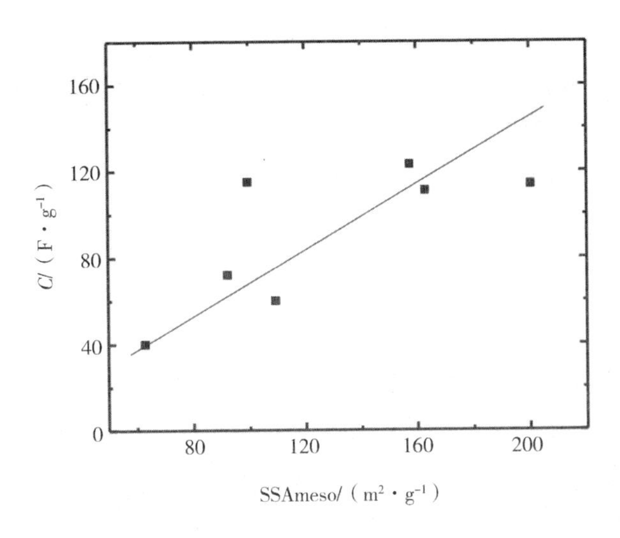

图7－14　比电容作为BC－LRF碳气凝胶介孔表面积的函数

7.1.4　隔膜材料

Torvinen等人制造了颜料－纤维素纳米原纤维(PCN)复合材料，并用作印刷石墨烯和碳纳米管超级电容器中的隔膜－基材。复合材料通常由80%的颜料和20%的CNF组成。这种复合材料使它们成为在高温下印刷电子产品的一种性价比高的替代基材，目前只有非常特殊的塑料薄膜能承受高温。这些基质的特性可以在一个相对较大的范围内根据原材料的选择和它们的相对比例而变化。他们成功地生产了光滑、柔韧的纳米多孔复合材料，并在超级电容器的双功能分离－衬底元件中测试了其性能。他们发现，打印在复合材料上的纳米结构碳膜同时作为大比表面积的活性电极和电流收集器。

他们认为，PCN基材应满足某些质量要求，以便用作印刷超级电容器应用的基础。这些要求涉及基材的纳米级孔隙率、表面光滑度、柔韧性和足够的强度特性。含有高岭土颜料颗粒的基材与CNF一起具有适合用作印刷储能基材的结构，其原因是与基于沉淀碳酸钙(PCC)的基材相比孔隙率较低。他们测试了几种提高颜料－CNF基材生产规模的方法：如真空辅助手抄纸制造、泡沫成型、溶剂浇铸和喷涂。他们认为，工业制造最有前途的方法就是溶剂浇铸。颜

料 - CNF 分散体和载体塑料膜之间的受控黏附力以及在薄膜浇铸中分散体的高稠度(7%)证明了颜料 - CNF 基材具有优异的性能,如图 7 - 15(a)所示。他们发现溶剂浇铸法的主要优点是:(1)能够防止基材在干燥过程中收缩;(2)使用高稠度(超过 7%)分散;(3)可以通过挤压控制基材的韧性和柔韧性;(4)产品结构均匀。如图 7 - 15(b)所示,他们使用高分辨率 SEM 图发现,PCN 基底的孔隙率达到了纳米级。

(a)

(b)

图 7 - 15 (a)一层光滑的颜料 - CNF 分散体铺在支撑材料的顶部和(b)压延前 PCN 片材的高分辨率 SEM 图

他们在 TP2、TP3 和 TP4 的 PCN 压延基板上制备了超级电容器。使用压延的基材是因为观察到未压延的基材吸收过多的墨水,这会导致基板两侧电极短路。油墨在压延 PCC 基 TP2 上的附着力很差,因为油墨一干燥就会分层,因此不能用于超级电容器。

典型超级电容器的 CV 曲线如图 7 - 16 所示。他们发现,碳纳米管超级电容器的矩形曲线较多,而石墨烯超级电容器的矩形曲线较少。电压最大值的存在表明法拉第反应的存在。结果表明,石墨烯油墨可能是活性物质的来源之一,它含有不同的黏合剂和其他添加剂,旨在提高印刷性。而仅由碳纳米管和木聚糖聚合物组成的碳纳米管油墨没有这种特性,但其可印刷性比石墨烯油墨差。

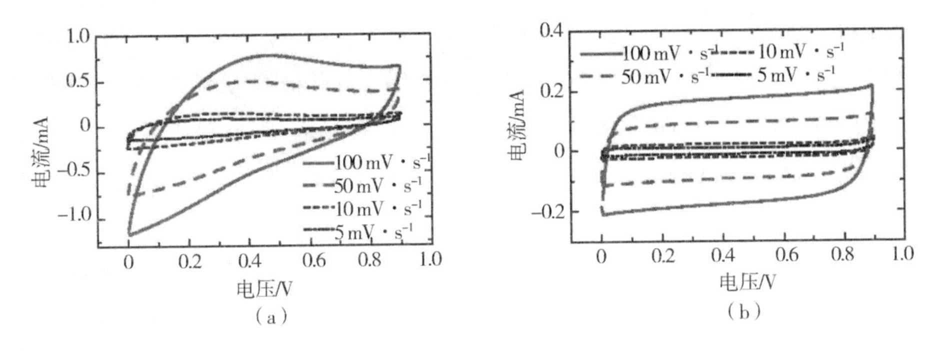

图 7 – 16　采用(a)石墨烯和(b)碳纳米管电极制备的器件的 CV 曲线

7.2　锂离子电池

锂离子电池以具有工作电压高、能量密度大、可忽略的记忆效应和低自放电等优点成为目前人类使用最为广泛的商用储能装置。很多研究已经将纳米纤维素用作锂离子电池的电极黏合剂、基材、碳材料的前体以及固体复合电解质和多孔隔膜的添加剂等进行了广泛的研究。

7.2.1　隔膜材料

Kim 等人开发了一类新型的具有协同耦合化学活性的异质层状纳米基质分级/非对称多孔膜(c – mat),作为一种 CNF 介导的绿色材料用作锂离子电池隔膜。考虑到漏电流和离子输运速率之间的权衡,他们合理设计了异质层状纳米材料的层次化/非对称多孔结构。c – mat 隔膜是使用类似于传统造纸工艺的真空辅助渗透技术制造的。如图 7 – 17(a)所示,他们将获得的三联吡啶功能化纳米纤维素(TPY – CNF)悬浮液倒在电纺 PVP/PAN 垫上。在真空渗透和溶剂去除之后,成功地生产了自支撑 c – mat 隔膜。c – mat 隔膜的 SEM 图显示,1D 的 TPY – CNF 紧密堆积,均匀分布在 TPY – CNF 膜的较宽区域上,在紧密堆积的 TPY – CNF 之间形成了若干纳米级孔隙,如图 7 – 17(b)所示。同时,EDS 图像显示了与 CNF 化学连接的 TPY 分子的存在。c – mat 隔膜的反面是电纺 PVP/PAN 垫作为支撑层,如图 7 – 17(c)所示。与 TPY – CNF 相比,静电纺丝得到的 PVP/PAN 纤维具有更大的微米级直径,从而在 PVP/PAN 支撑层中形成了高度连通的大孔结构。胶带测试的结果表明,只有极少量的 TPY - CNF 或 PVP/PAN 纤维从 c - mat 隔膜上分离。此外,在反复起皱/解皱循环后,c - mat 隔膜保持了其尺寸的稳定性,而不会物理分解成单个纤维。

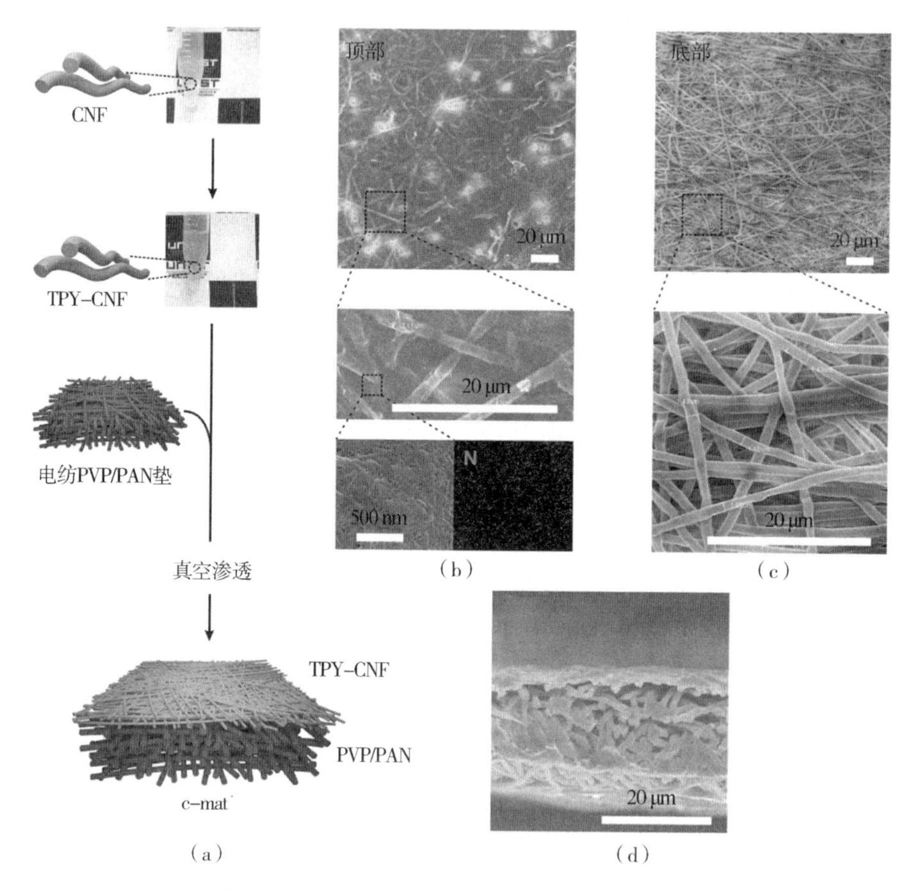

图 7 - 17 c - mat 隔膜的制造和结构/物理特性

(a)c - mat 隔膜整体制作过程示意图;不对称 c - mat 隔膜的(b)顶部、(c)底部和(d)横截面的 SEM 图和氮的元素映射图像 SEM 图

如图 7 - 18 所示,经过 100 次循环后基于 c - mat 隔膜电池的容量保持率为 80%,远远高于传统 PP /PE/PP 隔膜的 5%。他们认为,这是因为三联吡啶(TPY,螯合锰离子)和聚乙烯吡咯烷酮(PVP,捕获氢氟酸)介导的化学作用在

抑制了 Mn^{2+} 引起的不利影响方面具有协同耦合作用，最终使电池的高温循环性能得到了显著的改善。

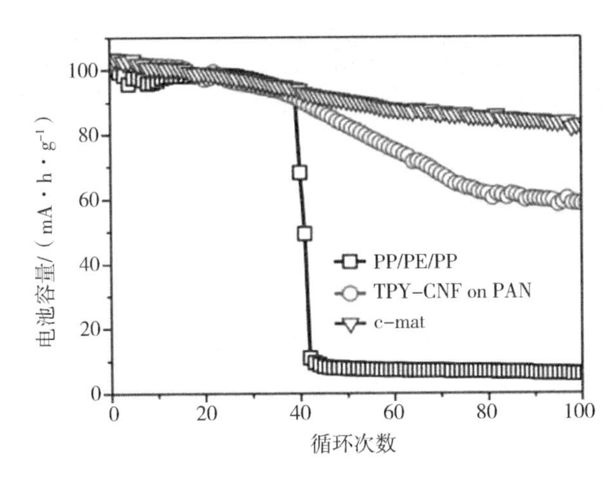

图 7－18 高温（60 ℃）下电池容量的变化与循环次数的关系

Chiappone 等人研究了由一种非常简单、快速和可靠的自由基光聚合过程获得的甲基丙烯酸基热固凝胶聚合物电解质膜，并以纳米纤维素颗粒（MFC）进行了增强。聚（乙二醇）甲基醚甲基丙烯酸酯（PEGMA）反应混合物以 50∶50 的比例与 2% 的自由基光引发剂一起制备。他们将 MFC 悬浮液以不同的比例添加到反应制剂中以获得含有 1%、3%、5% 的 MFC 的复合材料。随后，他们将液体混合物在 70 ℃的烘箱中放置 24 h 烘干，然后使用中等蒸气压汞灯在 N_2 存在下 UV 固化 3 min。自支撑膜从玻璃板上剥离后储存在干燥的手套箱中（图 7－19）。最后，将复合聚合物膜浸泡在液体电解质溶胀溶液中活化 2 h，以获得凝胶聚合物电解质。

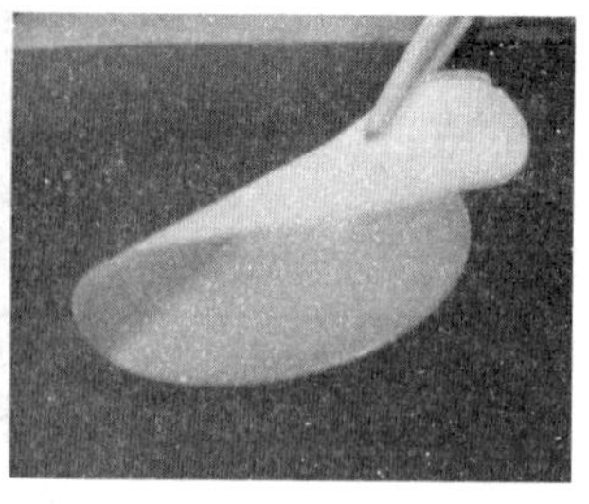

图 7－19　在水悬浮液中原位加入 3% 的 MFC，
将单体 BEMA 和 PEGMA 共聚合得到 MFC－3 复合聚合物膜

在图 7－20 中显示了具有 3% MFC 的样品在不同放大倍数下的横截面 SEM 图。即使没有 MFC 的功能化，基质和填料之间也获得了良好的亲和力。这可能归因于聚合物和 MFC 之间的化学相似性导致的良好相容性和界面处存在氢键相互作用。对于所有复合样品，他们观察到与微纤维的存在相关的白点的均匀分散。这些白点不对应于孤立的颗粒，因为颗粒尺寸太小而无法在此尺度下观察到。白点均匀分散在聚合物基体中，没有明显形成大的聚集体，表明填料和基体之间具有良好的相容性。填料在基体中的这种均匀分布可以在提高所得纳米复合薄膜的机械性能方面发挥重要作用。

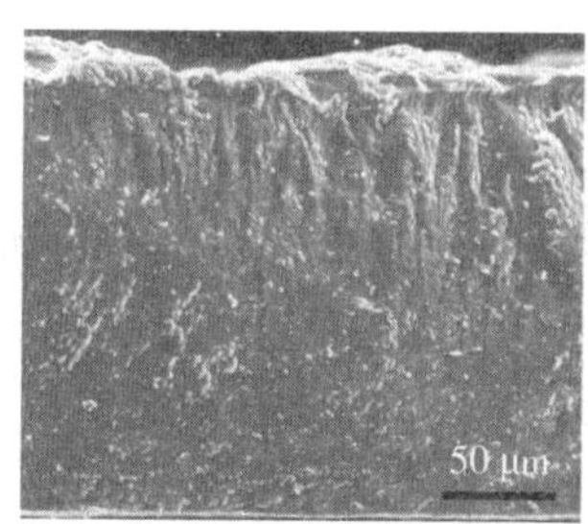

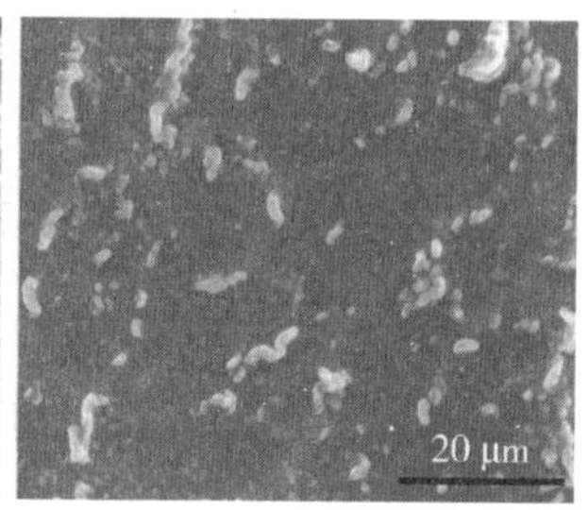

图 7－20　复合高分子膜 MFC－3 在不同放大倍数下的横截面 SEM 图

7.2.2　纸电极材料

Leijonmarck 等人报道了一种将柔性和坚固的电池单元集成到单个柔性纸结构中的方法。他们认为，NFC 既可用作电极黏合剂材料，又可用作隔膜材料。

电池纸是以造纸类工艺通过对含有电池成分的水分散体进行连续过滤而制成的。在真空下干燥后,他们得到了较薄(250 μm)且柔性的纸电池,如图7－21(a)所示。纸电池横截面的SEM图显示了三个离散且黏附良好的层,包括三个电池组件如图7－21(b)所示。

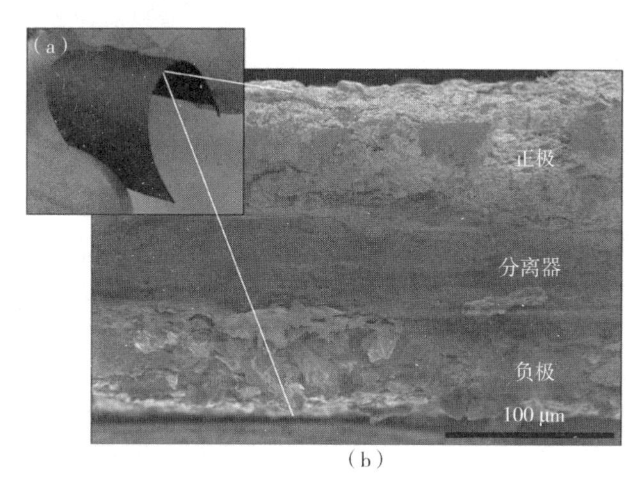

图7－21　(a)表明纸电池柔韧性的照片;(b)纸电池横截面的SEM图

Jabbour等人使用MFC作为黏合剂,用于锂离子电池柔性电极的水性处理。MFC在石墨片周围形成纳米结构的网状网络,赋予石墨阳极高度多孔结构、优异的柔韧性和良好的循环性能。他们的工作表明,MFC可以有效地用作黏合剂元件,用于使用简单的水蒸发过程制造自立式和柔性电极。

图7－22表明了快速阳极制备程序的不同步骤和在FESEM分析下获得的电极的形貌。干膜在更高放大倍数下的FESEM图表明,纤维素颗粒之间的氢键诱导了石墨活性材料颗粒周围多孔网状结构的形成。此外,通常在可溶性聚合物黏合剂存在下观察到的颗粒包封的缺失也是可见的。

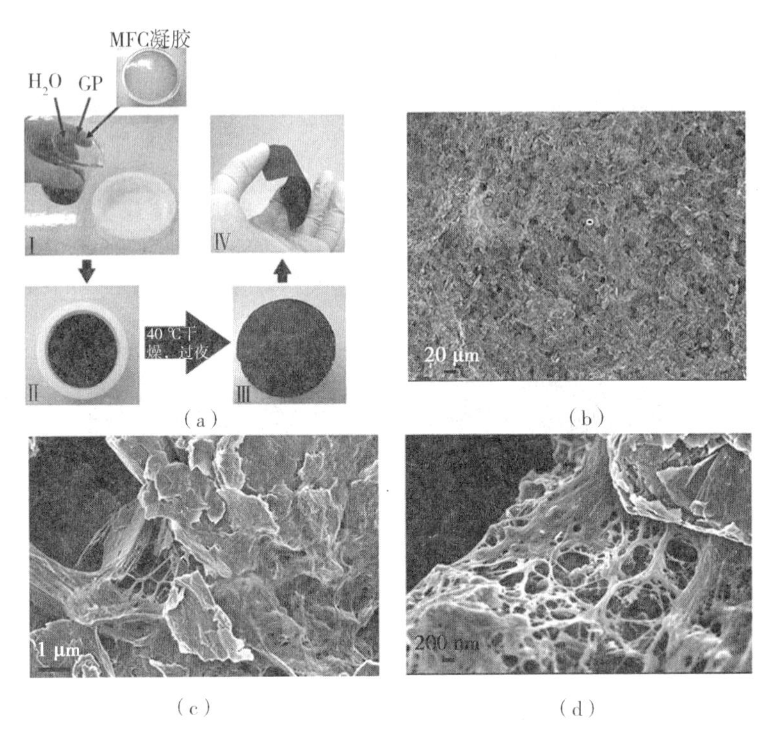

图 7-22　微纤化纤维素-石墨阳极

(a)阳极制备流程示意图;(b)、(c)、(d)不同放大倍数的 FESEM 图

他们在石墨/MFC 薄膜围绕圆柱形软管卷起之前和之后都进行了电导率测试,半径范围在 3 ~ 32 mm 之间。结果如图 7-23 所示,薄膜保持了恒定的约 0.3 $S \cdot cm^{-1}$的电导率值。他们发现,电极故障即薄膜破裂和电导率下降,仅在弯曲半径小于3 mm 时发生。作为高柔韧性和低密度的对应物,石墨/MFC 薄膜的电导率低于参考石墨/PVdF 阳极测量的 2.9 $S \cdot cm^{-1}$和高密度(0.7 ~ 1.9 $g \cdot cm^{-3}$)压缩天然石墨/PVdF 阳极。他们认为,由于 MFC 产生的高度多孔的网状结构,在 MFC 黏合剂存在下电导率下降与石墨颗粒之间的渗透和电荷转移减少有关。

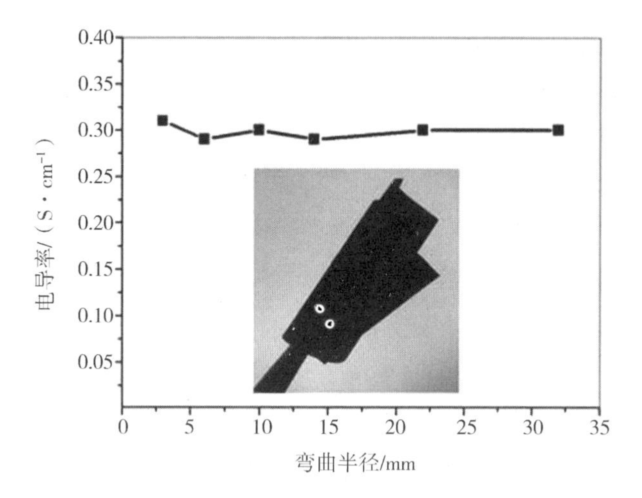

图7-23　石墨/微纤化纤维素阳极的抗弯性以及室温下阳极电导率随弯曲半径的变化

此外，他们发现石墨/MFC 阳极循环过程中的稳定性非常好，电极没有粉化和/或表面没有重大损坏。50 次充放电循环的电化学测试后电极表面的 SEM 分析证实了这一点（图 7-24）。

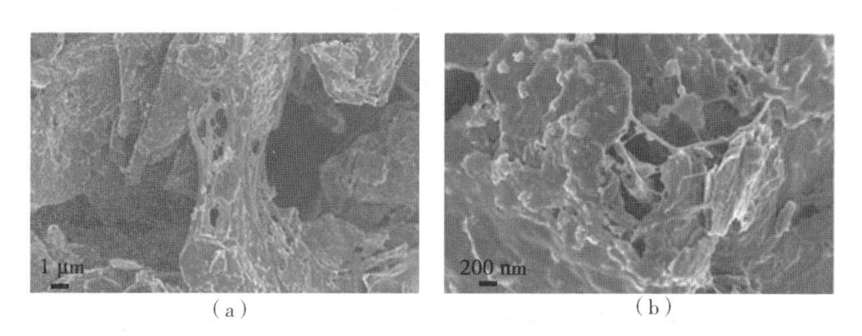

图7-24　第50次充放电循环后石墨/MFC 阳极表面的 FESEM 图

7.2.3　碳材料前驱体

纳米纤维素是一种廉价、丰富、可生物降解、可持续发展的高分子材料，具有可裁剪的亲水性/亲油性、光学透明性等，同时兼具薄膜和气凝胶的显著力学性能。特别是 BNC，由于其开放的网络结构和较低的表观密度，被认为是制备具有磁性、光学和机械性能的功能材料的一种方便的支架材料。Wang 等人研究了以 BNC 气凝胶经热解得到的碳气凝胶网络作为锂离子电池阳极材料时的电化学行为。他们发现,热解后的纤维呈现无序结构,比表面积增大,导致阳极材料具有良好的倍率性能和容量保持性。结果表明,有序的石墨层并不是实现高容量的必要条件,从而避免了在制备过程中使用高温。

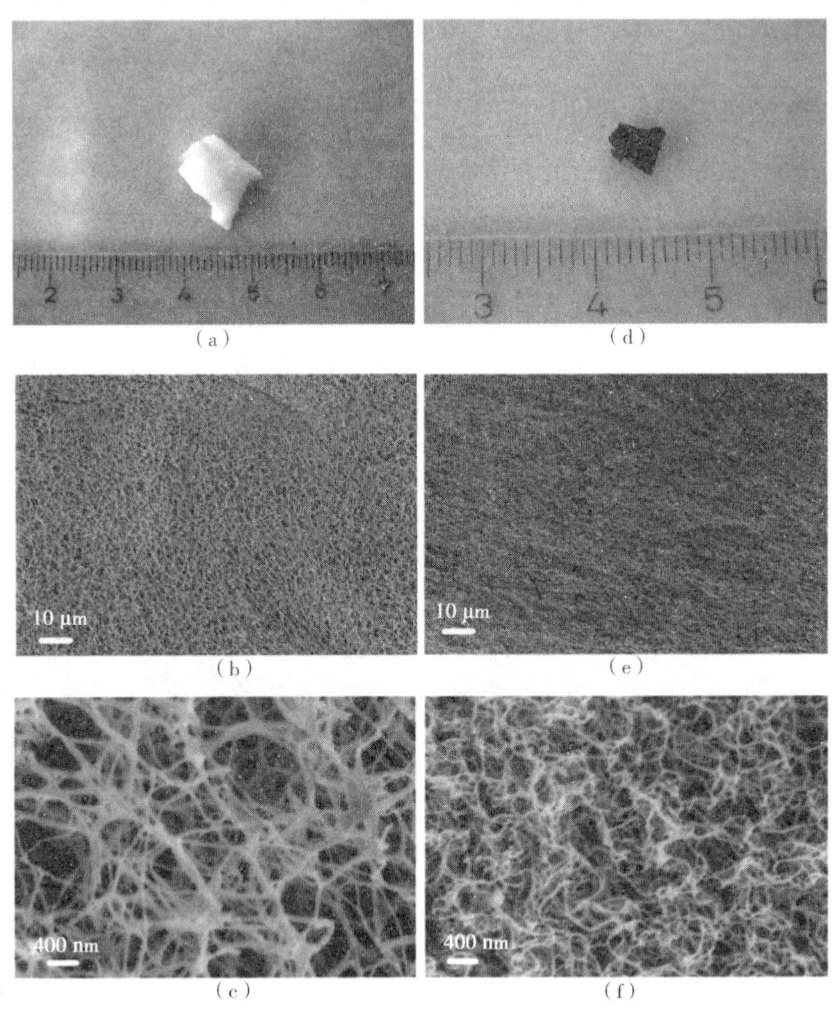

图 7-25 (a)冻干细菌纳米纤维素气凝胶(FD-BNC)的照片;(b)、(c)不同放大倍数 FD-BNC 气凝胶的 SEM 图;(d)900 ℃下冻干细菌纳米纤维素热解得到碳气凝胶的照片;(e)、(f)不同放大倍数下 FD-BNC-900 气凝胶的 SEM 图

图 7 - 25 为冻干后具有高孔隙网络的 FD - BNC 气凝胶和 900 ℃热解后保存的纳米纤维网络 FD - BNC - 900。他们发现,纤维厚度由 20 ~ 70 nm 减小到约 20 nm。在 300 ℃左右,由于水分的流失以及 CO 和 CO_2的释放,原先的单体在热解后体积明显减小。通常,凝胶体的直接煅烧会导致大的收缩,并通过作用在孔壁上的毛细管力破坏网络结构。然而,尽管人们探索了不同的干燥技术来保持纳米纤维素基材料的孔隙率,但冷冻干燥法可以规避直接热处理的弊端,保存开阔的多孔网络。结果表明,相对较低的热解温度导致了无序(可能是涡轮层状)石墨结构,如图 7 - 26 所示。然而,也有人提出,这种相对无序的结构可能导致电极材料的容量下降。他们认为,这些错位区域可能是增加的表面积和更高的速率性能的原因。

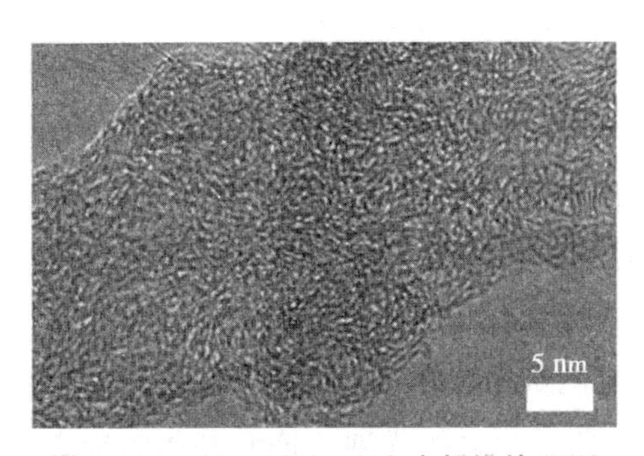

图 7 - 26　FD - BNC - 900 中纤维的 TEM

他们发现,纤维素衍生炭也表现出优越的倍率性能(图 7 - 27)。电池以 0.375 $A \cdot g^{-1}$(1 C) ~3.75 $A \cdot g^{-1}$(10 C)的各种电流密度直接放电充电 10 个循环。在 0.375 $A \cdot g^{-1}$(1 C)、0.75 $A \cdot g^{-1}$(2 C)、1.875 $A \cdot g^{-1}$(5 C)和 3.75 $A \cdot g^{-1}$(10C,6 min 即可充满)下,可逆容量分别为 288 $mA \cdot h \cdot g^{-1}$、228 $mA \cdot h \cdot g^{-1}$、94 $mA \cdot h \cdot g^{-1}$和 34 $mA \cdot h \cdot g^{-1}$。当以不同的电流速率循环后,将电流密度调回到 0.375 $A \cdot g^{-1}$时,容量可恢复到 250 $mA \cdot h \cdot g^{-1}$,表明冻干炭气凝胶具有稳定的循环性能。

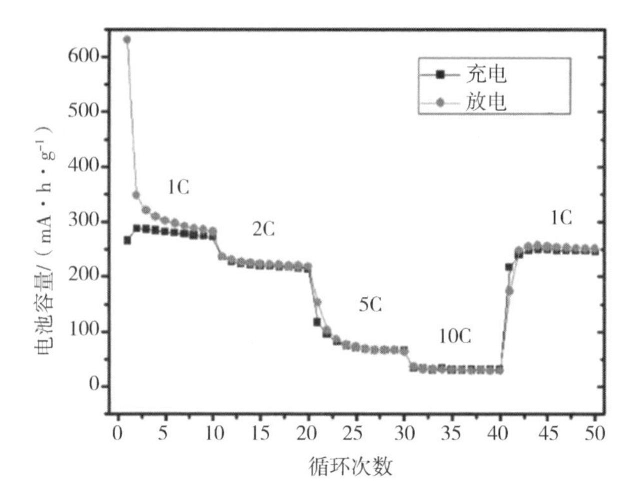

图 7-27 FD-BNC-900 的倍率性能

Henry 等人以 NFC 气凝胶的生物模板法和矿化法相结合，制备了纳米 TiO_2 和 TiO_2@C 纳米复合材料。在无水条件下，他们用 $TiCl_4$ 直接一步处理 NFC，可以在保持其形状和尺寸的同时，在纳米纤维的最外层生成 TiO_2。结果表明，这种 TiO_2@纤维素复合材料在 600 ℃和 900 ℃空气中煅烧可转变为 TiO_2 纳米管(TiO-NT)，在 600 ℃和 900 ℃氩气中热解可转变为 TiO_2@C 纳米复合材料(图 7-28)。他们研究了这些材料的详细表征及其作为锂离子电池负极材料的性能评价。

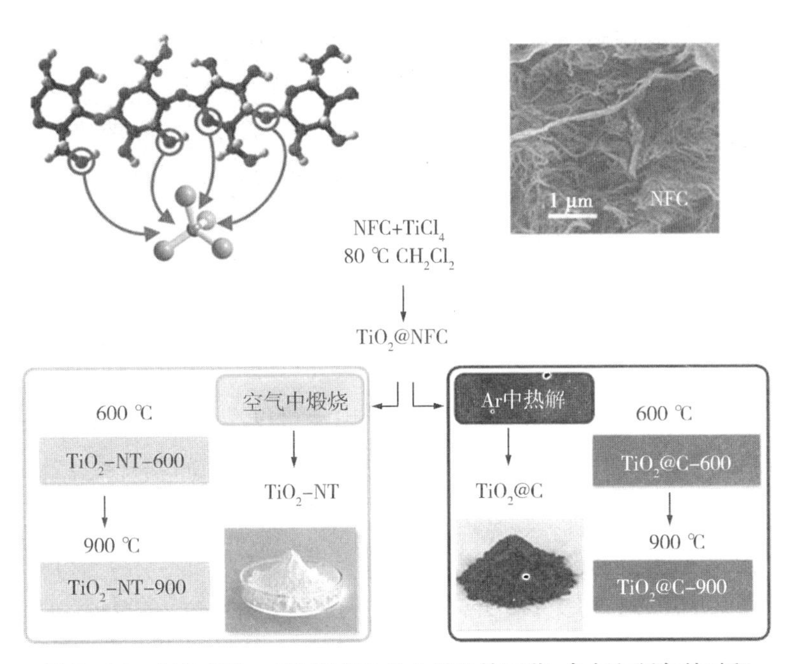

图7-28 制备 TiO_2 - NT 和 TiO_2@C 样品的工艺、命名和制备的过程

根据图7-29的TEM图分析，他们认为刺针状结构是由于10~20 nm的细长纳米粒子与具有或多或少圆形的聚集纳米晶体(5 nm < 尺寸 < 30 nm)相关联。他们认为，通过TEM和SEM无法区分煅烧样品和热解样品之间的显著差异。然而，根据在煅烧时观察到的大量质量损失，他们可以得出了以下结论，即在 TiO_2 - NT - 600 和 TiO_2 - NT - 900 的情况下形成了中空结构，并很好地保留了NFC留下的印记。

(a) (b) (c)

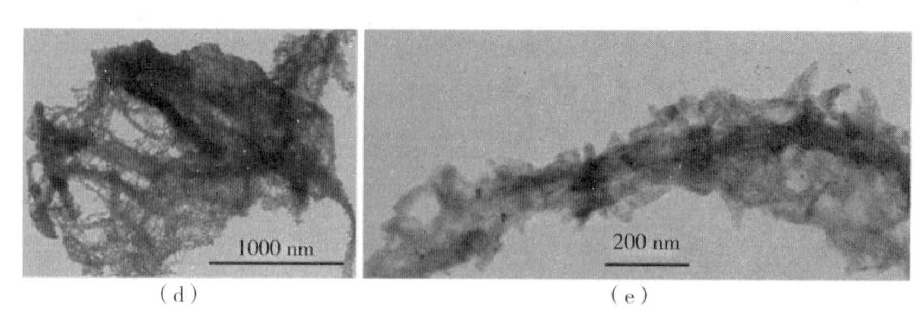

图 7-29 (a)、(b)、(c)TiO_2-NT-600 和(d)、(e)TiO2@C-600 的 TEM 图

如图 7-30 所示，TiO_2@C-600/Li 半电池可以在 C/20 的电流密度下维持超过 125 mA·h·g^{-1}的比容量，并在 2.5 V 和 1.2 V 之间进行数十次充放电循环，然后缓慢下降到 100 mA·h·g^{-1}。关于成分，他们认为首次循环的放电容量相当于插入约 0.4~0.6 个 Li^+，50 次循环后仅可逆插入 0.3 个 Li^+。同时，库仑效率达到 96%，这是一个相对较低的值，表明循环过程中的锂消耗是有害的。他们分析这可能是由于 TiO_2@C-600 的高比表面积(271.8 m^2·g^{-1})，或者是由于纳米纤维素热解产生的本征碳，通过不断诱导电解质分解或形成固-电解质界面(SEI)Li 基产物而影响电化学行为。

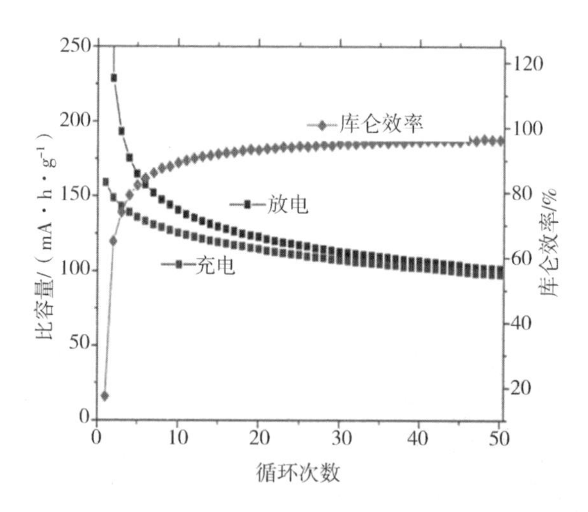

图 7-30 TiO_2@C-600 纳米晶体在 C/20 下的充放电循环曲线，以及相应的库仑效率

7.3　其他储能器件

纳米纤维素在其他储能器件中也有广泛的应用，如锂硫（Li – S）电池、钠离子等。这表明纳米纤维素可能有望成为一种优异的构建元素，解决传统电池材料和化学物质仍未解决的能量存储问题。

Li – S 电池由于其能量密度高、成本低和天然丰富的环境友好型硫活性材料而受到广泛关注。目前 Li – S 电池的研究重点主要集中在是硫电极、电解质、导电夹层和隔膜等几个方向上。纳米纤维素可用作隔膜和电极粘合剂，也可以转化为 Li – S 电池的碳材料。Kim 等人报道了一种基于全纤维阴极 – 隔膜组件和导电无纺布增强锂金属阳极的新型纳米片锂硫电池。硫阴极是硫沉积的多壁碳纳米管和单壁碳纳米管的纤维混合物，与双层隔膜整体集成，形成了无金属集流体的全纤维阴极 – 隔膜组件。阴极 – 隔膜组件由其全纤维结构（有助于三维双连续电子/离子传导通路）和阴离子 CNF（通过静电排斥抑制穿梭效应）驱动，提高了氧化还原动力学、循环性和灵活性。他们将镀镍/镀铜导电聚对苯二甲酸乙二醇酯非织造布物理嵌入锂箔中，以制造具有尺寸/电化学优势的增强锂金属负极。在结构独特性和化学功能的推动下，纳米片 Li – S 电池展现出了优异的电化学性能。

他们在室温下使用简单的辊压工艺制造了厚度为 55 μm 的增强型锂金属电极他们发现增强的锂金属可弯曲并缠绕在棒上，而没有产生任何的机械断裂。此外，增强的锂金属经受了重复的 180° 折叠 – 展开试验。结果表明，与相同厚度的原始锂金属相比，增强的锂金属保持了其结构的完整性，没有任何明显的缺陷，只是沿折叠线出现了严重的裂纹。

Luo 等人研究了以 CNF 作为钠离子电池（SIB）负极材料的应用。他们发现，CNF 表现出非常好的电化学性能，包括高可逆容量、良好的倍率性能和优异的循环稳定性。他们使用 FESEM 揭示了热解前后纤维素纳米纤维的形态变化。如图 7 – 31（a）所示，纤维素样品主要由几微米长的纳米纤维组成。纳米纤维相互堆叠，形成一个相互连接的网络。FESEM 图在更高的放大倍数下显示纳米纤维具有光滑的表面，宽度为 50 ~100 nm，如图 7 – 31（b）所示。如图 7 – 31（c）和图 7 – 31（d）所示，纤维素纳米纤维中的细小纳米纤维在热解后消失，但纤维素纳米纤维的主要形态在 CNF 中保持良好。

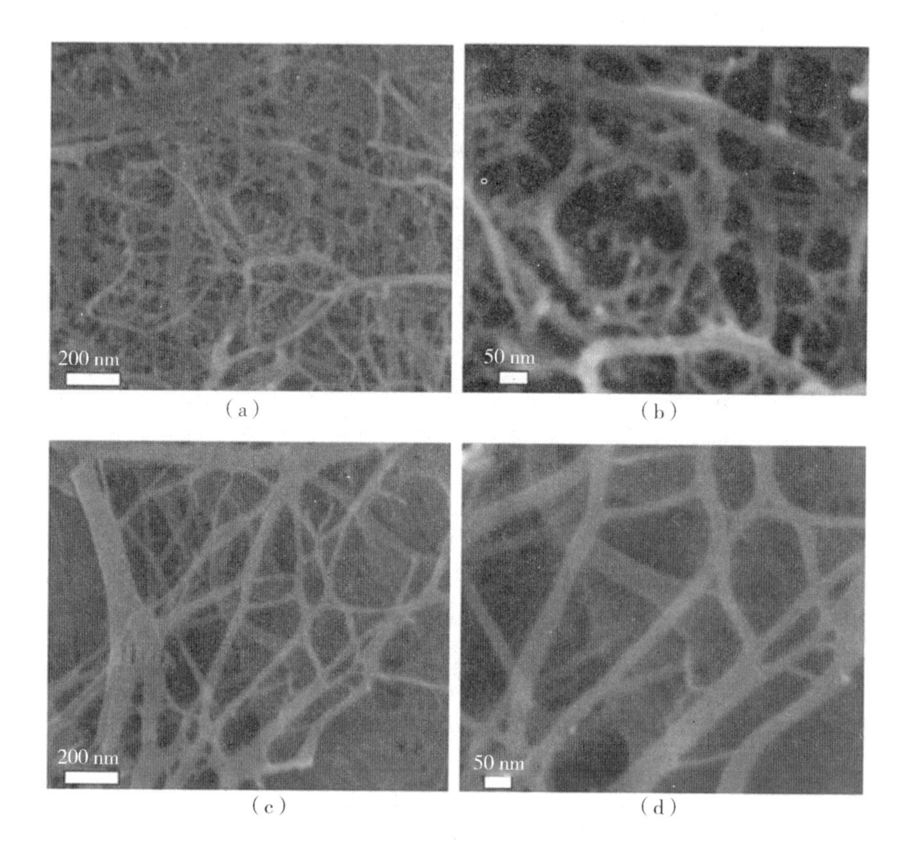

图 7-31 不同样品的 FESEM 图

他们使用 TEM 进一步研究了 CNF 的微观结构。图 7-32(a)显示了几种相互连接的碳纳米纤维的典型低倍率 TEM 图。HRTEM 进一步揭示了 CNF 的硬碳结构，如图 7-32(b)所示。

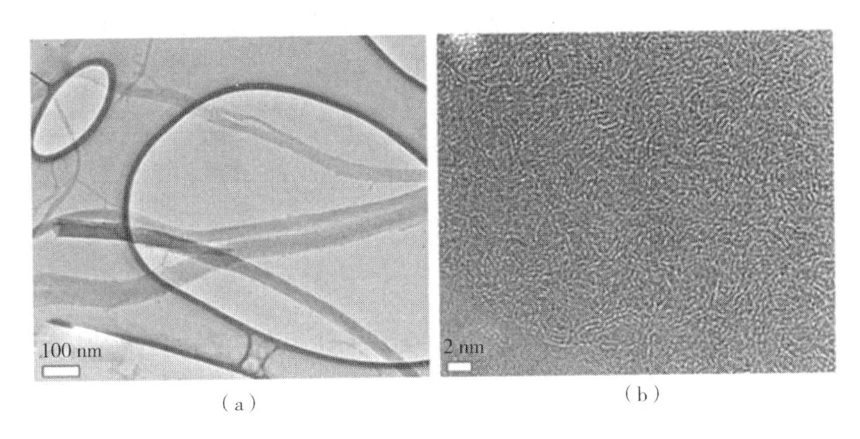

图7-32 (a)具有代表性的TEM图;(b)典型的HRTEM图

更重要的是,CNF表现出了非常令人印象深刻的循环性能,如图7-33所示。当以200 mA·g^{-1}进行循环测试时,CNF在600次循环后表现出176 mA·h·g^{-1}的稳定容量,在前几次循环后库仑效率接近100%。据他们所知,钠离子电池的负极材料从未获得过如此出色的循环稳定性能。

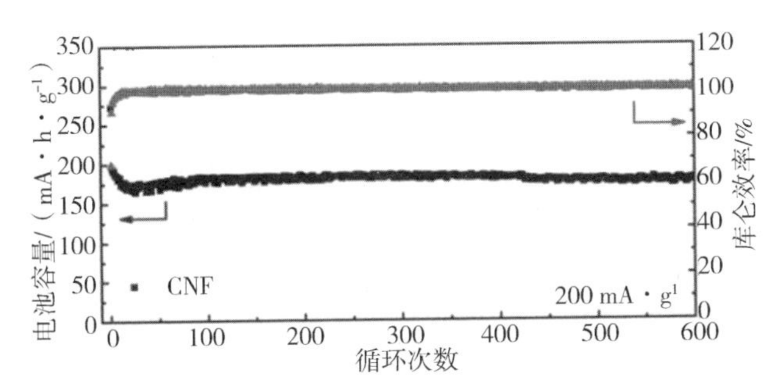

图7-33 CNF以200 mA·h·g^{-1}的电流密度进行循环测试

第8章　纳米纤维素在医学领域的应用

纳米纤维素优异的物理化学性能使其在医学领域有着广阔的应用前景。目前,纳米纤维素已经被使用在医疗包装、细胞培养支架、血管移植、伤口敷料、组织工程和药物输送等医学领域。

8.1　抗菌材料

在过去的几年中,研究人员已经发表了关于植物或细菌纤维素和银纳米粒子的抗菌纳米复合材料的生产的报道。但使用聚电解质作为大分子连接器制备 NFC 和 Ag - NP 的纳米复合材料尚未见报道。纤维素 - 银纳米复合材料可用作纺织品和聚合物的功能材料,从而产生具有抗菌性能的创新产品。例如,在纸张涂层配方中使用此类纳米复合材料是一种有趣的方法,可以生产具有改进的机械、表面和阻隔性能的抗菌纸,这些抗菌纸可能会在包装和空气过滤器中受到关注。最近,文献中出现了关于生产涂有银纳米颗粒的抗菌纸的报道,即通过使用银纳米颗粒的直接沉积或原位合成。然而,这些方法可能存在局限性,例如颗粒聚集的趋势和纳米颗粒在纤维素纤维上的粘附性差等。Martins 等人首次通过 Ag 纳米粒子在 NFC 上的静电组装制备了纳米纤化纤维素和 Ag 纳米粒子的复合材料(NFC/NP)。他们研究了 NFC/Ag 纳米复合材料的抗菌性能,并与不含 Ag 的聚电解质连接物修饰的 NFC 进行了比较。

他们通过SEM分析研究了纸基质(CS)和涂布纸的形态(图8-1)。CS和涂有淀粉的纸的SEM图清楚地表明存在纸的特征:纤维和无机填料(碳酸钙)。用NFC-Ag/淀粉配方涂布的纸张表现出大面积的纤维和填料被涂布成分复盖。在纸张涂料的高倍率下,可以清晰地观察到NFC纤维和Ag-NP。

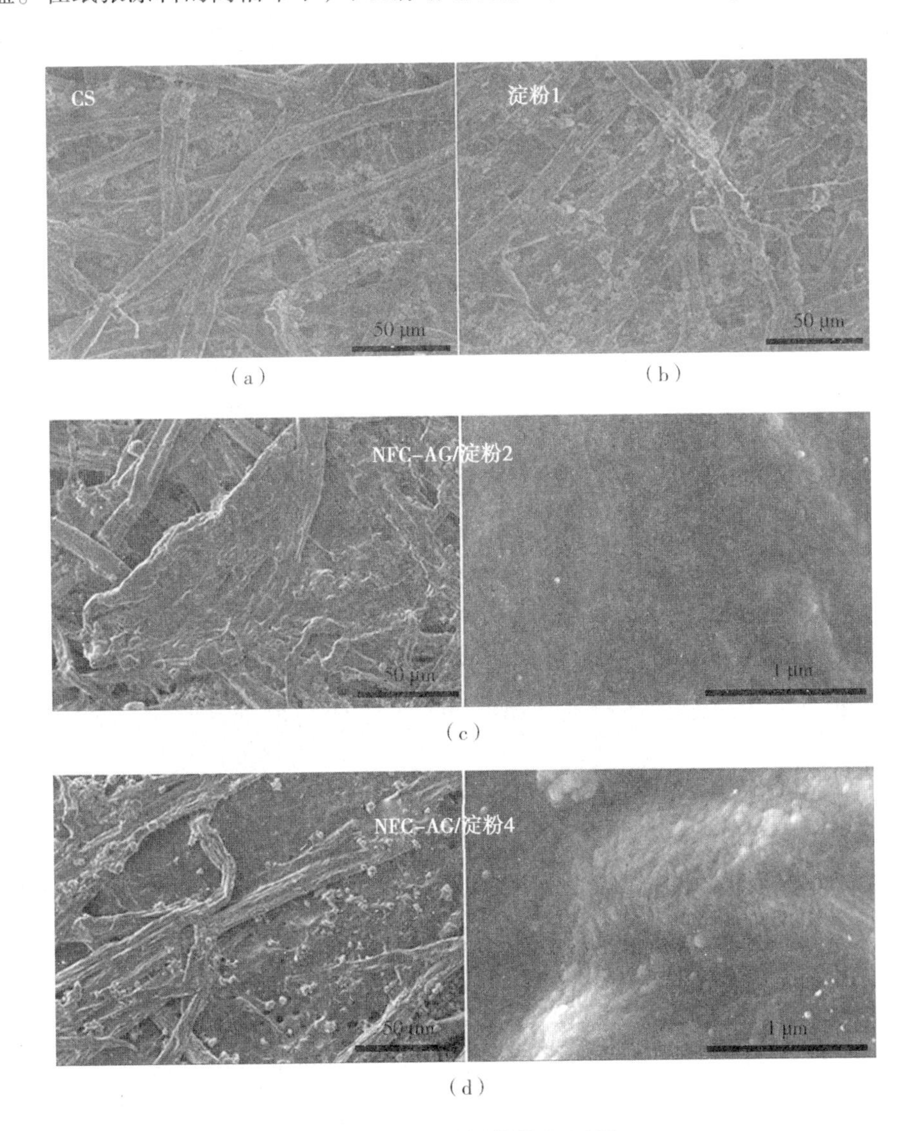

图8-1 不同纸样的SEM图

(a)CS;(b)淀粉1、(c)NFC-Ag/淀粉2;(d)NFC-Ag/淀粉4

他们测试了纸样品对金黄色葡萄球菌微生物的抗菌活性。如图 8－2 所示，AgPDDA6 相对于淀粉含量为 11% 的配方（NFC－Ag/starch 1 和 NFC－Ag/starch 2）包覆的样品没有检测到显著的抗菌效果，这可能是因为这些样品中 Ag 含量较低。然而，用相对于淀粉的 AgPDDA6 含量为 29% 的配方（NFC－Ag/淀粉 3 和 NFC－Ag/淀粉 4）包覆的样品显示出显著的抗菌效果。NFC－Ag/starch 3 具有一层包膜，尽管 Ag 含量低，但仍能抑制细菌生长。NFC－Ag/starch 4 在 Ag 含量低至 4.5×10^{-4} 的情况下，可以同时观察到抑菌和杀菌效果。

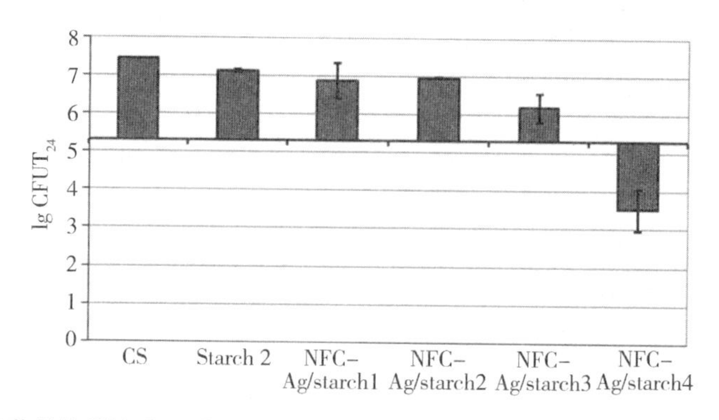

图 8－2　高营养物质浓度下对照样品、淀粉 2 和 NFC/Ag 对金黄色葡萄球菌的抗菌活性

利用 NFC 生产含有无机纳米颗粒的纳米复合材料引起了科学界的关注。NFC 纤维具有高长宽比、抗拉强度和模量等显著的性能，使其成为纳米复合材料中增强元素的良好候选材料。关于 ZnO 纳米粒子与纤维素及其衍生物结合的文献报道较多，但利用聚电解质制备 NFC 和 ZnO NP 纳米复合材料的文献报道较少。Martins 等人以聚电解质为大分子连接剂，在水介质中静电组装制备了纳米纤维素和 ZnO 纳米颗粒复合材料。选用 NFC/ZnO 体系作为淀粉基桉树胶纸涂层配方的填料。他们采用该方法可获得 ZnO 含量低（<0.03%）、透气性和力学性能略有改善的抗菌纸。他们重点研究了 ZnO/NFC 涂层的抑菌活性，即将纸张样品放置到太阳光照和黑暗条件下。在这两种条件下，纸张样品对革兰氏阳性（金黄色葡萄球菌和蜡样芽孢杆菌）和革兰氏阴性（肺炎克雷伯菌）细菌均显示出了较好的抑菌和/或杀菌活性。他们认为，这些结果似乎支持了 ZnO 抗菌活性的机制不仅是由半导体的光活性，而且还可以通过在粒子表面形成的氧化物种来实现。

他们通过 SEM 分析了纸基质(CS)和涂布纸的表面形貌(图 8－3),如预期的那样显示了植物纤维素纤维和碳酸钙。这些特征也存在于涂有 NFC－ZnO/淀粉配方以及 NFC 纤维和 ZnO NP 的纸张中。在高倍放大的复合样品的 SEM 图中,可以清楚地观察到 NFC 上沉积的 ZnO 的菜花状形貌。

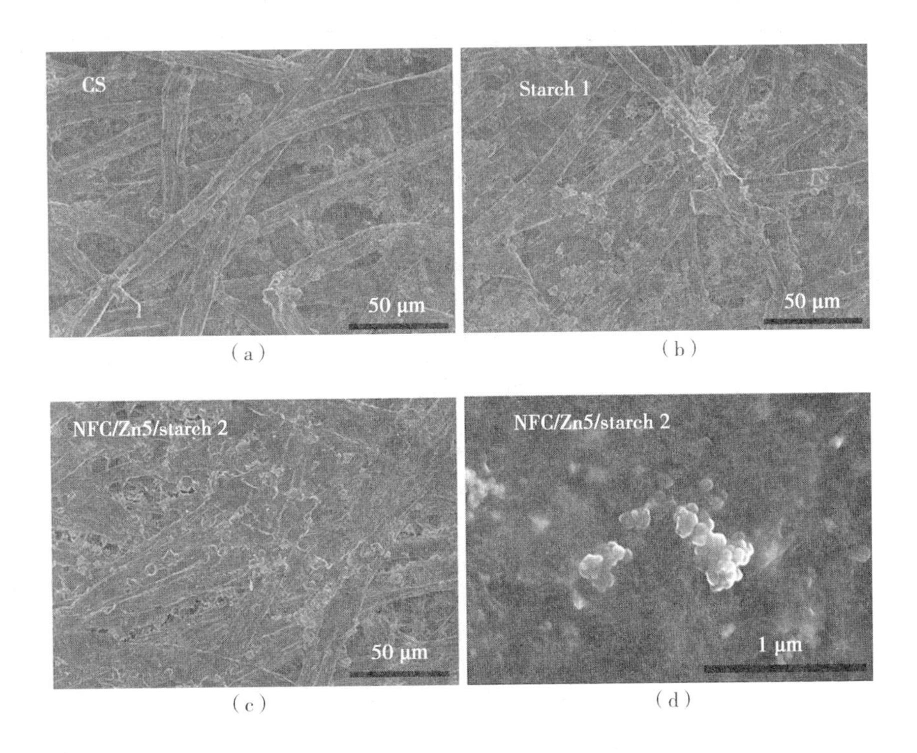

(a)　(b)　(c)　(d)

图 8－3　不同纸样的 SEM 图

(a)CS;(b)starch 1;(c)NFC/Zn5/starch 2;(d)NFC/Zn5/starch 2

事实上,在与纳米复合材料接触 24 h 后,总抑菌活性和部分杀菌活性得到了提高,而对照样品和用聚电解质修饰的 NFC(即在没有 ZnO NP 的情况下)显示了细菌生长。他们认为,抑菌活性与纳米复合材料中 ZnO 含量有明显的相关性。因此,在用一层聚电解质(聚二烯丙基二甲基氯化铵)(PDDA)(NFC/Zn4;NFC/Zn5;NFC/Zn6)制备的样品的情况下,当 ZnO 含量从 2% 增加到 28% 时,杀菌效果从 1.7 降低到 3.4。使用 PDDA/聚(4－苯乙烯磺酸钠)(PSS)/PDDA 制备的 NFC/ZnO 样品(NFC/Zn1 和 NFC/Zn3)与使用 PDDA 制备的样品相比具有相似的抑菌活性，且 ZnO 含量相近（图 8－4）。

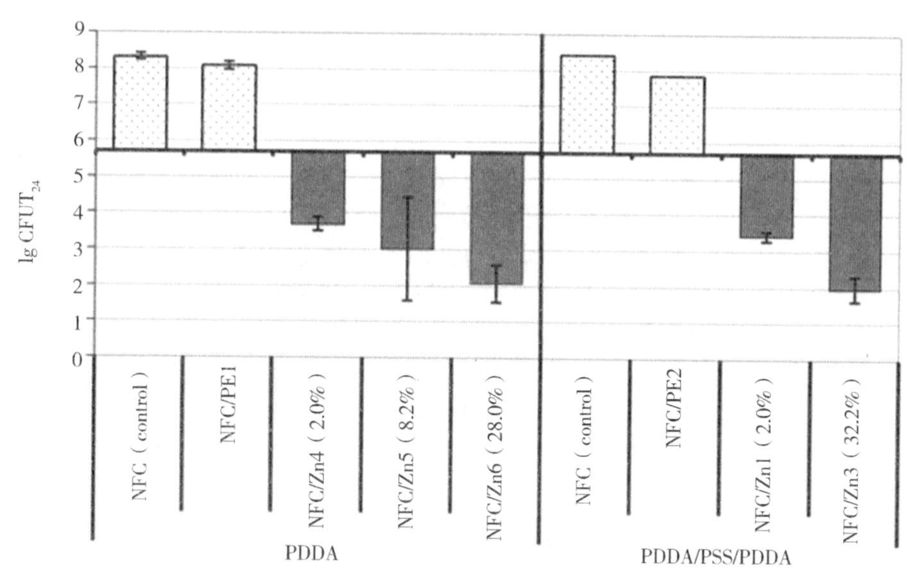

图 8－4 NFC/ZnO 纳米复合材料对金黄色葡萄球菌微生物的抗菌活性。

8.2 细胞培养支架

Mathew 等人开发了纤维状纤维素纳米复合材料支架，并评估了它们作为韧带或肌腱替代品的潜力。纳米复合材料是通过使用离子液体在 80 ℃下以不同的时间间隔部分溶解纤维素纳米纤维网络来制备的。结果表明，部分溶解形成了纤维状纤维素纳米复合材料，其中溶解的纤维素纳米纤维形成基质相，未溶解或部分溶解的纳米纤维形成增强相。他们发现，在使用伽马射线灭菌后，复合材料在模拟身体条件（37 ℃和 95% RH）下的机械性能与天然韧带和肌腱的机械性能相当。应力松弛研究表明，对循环加载和卸载的性能稳定，进一步证实了使用这些复合材料作为韧带/肌腱替代品的可能性。他们分别于第 1 天和第 3 天检测了 mRNA 的表达，结果如图 8－5 所示。在 HLC 和 HEC 两种培养体系中，管家基因在对照和 NF_{90}上都很好地表达。

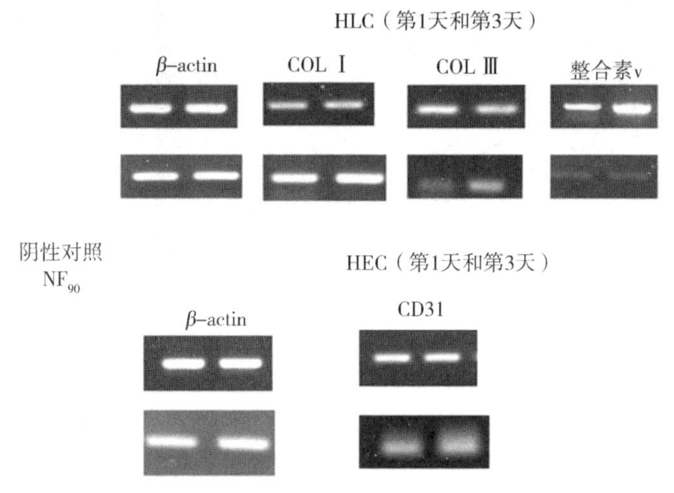

图 8－5　HLC 和 HEC mRNA 在第 1 天和第 3 天的表达

对于对照(测试系统的验证)和 NF_{90}，他们检测并测量了韧带愈合中早期合成的Ⅰ型胶原蛋白(HLC 的典型标志物)和Ⅲ型胶原蛋白的 mRNA 的表达。此外，在两种底物上都发现(表达)整合素 v 和整合素 β_3 mRNA。这些质膜受体表明细胞黏附在细胞外基质成分或材料基质上。这些基因表达的事实证实了 HLC 黏附在 NF_{90} 上的结果，似乎表明形成了黏着斑点。关于 HEC 行为，CD31mRNA 是典型的血管内皮细胞表面标记物，与相邻细胞间的连接有关，在对照(试验系统的验证)和 NF_{90}上都有良好的表达。这一结果提示，NF_{90}允许内皮黏附和生长，原位血管生成，为 HLC 表型表达，特别是胶原合成提供必需的营养物质扩散。

原型的照片和显微照片如图 8－6 所示。照片显示了管状韧带替代物，由纳米纤维在磷酸盐缓冲介质(PBS)中在 80 ℃下用离子液体处理 90 min。他们发现，原型在 PBS 介质中稳定并保持其结构和尺寸稳定性。使用 SEM 研究了原型的横截面以了解原型的微观结构。他们发现原型由部分溶解的纤维素纳米纤维层组成，以同心圆排列，层间黏附有限，如图 8－6(b)所示。单层的详细视图显示了嵌入溶解的纤维素基质中的纳米纤维。

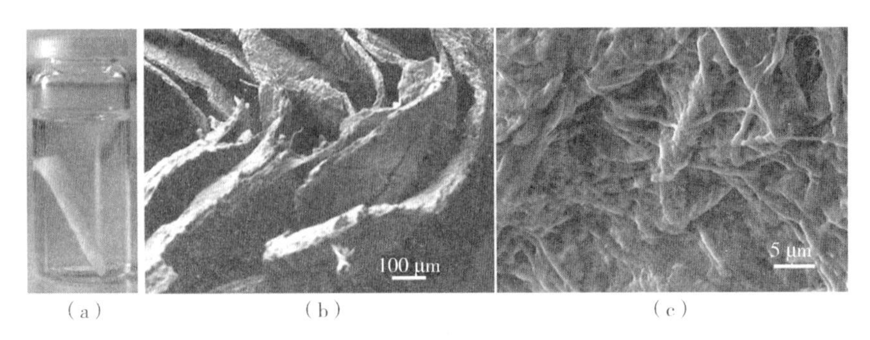

图 8-6 (a)管状原型在 PBS 介质中的照片;(b)、(c)原型的微观结构的 SEM 图

近年来,各种材料被引入作为潜在的三维细胞培养支架,其中包括蛋白质提取物、肽两亲分子和合成聚合物。从免疫学角度考虑,不含人或动物源性成分或添加生物活性成分的水凝胶支架是首选。Bhattacharya 等人论证了植物源天然 NFC 水凝胶作为三维细胞培养支架的可行性。他们研究了 NFC 水凝胶的结构特性,并利用肝细胞和视网膜色素上皮细胞系评价了其作为细胞培养支架的性能。结果表明,在不添加生物活性成分的情况下,单组分 NFC 支架能够促进肝细胞 3D 细胞培养,这是第一次使用植物来源的 NFC 进行三维软组织培养的报告。

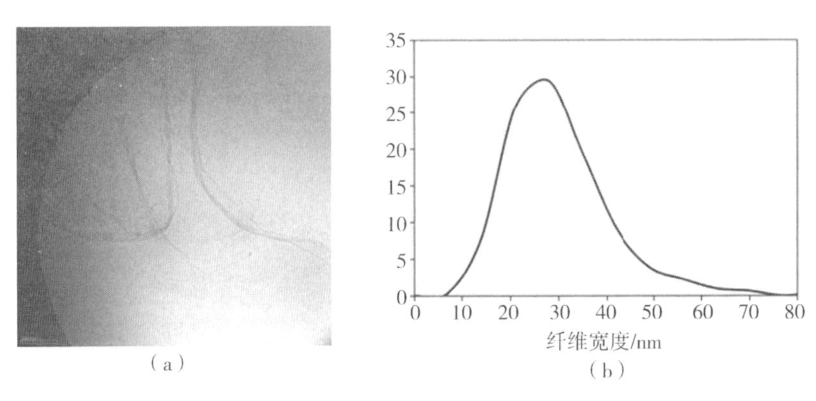

图 8-7 (a)玻璃化 NFC 水凝胶的冷冻 TEM 图;
(b)从 SEM 图手动测量的原纤维宽度分布

玻璃化 NFC 水凝胶的冷冻 TEM 图显示最小的单个纤维素纳米纤维的直径接近 7 nm,并且大多数材料形成更大的束状结构,如图 8-7(a)所示。SEM 图

分析表明，由于某些聚集，最常见的原纤维宽度在 20 ~ 30 nm 之间，如图 8 – 7(b)所示。他们认为，由于材料的缠结和成束性质，无法从图像中估计纳米纤维的确切长度。然而，单个纳米纤维的长度似乎是几微米。他们指出图像显示的纤维素纳米纤维的尺寸类似于天然胶原蛋白的尺寸。

8.3　蛋白质和/或 DNA 的固定

CNXL 因其优异的机械性能而受到研究人员的关注。CNXL 通常具有 20 ~ 50(长/宽)的高纵横比、低密度、高刚度和强度。Mangalam 等人将两个单独的互补单链 DNA 群体嫁接到羧基化的 CNXL 上，然后将群体结合起来，使 DNA 杂交并与 CNXL 键合(图 8 – 8)。羧基化采用 TEMPO 介导氧化，接枝采用经典的碳二亚胺化学。碳化二亚胺能活化羧酸基团，形成活性酯类，进而与亲核试剂反应生成多种产物。在大多数情况下，胺被用作亲核试剂，从而形成稳定的酰胺。

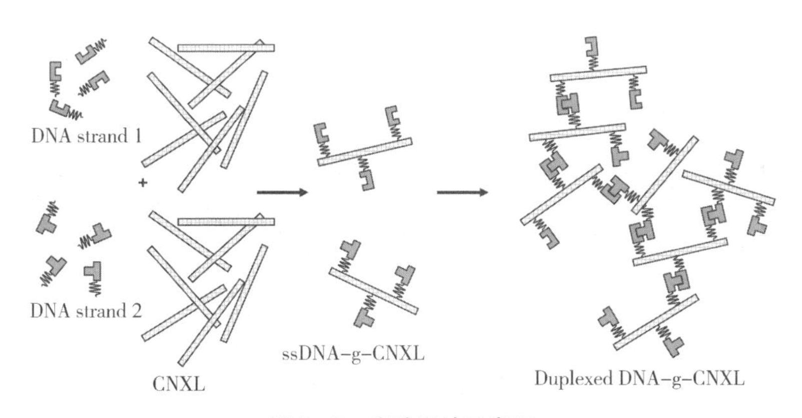

图 8 – 8　实验设计示意图

他们制备了 DNA 接枝 CNXL(DNA – g – CNXL)混合物，其中单链具有互补序列，从而退火形成碱基对 DNA – g – CNXL 复合物并考察了 DNA – g – CNXL 复合物在纳米尺度上的温度依赖性和结构形貌。他们利用 AFM 对自组装 DNA – g – CNXL 双分散体的形貌进行了考察。如图 8 – 9(b) ~ (d)所示，双链 DNA – g – CNXL 形成分枝结构，而未接枝或 ssDNA – g – CNXL 对照实验图像中

CNXL 疏松且随机分布,如图 8 -9(a)所示。他们认为双链 DNA - gCNXL 由于结合在 CNXL 表面的 cDNA 链之间的氢键作用,应该表现出强烈的侧对侧物理相互作用。从 AFM 图像可以看出 ssDNA 接枝 CNXL 之间的侧对侧相互作用明显,如图 8 -8(b)和图 8 -9(d)所示。图 8 -9(c)表明 DNA - g - CNXL 在双链化时有端到端交互的趋势,尽管两种交互方案似乎总是在某种程度上存在。

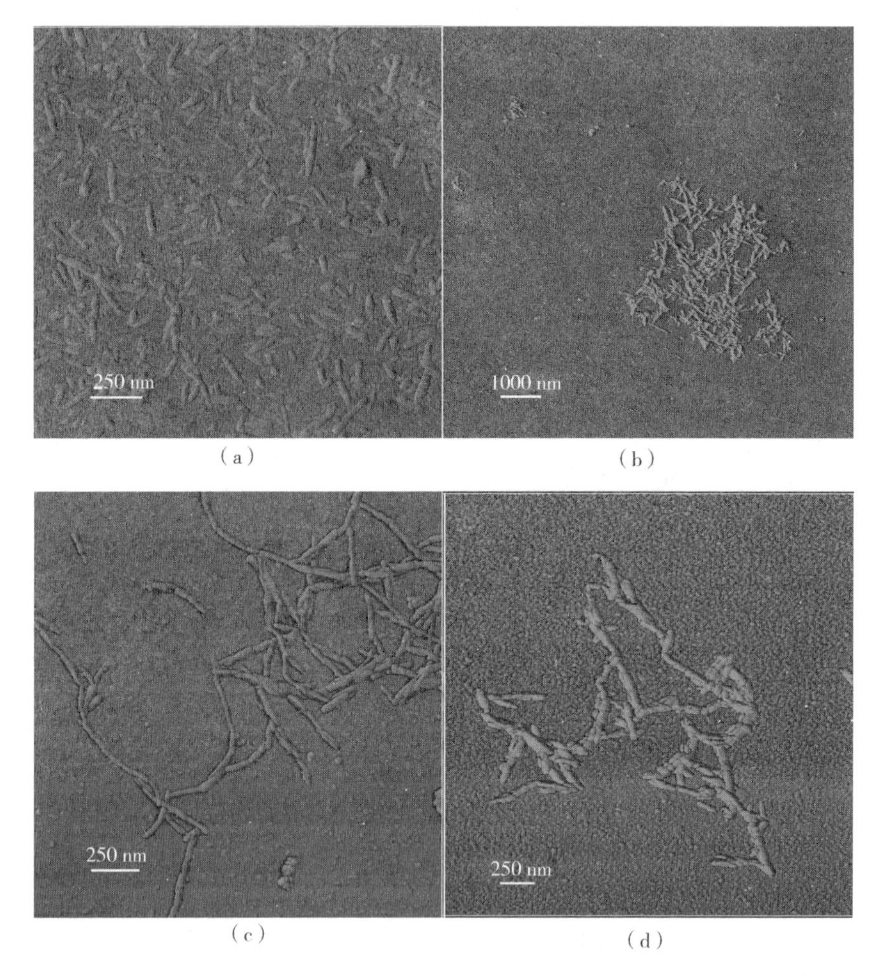

图 8 -9 S1 晶片上(a)ssDNA - g - CNXL 的 AFM 图;
(b)、(c)、(d)在改性硅晶片上自组装双链 DNA - g - CNXL 的 AFM 图

用于酶/蛋白质固定的理想基质应该是生物相容的,而不会影响蛋白质结构及其生物活性。对具有高活性的最大酶负载的要求促进了对开发具有容易生物共轭的高表面积纳米材料的深入研究。CNC 已通过酸水解从天然纤维素纤维中制备和分离出来。通过改变纤维素的来源和反应条件,也可以获得不同形态的 CNC。CNC 与纳米材料的结合有望为酶提供极好的混合支持。金纳米粒子(AuNP)可以用带有羧基的硫醇化分子进行功能化,而羧基又与蛋白质的氨基结合。利用环糊精作为稳定剂来控制 AuNP 的大小和形状以保持其精细分散的状态。Mahmoud 等人提出了一种将酶共价固定在 CNC/AuNP 复合材料上的新方法,该方法具有显著的高酶载量和出色的稳定性。

图 8 - 10(a)显示了 CNC/AuNP 矩阵,但没有清楚地显示 AuNP。然而,TEM 分析证实了在 CNC 表面沉积了均匀的球形 AuNP(直径为 2 ~ 7 nm),如图 8 - 10(b)所示。金纳米粒子的 EDX 分析与起始分子组成非常匹配。这一观察表明金属离子定量沉积在 CNC 表面(羟基)上,然后用氢硼化钠(SBH)还原形成相应的纳米颗粒。根据纳米粒子的 EDX 估计金的原子百分比为起始金盐的 100% 。

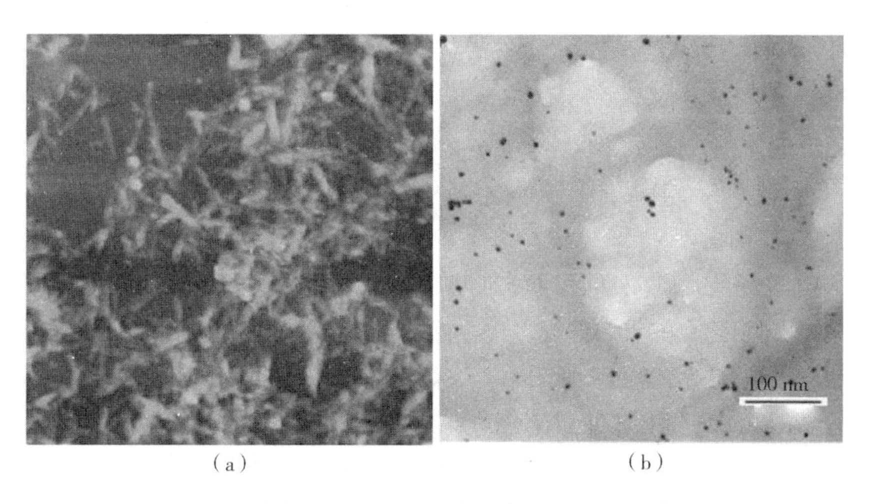

图 8 - 10　(a)CNC/AuNP 的 AFM 图;(b)CNC/AuNP 的 TEM 图

AuNP 修饰的 CNC 具有 165 $mg \cdot g^{-1}$ CNC 的 CGTase 结合能力,如图 8 - 11(a)所示。对于每个测试量,从上清液和沉淀中回收的总蛋白质为 100% 。在低酶载量(< 25000 $U \cdot g^{-1}$ CNC)上清液中检测到低于 10% 的 CGTase 活性。

在这种酶负载下,大部分活性(> 90%)与 CNC 颗粒相关,因此活性的总回收率接近 100% ,而其他支持物为 70% 或更低。随着酶载量的增加(> 25000 U · g^{-1} CNC),从上清液和颗粒中恢复的总活性范围为 67% ~82% 。如图 8 - 11(b)所示,最大 CGTase 结合活性稳定在 50000 U · g^{-1} CNC。他们将研究成果与先前关于 CGTase 共价固定化的研究相比发现,他们的方法显著提高了特定的酶活性。

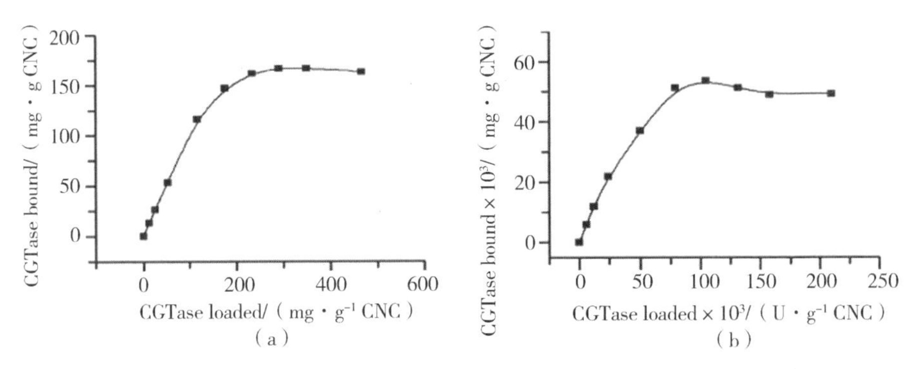

图 8 - 11 CGTase 负载在 CNC/AuNP 载体上对(a)蛋白结合(5%)和(b)生物催化活性(7%)的影响

8.4 药物传输

纳米化是克服药物活性成分水溶性差的一种先进方法。药物纳米技术的一个主要问题是在加工和储存过程中保持纳米大小的颗粒的形态,以确保配方的行为与最初计划的一致。Valo 等人采用基因工程疏水蛋白融合蛋白,其中疏水蛋白(HFBI)与两个纤维素结合域(CBD)偶联,以促进药物纳米颗粒与 NFC 的结合。纳米纤维基质在配制过程和储存过程中为纳米颗粒提供保护。结果表明,通过将功能化蛋白质包覆的伊曲康唑(ITR)纳米颗粒封装到外部 NFC 基质中,显著提高了它们的储存稳定性。在含有纤维素纳米纤丝的悬浮液中,当特定的纤维素结合域与疏水蛋白融合时,大约 100 nm 的纳米粒子可以储存十多个月。纤维素纳米纤丝基质中的冻干颗粒也被保存下来,其形态没有发生重大变化。此外,由于固定化纳米分散体的形成,伊曲康唑的溶出度显著增加,这也增强了药物的体内性能。他们用电子显微镜观察了 ITR + HFBI – DCBD 的稳定性和更长的粒子寿命。TEM 图显示,所有涂有疏水基团的 ITR 纳米粒子在悬浮液中聚集在纤维素纤维附近(图 8 – 12)。无论是特异性的还是非特异性的,附着都足够强,几乎所有的颗粒都能有效地结合到纤维上。

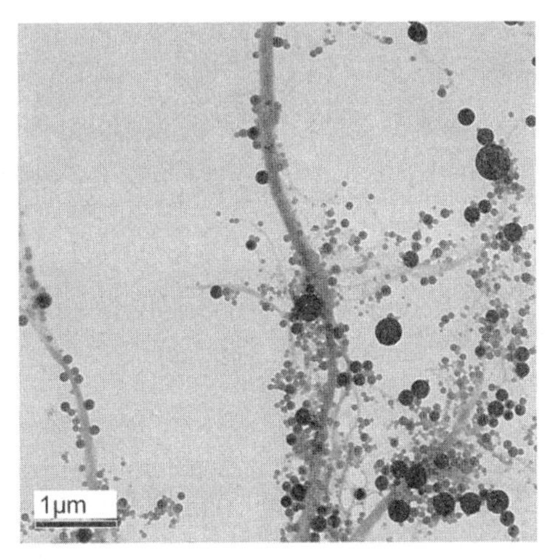

图 8 – 12　HFBI – DCBD 包覆的 ITR 纳米颗粒附着在 NFC 网络上的 TEM 图

他们发现,在悬浮液长期贮存过程中 CBD 的作用明显。如图 8 – 13 所示,在水环境中 4 ℃贮藏 1 个月后,涂有不同疏水基团的 ITR 颗粒看起来相似,但 10 个月后差异变得明显。HFB 包覆的 ITR 纳米粒子的形貌完全改变,可以认为是完全聚集的,而 HFBI – DCBD 包覆的粒子没有改变。他们认为这是因为在冷冻干燥和储存过程中,纳米结构的纤维素基质防止了 HFBI 和 HFBI – DCBD 涂覆的纳米颗粒的聚集。在冻干和贮藏过程中,NFC 与海藻糖的结合有效地稳定了颗粒。他们认为,NFC 似乎也没有减缓结合的 ITR 纳米颗粒的释放,但 NFC 基质的释放速度几乎与粒子本身一样快。虽然 NFC 对纳米粒子的稳定有明显的积极作用,但没有迹象表明特异性结合将控制释放。

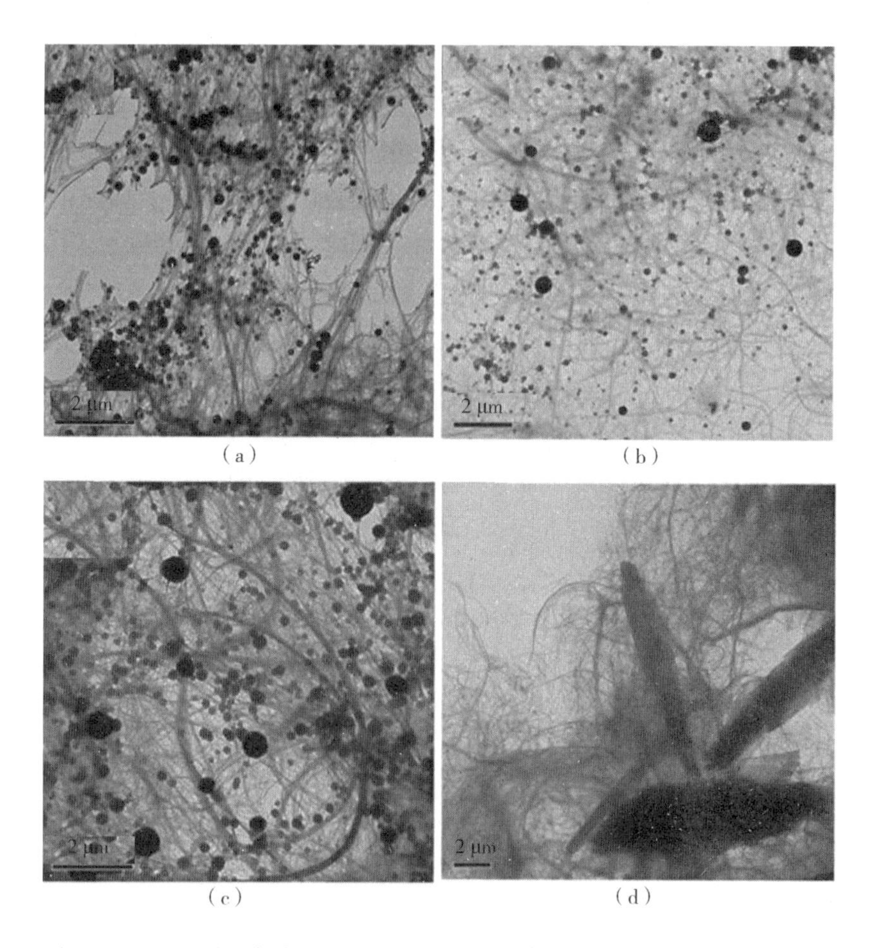

图 8－13 NFC 网络中的 ITR＋HFBI－DCBD 颗粒在 4 ℃下以悬浮液形式储存

(a)1 个月;(b)10 个月;(c)ITR＋HFB 沉淀后 1 个月;(d)ITR＋HFBI 沉淀后 10 个月

Anirudhan 等人研究了一种涉及合成功能化纤维素基纳米载体的系统策略,具有靶向递送和控释行为以及改进的生物安全特性;为此,他们通过对纤维素进行酸碱处理合成了纳米纤维素。然后将纳米纤维素与叶酸结合,以硫酸铈铵(CAS)为引发剂,以乙二醇二甲基丙烯酸酯(EGDMA)为交联剂,将叶酸共轭纳米纤维素(FA－NC)与甲基丙烯酸缩水甘油酯(GMA)和甲基丙烯酸羟乙酯(HEMA)聚合,实现姜黄素(CUR)的可控释放。结果形成了 FA－NC/GMA－HEMA/EGDMA 给药系统。结果表明,抗癌药物 CUR 成功地负载到了载体上。从细胞活力测定中,他们确定制备的 CUR 负载 DDS 是癌细胞的有效杀手,证明

DDS 是一种有前途的 CUR 安全负载材料。

NC、Oxi - NC、FA - NC、FA - NC/GMAHEMA - EGDMA 的表面形貌如图8 - 14 所示。结果表明,一些纳米纤维素部分显示出彼此靠近的重叠小片段(晶体结构)。相比之下,其他部分在随机沉降(非晶区域)中呈现较长的段。Oxi - NC 的 SEM 图显示其具有片状结构的抛光表面。当叶酸与 Oxi - NC 结合时,表面会变得光滑并呈现蓬松的性质。该材料的多孔性质使得药物在载药和释药过程中更容易扩散。

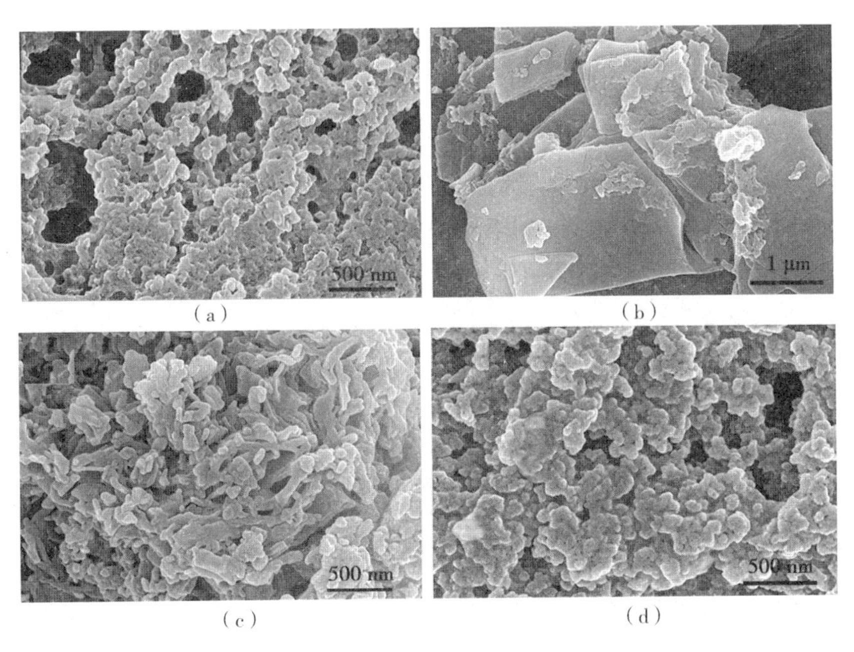

图8 - 14 (a)NC、(b)Oxi - NC、(c)FA - NC、(d)FA - NC/GMA - HEMA/EGDMA 的 SEM 图

第9章　纳米纤维素在食品领域的应用

纳米纤维素具有良好的物理化学特性，其中一些对于开发纳米纤维素在食品领域的相关应用非常有用。目前人们对纳米纤维素作为食品稳定剂、功能性食品成分以及食品包装材料进行了广泛的研究。

9.1　食品稳定剂

纳米纤维素作为一种天然的乳化和稳定成分，在搅打配料、沙拉酱、酱汁、汤、布丁、蘸酱等许多食品中都得到了广泛的应用。Winuprasith 等人研究了从山竹果皮中提取的不同浓度的微纤化纤维素（MFC）对10%大豆油 – 水浸 Pickering 乳液（pH = 7.0）的性质和稳定性的影响。研究过程中，MFC 在水相中的浓度在0.05% ~0.70%之间变化。他们认为，通过过量的 MFC 在乳液连续水相中形成的三维网络的程度，可以很容易地区分这些乳液的 SEM 图。如图9 – 1（a）所示，0.05% MFC 稳定的乳化液连续相中没有形成 MFC 网络，而0.30% MFC 稳定的乳化液中有轻微的网络形成，如图9 – 1（b）所示。但当 MFC 浓度提高到0.70%时，连续相的网络形成程度变得非常明显，如图9 – 1（c）所示。结果表明，随着用于乳液稳定的 MFC 浓度的升高，连续相中过量 MFC 的量也会增加。

共聚焦激光扫描显微镜（CLSM）图显示 MFC 发出明亮的荧光，而 MFC 颗粒完全耗尽的区域则呈暗色。对于所有乳液，在乳液液滴的周边观察到圆形明亮的荧光，而内部保持黑暗，表明 MFC 颗粒主要吸附在乳液液滴的油水界面，如图 9-1(d)~(f)所示。

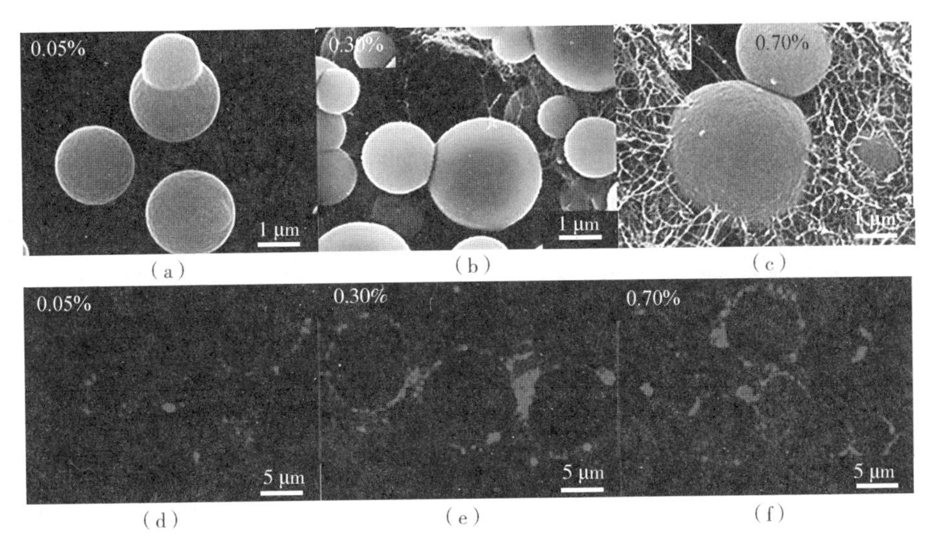

图 9-1 MFC 在不同浓度下稳定的新鲜 10% 乳液的 SEM 和 CLSM 图
(a)、(d)0.05%；(b)、(e)0.30%；(c)、(f) 0.70%，
CLSM 图显示了乳液中刚果红染色的 MFC 颗粒的定位

不同浓度 MFC 稳定的油水乳状液的乳化行为如图 9-2(a)所示。MFC 浓度较低(0.30%)时乳状液易乳化，且乳化速率和程度随 MFC 浓度的降低而增大。相反，MFC 浓度较高(0.50%)时稳定的乳剂在 80 天的整个贮藏期都没有起霜。对于乳化液，0.05%、0.10% 和 0.30% MFC 稳定的乳化液，在贮藏 22 天时乳化液的乳化液指数(CI)达到平台值，分别为 45.0%、33.0% 和 9.6%，贮藏 80 天后略有上升，分别为 47.1%、33.8% 和 9.7%。在室温下储存 1 天和 80 天后拍摄的 MFC 稳定乳剂的照片如图 9-2(b)所示。由 0.30% MFC 稳定的乳液在储存 1 天后表现出轻微的乳脂状，随后在储存 80 天后乳状液显著增加，而由 0.50% MFC 稳定的乳液在整个储存期间没有表现出乳状液。乳状乳剂在顶部乳霜层和底部血清层之间显示出清晰的边界，血清的浊度随着 MFC 浓度的降低而增加。血清浊度表明乳液是完全絮凝的还是含有絮凝物与未絮凝的液滴

共存。他们认为,液滴絮凝程度越高,血清相变得越透明。因此,0.05%和0.10% MFC稳定的乳液表现出单个液滴或离散絮凝物的乳状液,并且在整个储存期间血清相保持混浊,表明存在少量悬浮的单个油滴,而0.30% MFC通过重力诱导的乳液凝胶塌陷而形成的稳定乳液,从一开始就留下透明的血清层。这些结果证实了MFC稳定乳液中液滴絮凝的程度随着MFC浓度的增加而增加。

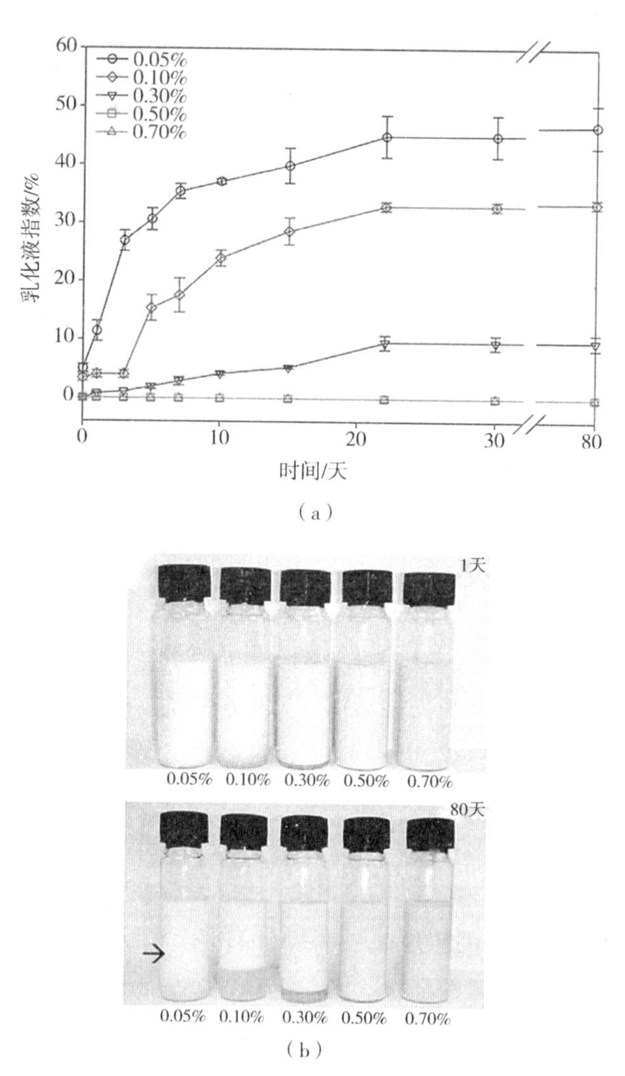

图9-2 (a)MFC浓度对10% MFC稳定乳液在室温下储存80天的乳状液分布的影响以及(b)储存1天和80天乳剂照片,箭头标记了乳霜-血清边界

乳液是由一种不混溶液体的分散液滴组成的系统。简单的乳液是水包油(o/w)或油包水(w/o)型。表面活性剂即乳化剂,通过降低液/液界面的界面张力来稳定这些体系。多乳液是一种复杂的体系,其中 w/o 型和 o/w 型乳液同时存在。此类乳剂是重要的载体系统,在许多领域都有应用,如食品、制药和化妆品。两种主要类型的多乳液是水包油包水(w/o/w)和油包水包油(o/w/o)双乳状液,通常需要两种或两种以上的乳化剂。一种乳化剂主要是疏水性稳定 w/o 乳液,另一种主要是亲水性稳定 o/w 乳液。两种表面活性剂都可能与两种界面相互作用,但也会干扰彼此的稳定性能。此外,二元表面活性剂混合物的组成决定了界面膜的寿命和渗透性能。

纳米纤维素是生物基纳米颗粒,可用作 o/w Pickering 乳液的稳定剂。Cunha 等人通过月桂酰氯(C12)的化学修饰,成功地制备了不同长度的纳米纤维素、纳米纤化纤维素(NFC,长)和纳米纤维素晶体(CNC,短)。他们所制备的纳米纤维的亲水性低于原始纳米纤维,并且能够稳定油-水乳液。两种类型纳米纤维素(C12 改性的和天然的)的结合产生了新的无表面活性剂的 o/w/o 双乳液,纳米纤维素在两个界面上都保持了稳定。他们对液滴尺寸分布、随时间的液滴稳定性和离心后的稳定性进行了表征。基于纳米纤维素的 Pickering 乳液可以在很大程度上控制设计。此外,纳米纤维长度的增加导致稳定性的增加,在 Pickering 乳液中,油水界面上固体颗粒的稳定性取决于它们的大尺寸和润湿性。在他们的研究中,长而细的纳米原纤化纤维素原纤维和棒状纤维素纳米晶体用作纳米纤维素颗粒(图 9-3),并与脂肪酸氯化物进行酯化反应。

如图9-4(a)和图9-4(b)所示,未改性的 NFC 和 CNC 分别有效地稳定了 o/w 乳液。通过光学显微镜(OM)评估,两种情况下的液滴大小都是轻微的多分散,NFC 和 CNC 稳定的乳液的平均直径分别为(3.3 ± 1.2)μm 和(2.6 ± 0.8)μm。对于 CNC 稳定的 o/w 乳液,在稀释条件下,液滴在连续水相中被完全隔离,而对于 NFC 类似物,观察到互连液滴的簇状聚集体。他们认为,这主要是由于 NFC 的高纵横比(100~150)和较长的长度(>1μm)。此外,由于这种三维纳米纤维-液滴网络的形成,由长 NFC 稳定的 o/w 乳液在存储时间内不会形成乳状液,与 CNC 稳定的乳液相反。如图 9-4(c)和 9-4(d)所示,分散在十六烷中的 C12 改性纳米纤维素(NFCC12 和 CNCC12)成功地形成了非常稳定的 w/o 乳液,几个月内没有聚结或形成簇。他们认为,这种液滴聚集的缺乏与较大的液滴的尺寸以及较低的剪切乳化有关。液滴尺寸呈现出更高的多分散性，NFCC12 液滴的粒径平均为(66 ± 26)μm，而 CNCC12 稳定的 w/o 乳液粒径平均为(40 ± 14)μm。他们结合两种未改性和两种 C12 改性的纳米纤维素制备了四种不同类型的 o/w/o 双乳液，如图 9-4(e)~(h)所示。他们将双乳剂的内部液滴称为液滴，而外部液滴称为小球。液滴似乎有效地封装在所制备的双乳剂中，似乎得以保留。球体大小分布则出现了一些差异。

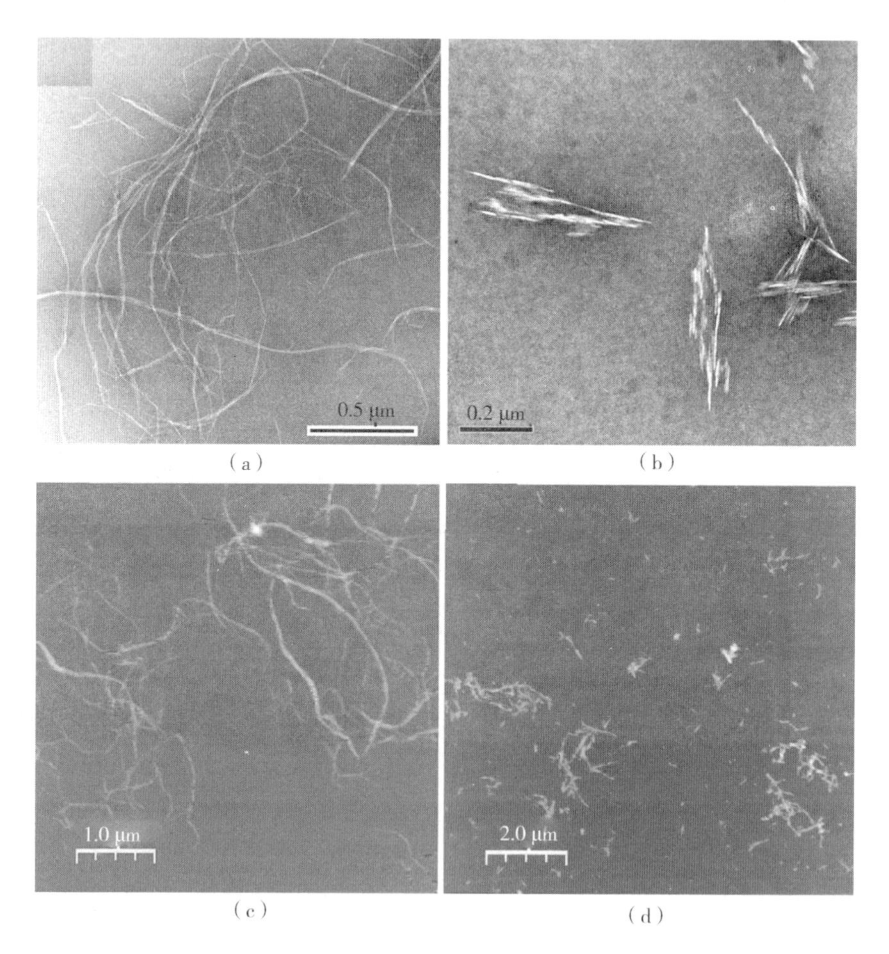

图 9-3 用于化学改性的纳米纤维素基材的 TEM 图

(a)NFC 和(b)CNC 的 TEM 图；(c)NFC 和(d)CNC 的 AFM 图

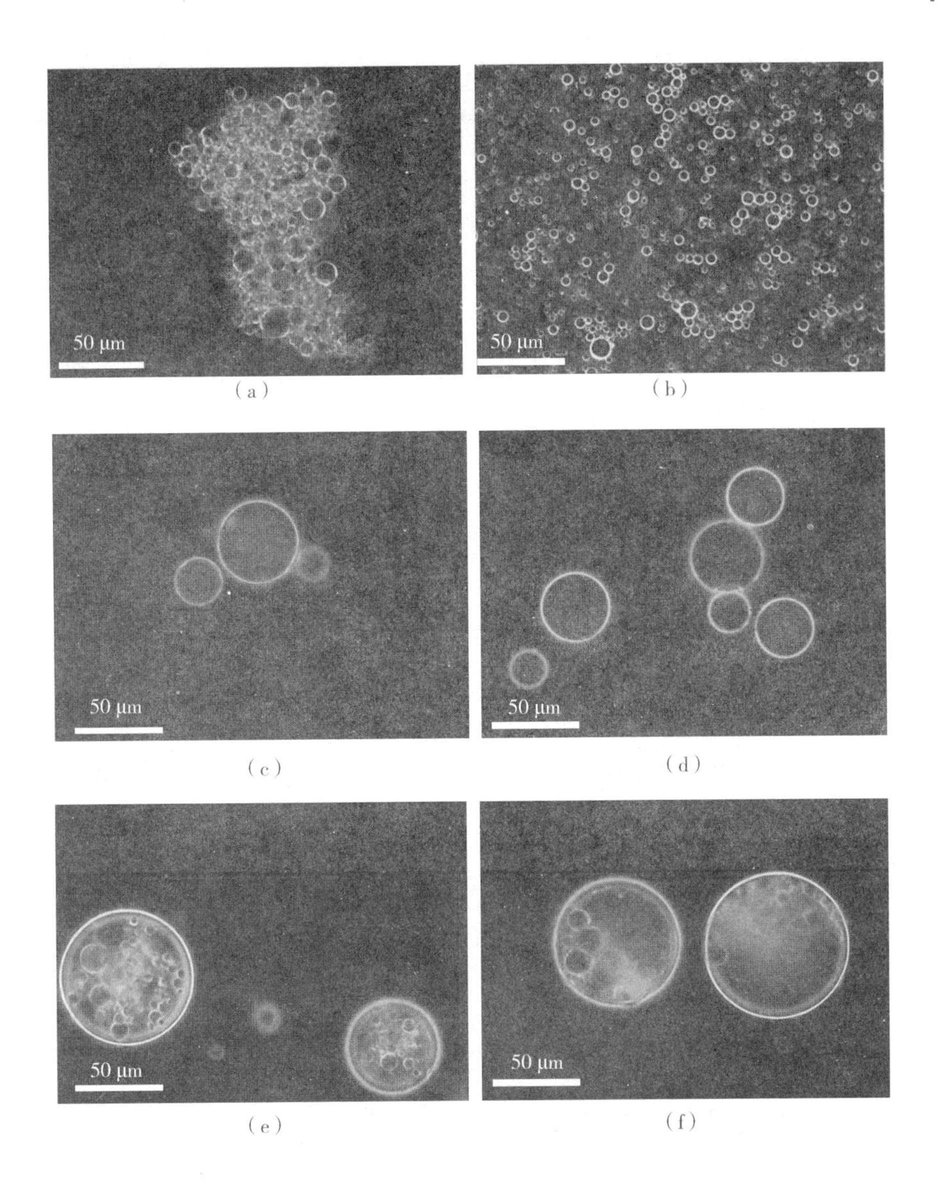
50 μm
(a)
50 μm
(b)
50 μm
(c)
50 μm
(d)
50 μm
(e)
50 μm
(f)

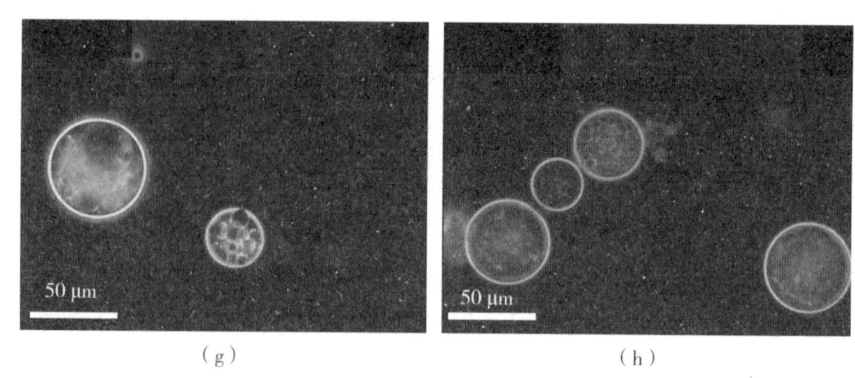

（g）（h）

不同乳液的OFM图

图9－4 (a)NFC 和(b)CNC 稳定的 o/w 乳液；(c)NFCC12 和(d)CNCC12 稳定的 w/o 乳液；(e)NFC/NFCC12、(f)CNC/NFCC12、(g)NFC/CNCC12、(h)CNC/CNCC12 稳定的 o/w/o 双乳液

他们发现，在 o/w/o 双乳液的情况下，即使在很短的时间（ <1 min）内，也总是观察到沉淀，如图 9－5(a)所示。他们认为这是因为水的密度高于十六烷，并且小球尺寸变为 50～70 μm。随着时间的推移，平均小球尺寸增加，直到储存4 小时后达到平台，如图 9－5(b)所示。在起始点，含有未改性 NFC 稳定内液滴的小球比含有 CNC 稳定内液滴的小球小。他们认为，NFC 形成了一个内部液滴缠结密集的聚集体系，导致小球变小。随后，在前 4 h 内发生聚并，且趋势发生变化。小球的大小不仅受外层纳米纤维素种类的影响，还受其有效浓度的影响。

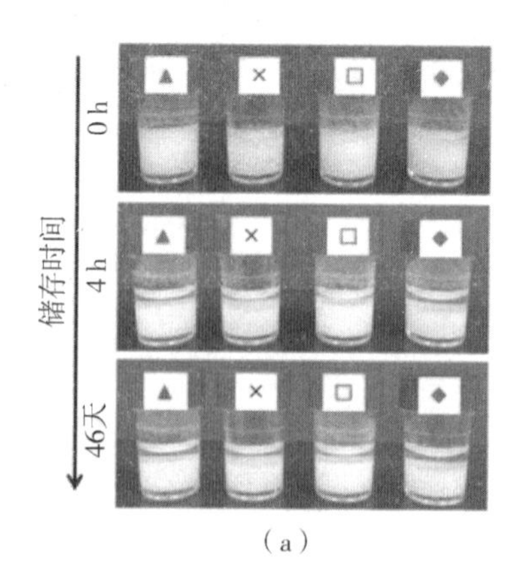

（a）

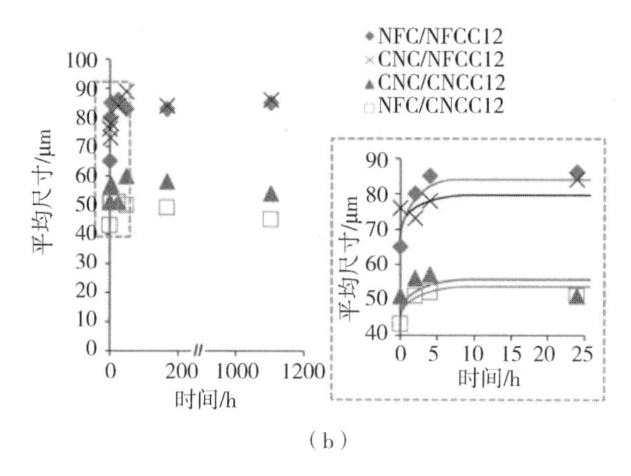

（b）

图9－5　（a）双乳剂的数字图像随储存时间（0天、4天、46天）的变化；（b）双乳剂中平均小球大小随时间的变化，插图为虚线区域的放大倍数；标准偏差在18～33 μm范围内

9.2　功能性食品成分

众所周知，膳食纤维只有达到足够的水平才对健康成人的整体健康有益。根据Hipsley的提议，膳食纤维被命名为“那些含有碳水化合物和抗消化成分或构成植物细胞壁的不可消化成分的纤维”；膳食纤维被认为是一种天然的食物成分，可以防止消化道疾病和动脉硬化的发展。鉴于此，该术语在人类饮食中被赋予了更高的地位，通常被称为“粗纤维”，用于获得营养的饮食。Trowell等人进一步细化为“蔬菜细胞壁的那些成分（纤维素、半纤维素、果胶和木质素），它们抵抗人类消化分泌物的酶的消化”。纳米纤维素是一种膳食纤维（是植物或类似碳水化合物的可食用部分），对人类的整体健康有益，可以在人体小肠中抵抗消化吸收，在大肠中完全或部分发酵。膳食纤维包括多糖、寡糖、木质素和相关的植物物质。

Andrade等人基于生物质的NCF进行了体重、生化（血液中的葡萄糖、胆固醇和脂质分布、粪便分析）和组织学测试。此外，小鼠研究的初步结果清楚地显示了这些纤维用于食品添加剂的潜力。如图9－6所示，他们制备了四种不同类型的膳食：Ⅰ型－AIN－93（对照样）；Ⅱ型－AIN－93＋7%纤维素纳米原纤维悬浮液；Ⅲ型 - AIN - 93 + 14% 纤维素纳米原纤维悬浮液和Ⅳ - AIN - 93 + 21% 纤维素纳米原纤维悬浮液。根据 AIN - 93 M 对小鼠的实验结果，他们平衡了饮食中维生素、矿物质和其他成分的量。

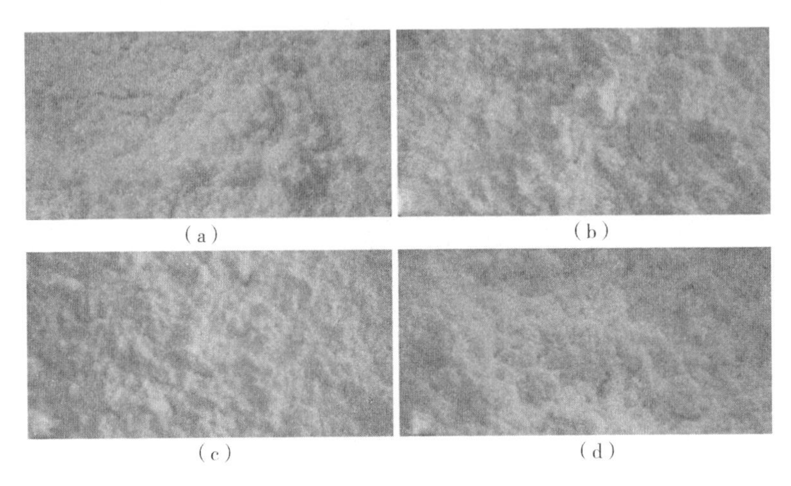

图 9 - 6 研究制备的膳食照片

(a) Ⅰ型对照[AIN - 93]；(b) Ⅱ型 - AIN + 7% NCF；(c) Ⅲ型 - AIN + 14% NCF 和(d) Ⅳ型 - AIN + 21% NCF

图 9 - 7(a)为喂食不同膳食后小鼠甘油三酯的水平。对照样品的甘油三酯水平为(87 ± 19) $mg \cdot dL^{-1}$，记录的第 1 组数值为(100 ± 16) $mg \cdot dL^{-1}$，第 2 组为(98 ± 12) $mg \cdot dL^{-1}$，第 3 组为(117 ± 23) $mg \cdot dL^{-1}$，最后一组喂食纳米纤维悬浮液的最大分数。这些数值在组间比较时没有表现出显著差异。实验完成后小鼠的总胆固醇值如图 9 - 7(b)所示，结果表明各组均无统计学差异。

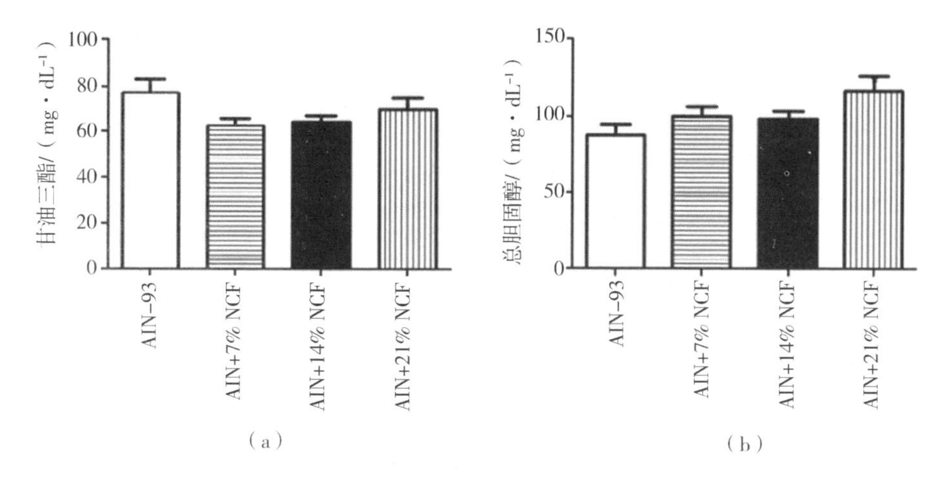

图9-7 喂食不同膳食的小鼠的生化参数变化

(a)甘油三酯;(b)总胆固醇

细菌纤维素俗称“nata”,由于其纤维网络细、生物相容性好、保水能力强和抗张强度高,作为一种食品成分被广泛研究。nata通常由木聚糖杆菌培养而来,它是通过孔将纤维素微纤维挤压到细胞膜上形成的,然后细胞膜被排列成纤维素带。大块膜或薄膜是这些丝带缠结的网。nata由0.9%的纤维素、0.3%的束缚水和98.8%的游离水组成,比从植物中提取的纤维素更亲水,在水中能保持其重量的100多倍。未加工的nata凝胶口感较差,可通过添加糖醇(多元醇)或海藻酸盐和氯化钙来改善。

Lin等人将具有高吸水性的BC添加到海豚鱼鱼糜中,评估了复合凝胶的特性。经过12天的木糖醋杆菌(BCRC12335)发酵,培养基的pH值由4.0降至3.6,菌体在表面的生长达到0.7 cm左右。碱处理改变了BC的结构,形成致密多孔的网络结构。他们发现,这种碱处理的nata(AT-nata)表现出较高的持水能力。海豚鱼鱼糜刚性的临界含水量(CWC)在80%左右,当鱼糜含水量超过80%时,加热鱼糜的刚性和凝胶强度均显著下降。他们认为,添加5% AT-nata对80%水含量的鱼糜的凝胶强度的提高主要是通过增强其断裂力来实现的。根据SEM的观察,天然nata不具备清晰的纤维素网络。在纤维素框架的空隙中发现了薄膜状材料,如图9-8(a)所示。他们认为,这种薄膜状的非纤维素可能含有培养基、细胞和代谢产物,并导致了水分子的排斥。相比之下,AT-nata 显示出了致密的多孔网络，如图 9－8(b)所示。这个精细的网络可以强有力地保持水分子。

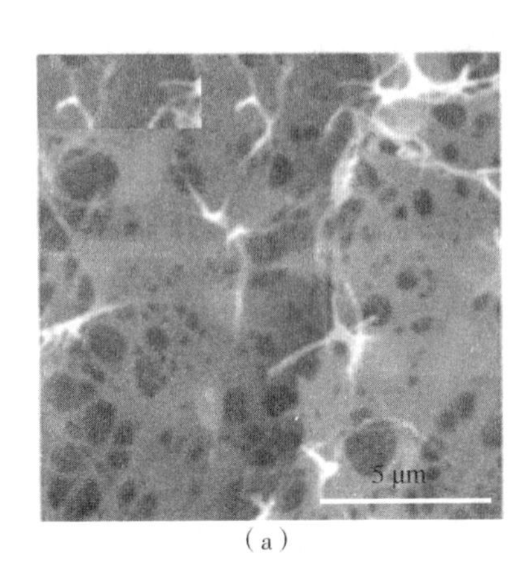

(a)

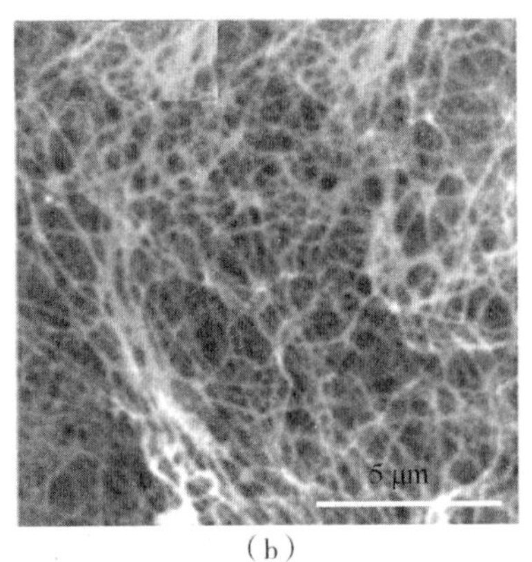

(b)

图 9－8 nata 的 SEM 图

(a)天然 nata；(b)碱处理的 nata

他们发现，添加 N－nata 的鱼糜凝胶的持水能力(WHC)下降程度大于添加 AT－nata 的凝胶(图 9－9)。N－nata 鱼糜凝胶的持水量衰减指数(WHCDI)(添加量从 0 逐渐增加到 20% 时的 10.10%、13.94%、15.30%、22.09% 和 23.35%)也大于 AT－nata 鱼糜凝胶(添加量从 0 逐渐增加到 20% 时的 10.10%、10.47%、11.58%、11.81% 和 12.62%)。尽管如此，添加 nata 并没有改善鱼糜凝胶的 WHC，说明鱼糜蛋白与纤维素之间的有效相互作用并没有形成精细的结合网络。

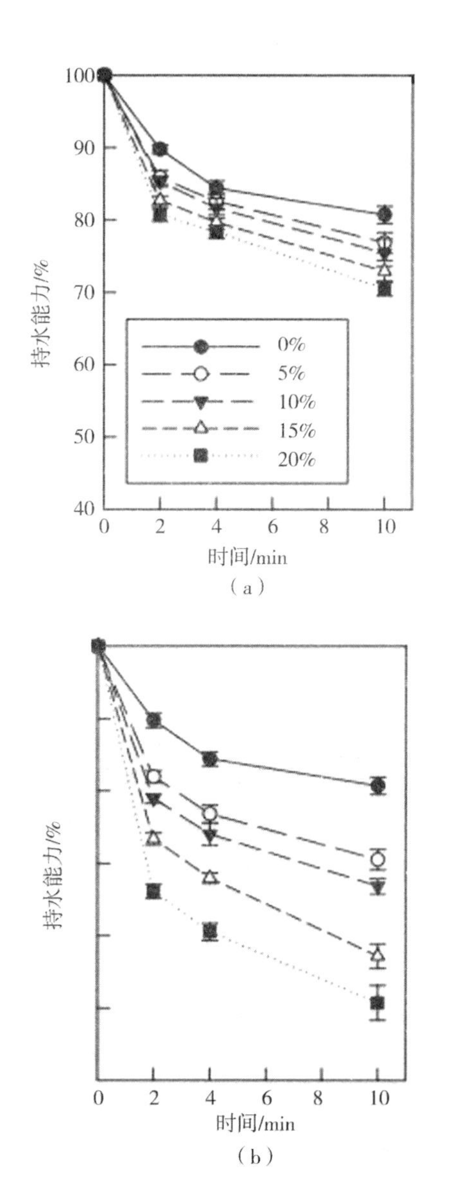

图9-9　nata改良的80%含水量加热鱼糜的持水能力

(a)**碱处理的**nata;(b)**天然**nata

结果表明,AT-nata鱼糜凝胶中的破断力、变形量和凝胶强度均高于Nnata 凝胶。凝胶强度只在 5% AT – nata 鱼糜凝胶中得到增强,添加量为 20% 时变得不可测(图 9 – 10)。

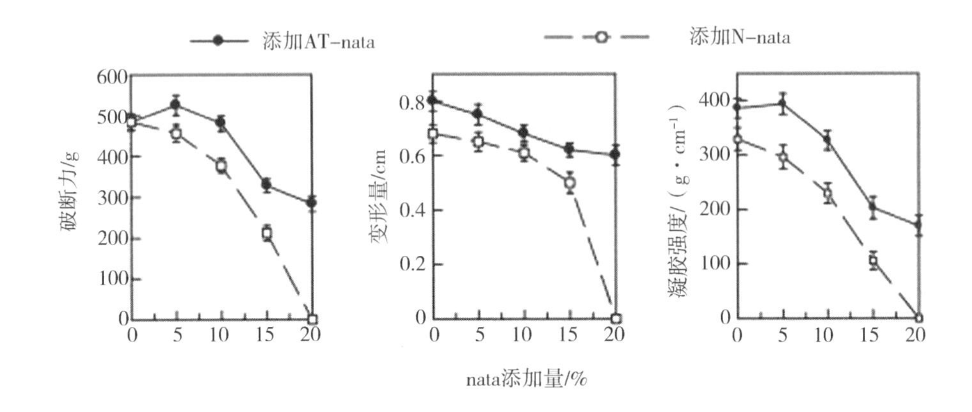

图 9 – 10 添加碱处理 nata 和天然 nata 的 80% 含水量加热鱼糜的强度

9.3 食品包装

为了提高食品的保存期防止浪费,对食品中氧敏感成分的有效封装是很重要的。Svagan 等人认为,整洁的纳米纤维素薄膜表现出出色的氧气阻隔性能,因此从增强氧气保护的角度来看,基于纳米纤维素的胶囊可以作为食品包装材料使用。如图 9 – 11 所示,他们成功制备了两种具有液态十六烷核的纳米纤维素胶囊,即一个初级纳米纤维素聚脲 – 氨基甲酸乙酯胶囊(直径:1.66 μm)和一个更大的聚集胶囊(直径:8.3 μm)在纳米纤维素基质中包含几个初级胶囊。为了量化通过胶囊壁的氧渗透,将氧敏感自旋探针溶解在液体十六烷核心中,允许对核心内的氧浓度进行非侵入性测量,结果表明,与含有自旋探针的纯十六烷溶液相比,两种胶囊类型的氧气吸收率显著降低了。

如图 9 – 11(a)所示,合成胶囊的外壳由 NFC/CNC 增强的聚氨酯 – 尿素基质组成,NFC/CNC 含量为 17%,胶囊的平均直径为(1.66 ± 0.35) μm。溶剂蒸发后,得到大实体(8.3 ±2.5 μm),如图 9 – 11(b)所示。

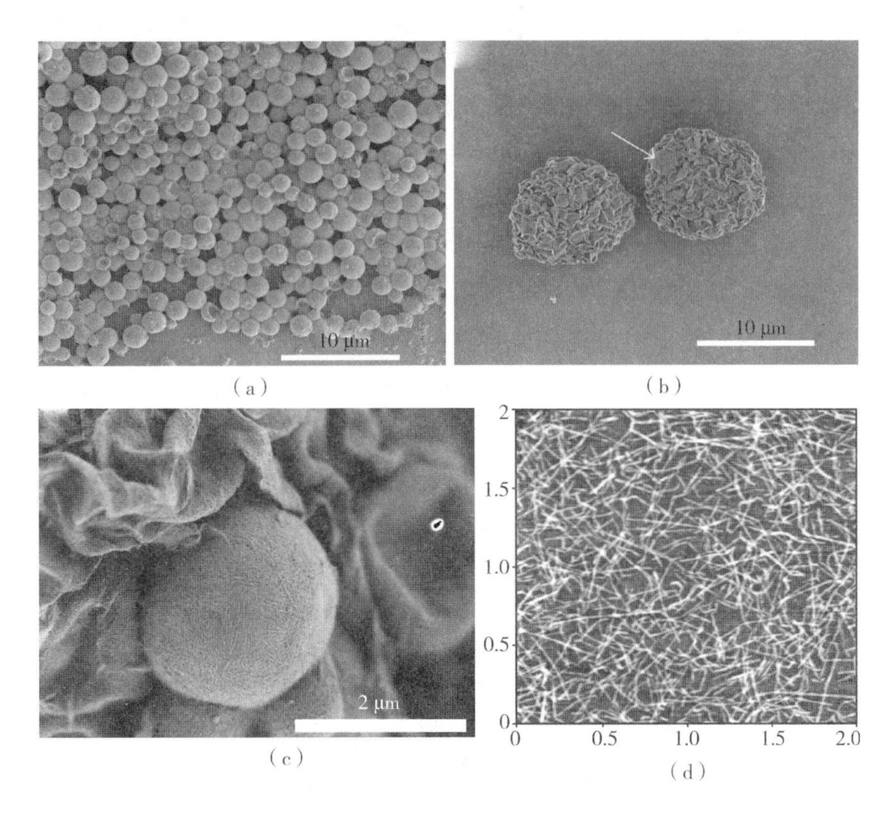

图9-11　(a)初级交联NFC/CNC胶囊、(b)制备o/w乳液后获得的较大的聚集胶囊、(c)特写显示(b)中较大胶囊聚集体的胶囊壁的纤维结构的SEM图；(d)TEMPO-NFC吸附在云母上的AFM图

他们发现,这些聚合胶囊包含几个主要的交联NFC/CNC胶囊。在图9-11(c)中,较大胶囊的表面结构清楚地显示出纳米纤维结构。高度折叠或破碎的"纸浆"类型的表面结构是干燥过程造成的。在较大实体的表面他们还检测到了一些初级胶囊。图9-11(d)展示了沉积在云母上的TEMPO-NFC的AFM图。TEMPO纳米纤维的直径为(3.0 ± 1.5) nm,长度为200~1000 nm。

目前,社会的需求鼓励对可延长易腐食品保质期同时减少处置时产生的废物的包装进行研究。因此,探索纸板(Pb)包装的性能改进是有意义的,因为这种类型的包装是可生物降解和可回收的。Bideau等人研究了TEMPO氧化纤维素纳米纤维(TOCN)和PPy涂层在这种纸板上的附加值。由于TOCN和PPy颗粒形成致密的网络,涂层纸板(CPb)的机械性能和降低的透气性得到显著改善。结果表明,聚吡咯颗粒的表面涂层可用于制造工业应用中的多层纸板容器,以减少经常添加的常规塑料产生的包装废物。

图 9 - 12(c)为纸板的表面和涂层纸板的横截面的 SEM 图。纸板结构排列成片状和纤维状,形成无序的缠结网络,如图 9 - 12(a)所示。表面看起来非常粗糙,有许多孔和一些聚集体。当与图 9 - 12(b)交叉参考时,可以推断出纸板完全被 TOCN/PPy 涂层覆盖。他们认为,在吡咯聚合过程中,PPy 纳米粒子包覆在 TOCN 上,这解释了由于碳和氧含量的变化,纤维素结构在共轭聚合物下的消失。涂层使纸板表面更加平整,表面孔隙被封闭。在图 9 - 12(c)中,涂布纸板的横截面显示了纸板顶部的涂层,且 TOCN/PPy 涂层的结构相对致密。由于 PPy 在应用到纸板上之前就已经开始聚合,所以涂料在纸板表层似乎不能扩散得很深。

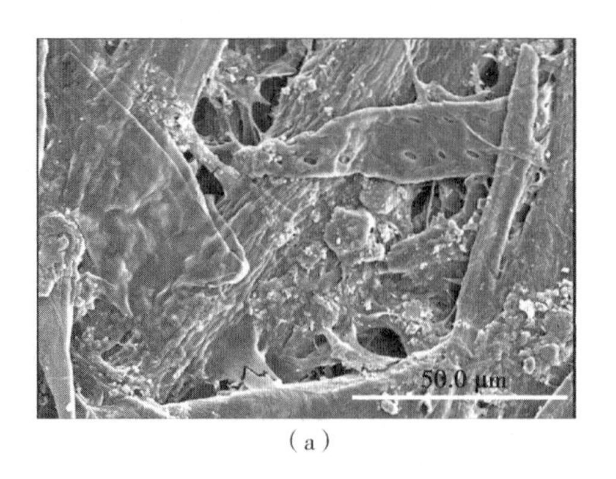

(a)

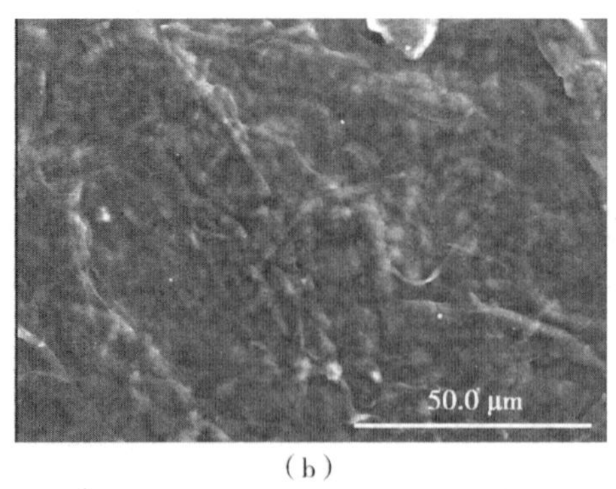

(b)

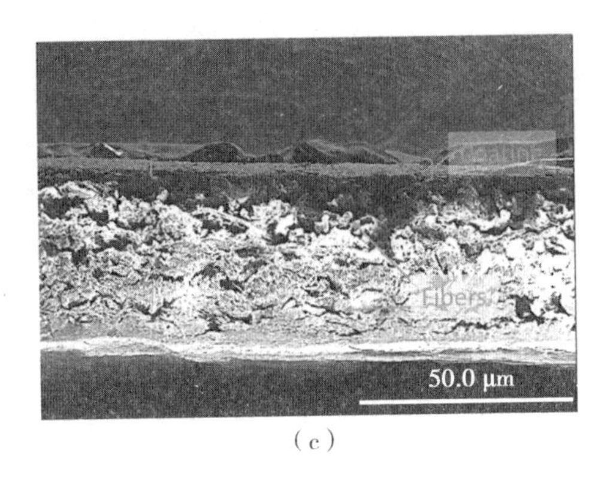

(c)

图9-12 纸板(a)和(b)、(c)涂布纸板表面以及横截面的SEM图

在图9-13中可以发现没有涂层,水滴在14 s内被吸收。由于纤维素纤维的高亲水性,接触角迅速减小。相比之下,CPb对水的吸收较弱。他们认为,该结果可以通过非常致密的涂层结构来解释,其表面上的PPy层完全覆盖了纤维素纤维。这解释了CPb的接触角下降(90 s后从80°降至67°)比Pb下降慢的原因。因此,涂层显著降低了纸板的润湿性,这对于食品包装应用非常重要,因为润湿性可以降低材料的机械性能。

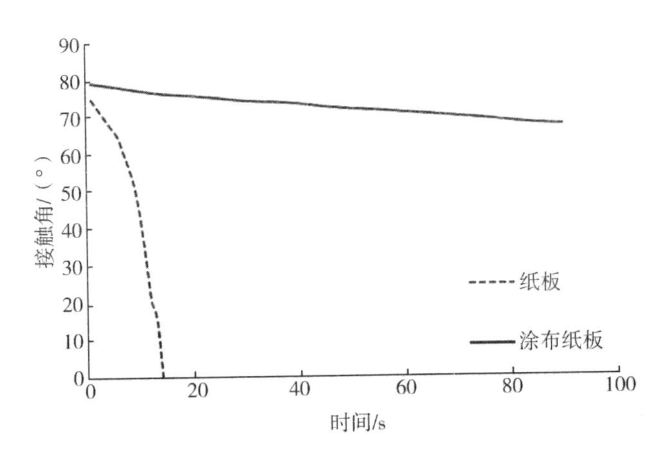

图9-13 每块纸板的吸水率

第10章　纳米纤维素在环保领域的应用

随着经济与社会的不断进步，人类所面临的环境污染问题也日益突出。近年来，人们开发出了很多的基于纳米纤维素的材料并广泛应用于油水分离、催化剂载体、废水处理、空气过滤等环保领域。

10.1　油水分离材料

石油对生态环境尤其是水环境有着重大的影响。由于全球的石油贸易主要采用的是海运的方式，因此每年都有大量的石油在发生意外或事故的情况下被排入海洋，进而对海洋生物和水体造成了严重的污染。目前，这些石油的处理方式主要包括原位燃烧、机械方法、化学处理、生物修复和吸收等。其中吸收剂由于成本低、效率高以及二次污染小等优点成为人们主要的研究方向。

Laitinen 等人分析，基于 CNF 的多孔和超低密度、可再生性、良好的机械性能、自然生物降解性和环境友好性，采用一种简单、环保的纳米纤化处理方法，通过深共熔溶剂法（DES）和冷冻干燥，从回收的废纤维如桦木纤维素（Cel）、瓦楞纸（Flu）、盒纸板（Boa）、牛奶容器纸（MCB）中制备出一种低成本、超轻、高度多孔、疏水、可重复使用的纤维素纳米纤化气凝胶。废纤维素纤维的纳米纤化和疏水改性（硅烷化）使其冷冻干燥后得到密度为 $0.0029\ g \cdot cm^{-3}$、孔隙率高达 99.81% 的纳米纤维海绵。这些海绵对各种油脂和有机溶剂表现出优异的吸收性能，通过简单的机械挤压，可以很容易地回收吸收的油。

他们认为，有效的油/水选择性对于吸油剂至关重要。由于未甲硅烷基化纤维素纤维中含有大量亲水性羟基，冻干的 CNF 海绵不能直接作为吸油材料。亲水性气凝胶在水环境中会迅速崩解，因为水会渗透气凝胶，破坏纤维之间的氢键并导致气凝胶结构坍塌。图 10－1 为疏水改性前后 CNF 海绵的形貌。在没有硅烷化的情况下，CNF 海绵具有由随机缠结的纳米纤维形成的连续三维多孔结构，如图 10－1(a)~(d)所示。在交联剂的帮助下进行疏水改性，形成连续的片状涂层。但是，在所有情况下，多孔结构都得到了很好的保持，如图 10－1(e)~(h)所示，此外，他们发现与原始纤维素气凝胶相比，废纸板纤维素形成了结构良好的织构。

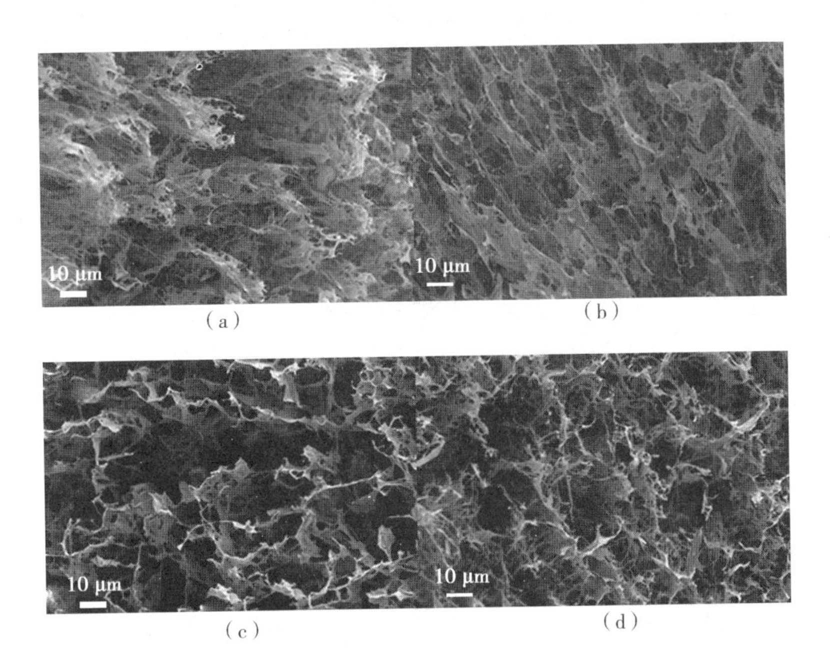

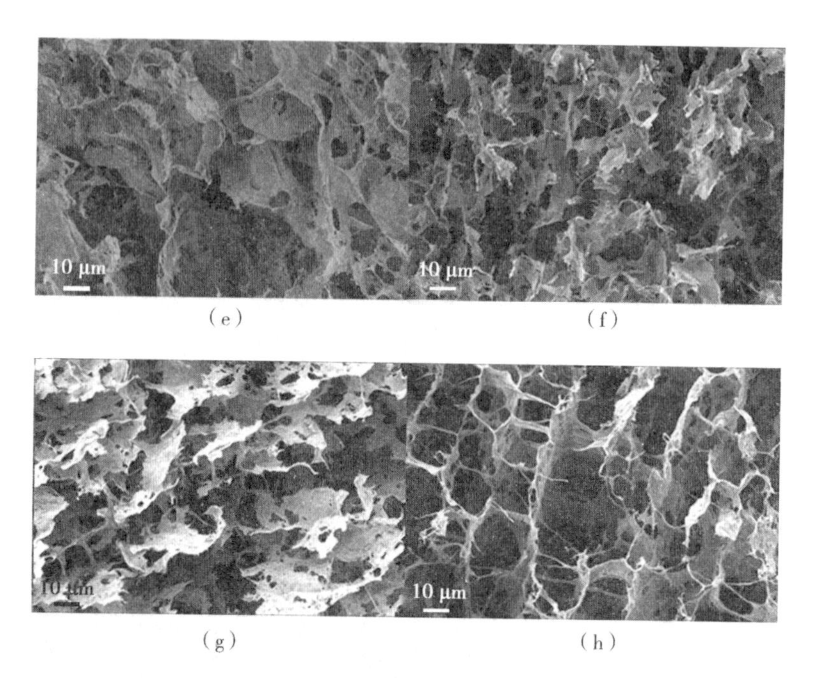

(e) (f)

(g) (h)

图 10-1 CNF 海绵的 FESEM 图

(a)未改性 DES-Cel (0.5);(b)未改性 DES-Flu (0.5);(c)未改性 DES-Boa (0.5);(d)未改性 DES-MCB (0.5);(e)改性 DES-Cel (0.5);(f)改性 DES-Flu (0.5);(g)改性 DES-Boa (0.5);(h)改性 DES-MCB (0.5)

图 10-2 为疏水性 DES-MCB (0.5)海绵在吸收船用柴油中的吸收和重复使用性能。图 10-2(a)显示了水滴如何停留在气凝胶的裂解平面上,表明 CNF 海绵的疏水性。海绵可以在 30 s 内被船用柴油饱和,如图 10-2(b)~(d)所示,表现出很高的吸收效率。此外,他们通过简单的机械挤压可以很容易地回收吸收的油,如图 10-2(e)~(f)所示。挤压后的海绵可以在大约 30 s 内快速吸收更多的油,如图 10-2(g)所示,并且无须任何后处理即可恢复其大部分体积。图 10-2(h)显示了 DES-MCB (0.5)在机械挤压和重吸收柴油 30 次循环后的外观,证明了海绵回收油的效率及其可重复使用性。

图 10 - 2　(a)疏水性纤维素气凝胶;(b) ~ (d)吸收船用柴油;(e) ~ (f)挤压吸收的油;(g)油重吸收;(h)机械挤压和再吸收船用柴油 30 次循环后的气凝胶

Mulyadi 等人提出了一种原位制备 CNF 表面改性和疏水气凝胶的方法。气凝胶制备中既不使用溶剂交换,也不使用氟化物。所制备的疏水气凝胶具有低密度、高孔隙率、良好的柔韧性和溶剂诱导的形状回复性能。他们发现,疏水性气凝胶对各种油脂表现出较高的吸收能力。

他们使用 FESEM 检查了疏水性 CNF 气凝胶的形态并与纯 CNF 气凝胶进行了比较(图 10-3)。在径向横截面处拍摄的气凝胶内部结构的显微照片显示纯 CNF 气凝胶和疏水 CNF 气凝胶具有相似的大孔结构。所有 CNF 气凝胶都表现出高度多孔的开放结构骨架,该骨架包括由 CNF 聚集体形成并与单个 CNF 互连的薄片,如图 10-3(a)和图 10-3(b)所示。部分之间的相似性表明,与冷冻干燥时引入的聚集相比,在此过程中制备的化学改性悬浮液中的纳米原纤维的聚集趋势最小。图 10-3(e)和图 10-3(f)进一步观察了改性前后表面形态的变化。沉积聚合物层的存在使纤维表面产生不规则的粗糙度,这表明接枝聚合物的斑状纹理。表面羟基的掩蔽也会导致网络中明显的纤维结构降低,如图 10-3(b)、(d)、(f)所示。他们认为,纤维网络的减少可能是纤维表面不易形成共价键结的氢键缠绕造成的。因此,他们认为所制备的气凝胶没有足够的小孔隙来维持其对重油的最佳液相吸附能力。

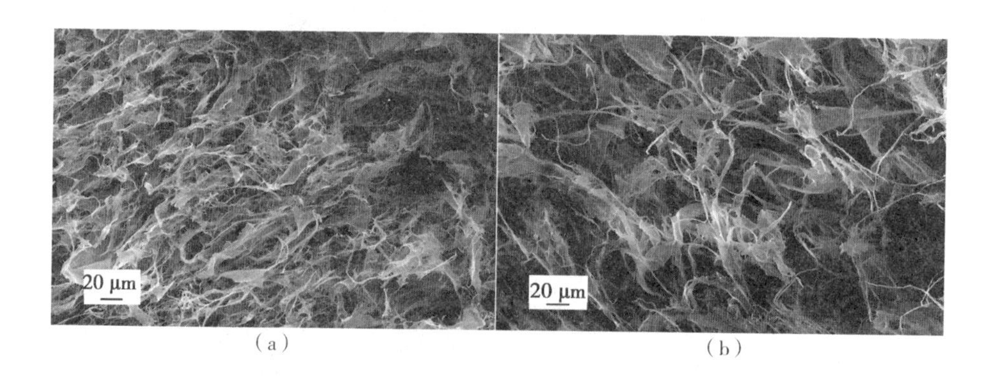

(a) (b)

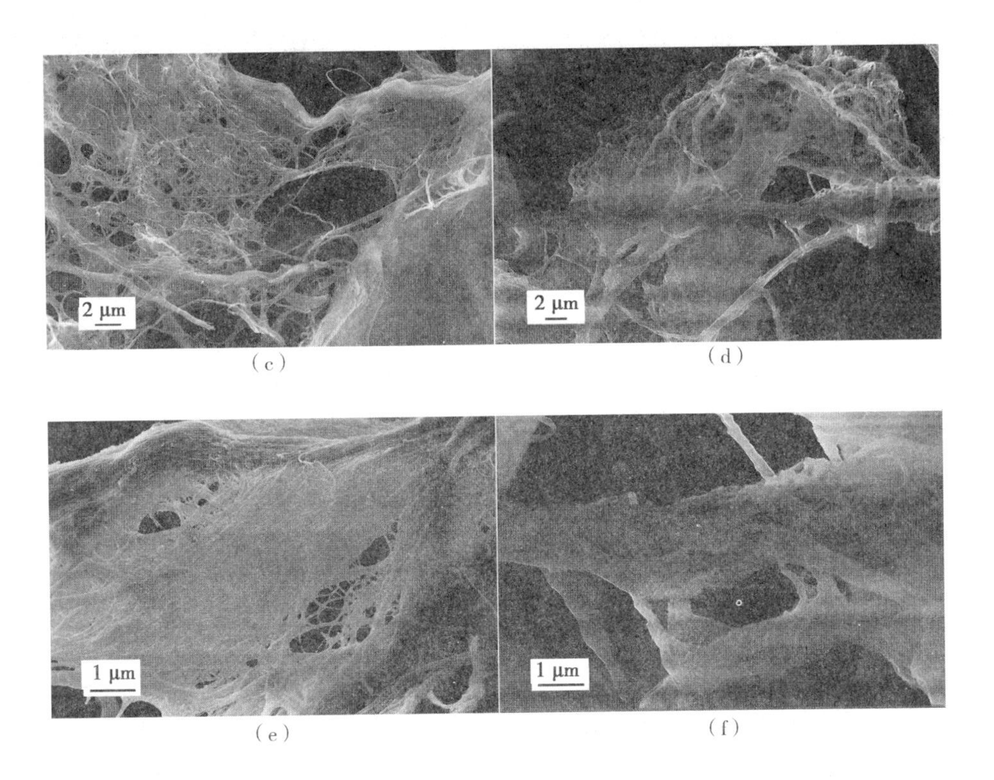

(c)　(d)

(e)　(f)

图10－3　(a)、(c)、(e)纯CNF气凝胶和(b)、(d)、(f)疏水性CNF气凝胶在不同放大倍数下的FESEM图

纯CNF气凝胶具有水诱导的形状恢复特性。由于接枝聚合物的存在,改变了气凝胶的表面润湿特性,因此CNF气凝胶的溶剂诱导形状恢复特性仍可保留。然而,由于表面改性改变了CNF的疏水性,从而改变了气凝胶孔隙的毛细力以及CNF的溶胀性,因此,改性CNF气凝胶与未改性CNF气凝胶促进压缩气凝胶形状恢复的溶剂应该是不同的。如图10－4(a)～(d)所示,他们发现吡啶可以刺激疏水气凝胶的形状恢复。他们认为,吡啶刺激疏水CNF气凝胶的形状恢复机理应与纯CNF气凝胶的水刺激形状恢复机理相似。高极性、中等表面能的溶剂,如吡啶、DMSO等,会穿透聚合物层,使纤维素部分膨胀。膨胀的纤维素会膨胀,形成开放的孔隙结构,导致更多的液体渗透。当液体扩散到纤维素网络时,一种水动力被引入,允许变形的气凝胶在几分钟内膨胀并恢复其形状。

图 10-4 疏水 CNF 气凝胶的吡啶诱导形状记忆序列图
(a)气凝胶初始浸入等体积的吡啶;(b)湿气凝胶压缩至原来长度的 80% 变形;
(c)卸载时的暂时形状;(d)5 min 后形状恢复

10.2 催化剂载体

近年来,纤维素衍生物以及其他生物聚合物已被研究为潜在的高效、廉价、可再生和可生物降解的催化载体。例如,负载贵金属纳米粒子的纳米纤维素已被证明分别对有机溶剂中的偶联反应和氮杂环的 N-芳基化有催化活性。目前,金属纳米粒子的结构和功能设计使得高性能催化剂的开发取得了显著进展。金纳米粒子(AuNP)是最具创新性的催化剂之一,尽管大块 Au 金属被认为是稳定且无活性的。由于电介导的配体效应,金属纳米颗粒的杂化在先进纳米催化剂领域引起了人们的极大兴趣。

近几十年来,双金属核物质因其不同于单金属个体的特性而引起了人们的关注。已知两个金属 NP 之间的电子相互作用能加速催化反应。与单金属当量相比,这些所谓的配体效应导致了更高的加工效率。据报道,由 Au 和 Pd 组成的双金属 NP 在水溶液中对醇的氧化具有比单个单金属 NP 更高的催化活性。同样,Au-Ag 和 Au-Ni 双金属 NP 对 CO 氧化反应和氨硼烷水解反应的催化活性分别高于单金属当量。因此,两种不同金属 NP 的杂化在催化剂的结构和电化学设计中具有重要意义。Azetsu 等人报道了在 TEMPO 氧化纤维素纳米纤维(TOCN)表面拓扑化学合成 Au 和钯(Pd)双金属 NP 及其优异的催化性能。他们发现,高度分散的 AuPdNP 被成功地原位合成在 TOCN 的晶体表面,具有非常高密度的羧酸基团。AuPdNP@TOCN 纳米复合材料在水还原 4-硝基苯酚(4-NP)为 4-氨基苯酚(4-AP)的反应中表现出优异的催化效率,他们认为这取决于 Au 和 Pd 的物质的量比。

AuNP@ TOCN、PdNP@ TOCN、AuPdNP@ TOCN 和不含 TOCN 的 AuNP 的金属纳米粒子的 TEM 图和尺寸分布直方图如图 10 - 5 所示。AuNP@ TOCN 和 PdNP@ TOCN 复合材料的平均粒径分别为(4.01 ± 0.69) nm 和(8.21 ± 0.86) nm,表明 TOCN 载体上的 AuNP 尺寸较小。TOCN 载体上的 AuPdNP,Au 与 Pd 物质的量比为 3∶1、1∶1 和 1∶3,粒径分别为(7.70 ± 1.49) nm、(5.18 ± 0.67) nm 和(4.27 ± 0.85) nm。TOCN 在 TEM 图中是不可见的,因为没有使用锇、铅、铀或金等重金属染色来清楚地识别 TOCN 支持物上的金属 NP。

他们在 $NaBH_4$存在下测试了设计的金属 NP@ TOCN 将 4 - NP 还原为 4 - AP 的催化效率。在 4 - NP 溶液中加入 $NaBH_4$后,由于 4 - 硝基苯酚离子的形成,溶液的颜色从浅黄色变为深黄色。他们使用紫外 - 可见光谱监测了反应进程。图 10 - 6 为在 AuNP@ TOCN 上 4 - NP 催化反应过程中记录的延时紫外 - 可见吸收光谱。添加 AuNP@ TOCN 后,4 - 硝基苯酚离子的黄色随着时间的推移而褪色。他们认为,4 - NP 在 400 nm 处的特征峰,归属于 4 - 硝基苯酚离子,逐渐减少;而在 300 nm 处出现一个新峰,对应于 4 - AP。在 25 ℃下,反应在 24 min 内完成。

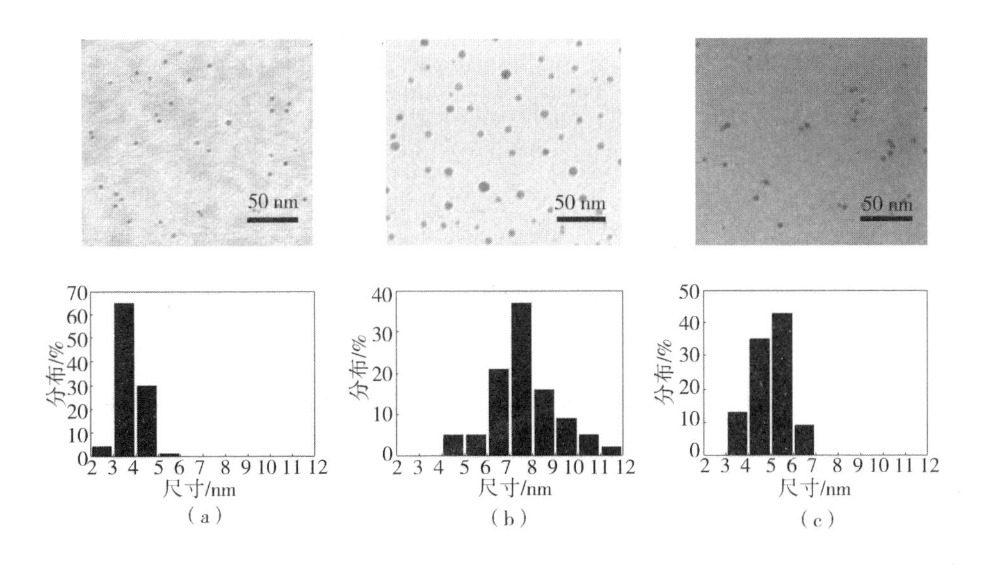

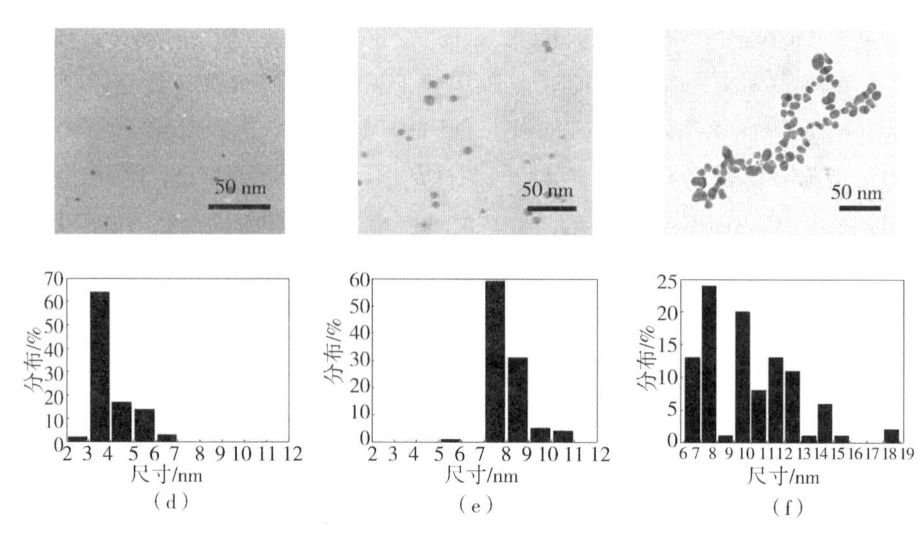

图 10-5　各种金属 NP@TOCN 复合材料的 TEM 图和尺寸分布直方图

Au 与 Pd 的物质的量比为(a)1∶0;(b)3∶1;(c)1∶1;(d)1∶3;

(e)0∶1 和(f)不含 TOCN 的 AuNP 比例尺为 50 nm

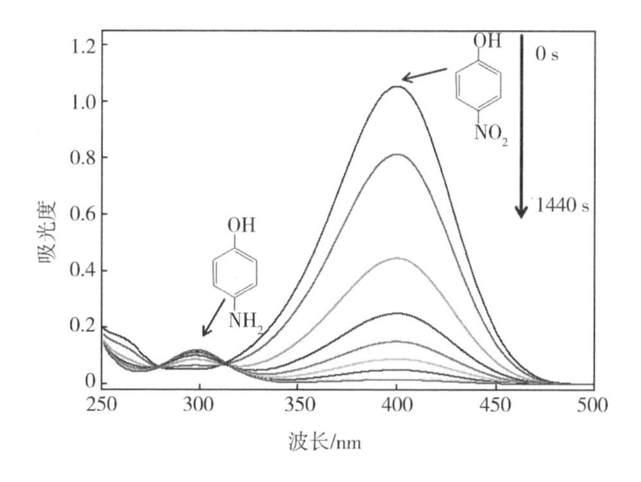

图 10-6　在 AuNP@TOCN 上催化还原 4-NP 过程中的紫外-可见吸收光谱

10.3　重金属离子吸附材料

重金属离子对水的污染是一个世界性的问题,因为从社区和工业收集的废水必须排回海洋或陆地。常规的去除水中重金属的方法是基于不同的途径，如吸附法、膜法、离子交换法和反渗透法等。使用基于可再生资源的生物吸附剂作为重金属离子的低成本吸附剂受到越来越多的关注。附加在生物吸附剂上的官能团，如羧酸盐、羟基、硫酸盐、酰胺和氨基，可以与金属键合。纳米纤维素由于其高机械性能、高比表面积和进行广泛表面改性的能力而越来越多地应用于污水处理技术。通过 TEMPO 介导的氧化将羧酸根基团引入纳米纤维表面被证明是一种简便的功能化途径，通过配位显著增强了金属阳离子的吸附。很多研究成功地使用这种方法来增强纳米纤维素对重金属阳离子的吸附能力。

Maatar 等人将通过与甲基丙烯酸和马来酸接枝共聚改性的 NFC 气凝胶（NFC－MAA－MA）用作重金属吸附剂。研究了根据金属浓度和金属类型的吸附效率的演变，并讨论了金属吸附的可能机制。如图 10－7 所示，气凝胶在孔径为 50～500 nm 范围内呈现较宽的分布，细胞壁的 SEM 图显示了宽度为 20～50 nm 的纳米纤维的随机面内取向；接枝处理后孔径分布没有明显变化。他们认为，密度变化的一个可能原因可能是纤维素纳米纤维上存在固定的接枝聚合物链。

（a）

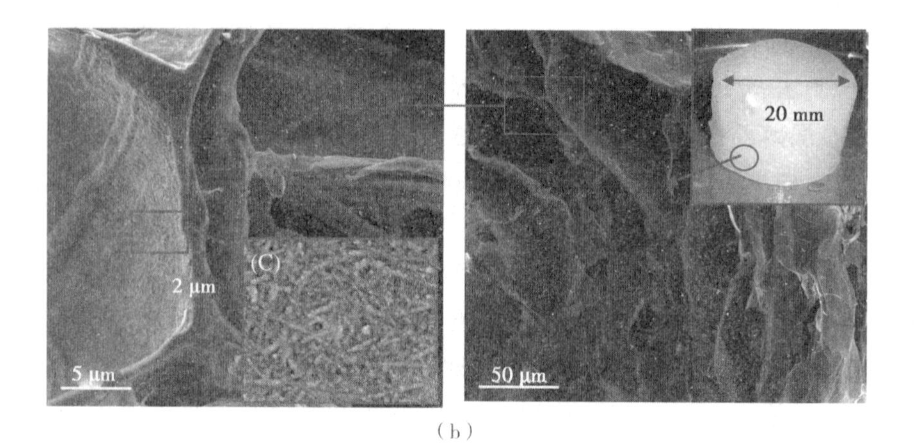

(b)

图 10－7 (a)接枝反应前后气凝胶的照片和(b)接枝反应后及不同放大倍数下断裂表面的 SEM 图

去除效率随金属离子初始浓度的变化如图 10－8 所示。当金属离子的初始浓度低于 10 ppm 时,NFC－MAA－MA 气凝胶表现出高吸附性能,去除效率在 90%～95%。将金属离子的初始浓度升高到 10 ppm 以上会导致吸附量增加,但代价是去除效率在 60%～90%之间波动。他们推测,这两种现象可能是由于升高金属离子的浓度,同时保持吸附剂的质量不变,有利于增大金属和活性位点之间相互作用的可能性。随着金属离子浓度的进一步升高,自由结合金属离子之间的静电和空间排斥降低了吸附的程度。四种离子的吸附容量从 100～130 $mg \cdot g^{-1}$(800～2000 $mol \cdot g^{-1}$)不等,具体取决于金属,并按以下顺序排列:Pb > Cd > Ni ≈ Zn,这是与金属离子的离子半径变化相一致。他们因此得出结论,除了离子交换过程外,阳离子的大小也影响吸附容量。

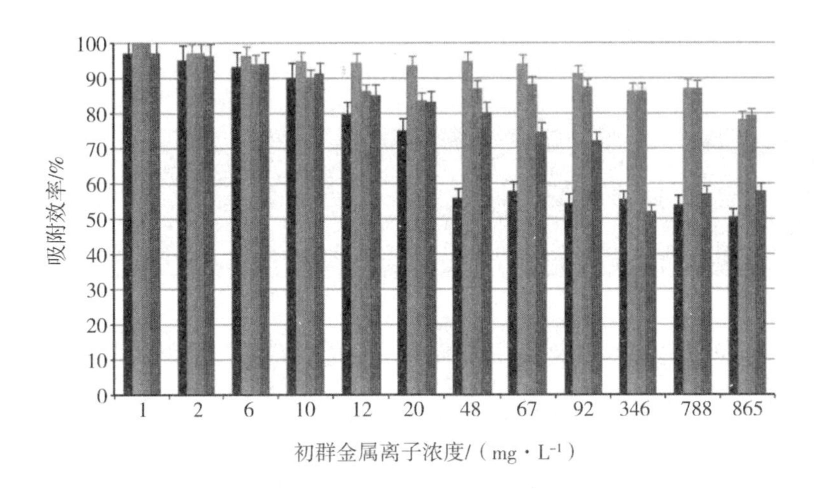

图 10－8　NFC－MAA－MA 气凝胶对金属离子的吸附效率

与 pH ＝5 下初始金属离子浓度的函数关系（柱状图中由左至右依次为 Ni、Pb、Cd、Zn）

Hong 等人利用聚氨酯（PU）泡沫作为一种高效、耐用的模板固定表面功能化的纳米纤维素羧甲基纤维素纳米纤维（CMCNF），以应对纳米纤维素在工业净水中应用的一些挑战，如团聚、难以从废水中分离和再生等。复合泡沫在具有开孔结构的 PU 基质中表现出良好分散的 CMCNF；此外，氢键导致了机械强度的提高，这是理想的废水处理吸附剂的另一个要求。复合泡沫显示出高吸附能力和可回收利用的潜力。他们认为，纳米纤维素的最佳表面改性与耐用 PU 泡沫中的隔离和固定相结合，实现了高效且具有成本竞争力的重金属离子生物吸附剂。

图 10－9 为 CMCNF 含量分别为 0、2%、3% 和 4%（以下分别记为纯 PU、PU/CMCNF－2、PU/CMCNF－3 和 PU/CMCNF－4）的 PU 泡沫的 SEM 图。纯 PU 表面光滑致密，如图 10－9（a）所示，而 PU 复合泡沫在增加 CMCNF 含量后表现出相应的麻点表面和更粗糙的泡孔结构，如图 10－9（b）～（d）所示。中值孔径从纯 PU 的 39 μm 显著减小到 PU/CMCNF－4 的 9 μm，而孔隙率没有显著变化。他们认为，这意味着更大的此表面积可以促进水溶液中的金属离子嵌入 PU 基质中的 CMCNF。他们无法识别 CMCNF 聚集体或附聚物，表明 CMCNF 很好地嵌入了 PU 矩阵中。在构建三维图像时，他们发现多孔形貌的差异明显。如图 10－9（e）和图 10－9（f）所示，与纯 PU 相比，PU/CMCNF－4 具有更致密的

多孔结构,孔隙小得多。

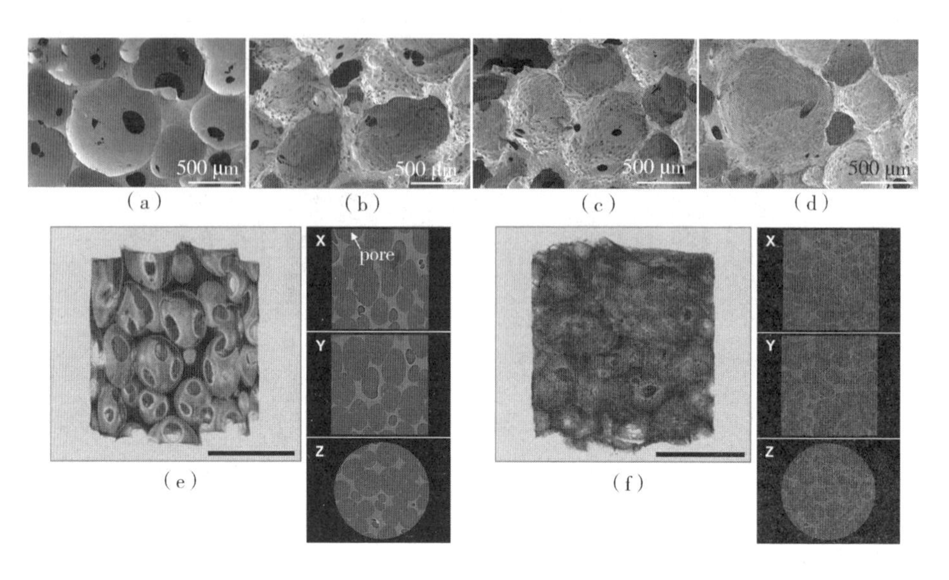

图 10-9 纯 PU 泡沫(a)和 2%(b)、3%(c)和 4%(d)CMCNF 的 PU/CMCNF 复合泡沫的表面 SEM 图;纯 PU 泡沫(e)和 PU/CMCNF-4(f)复合泡沫的重建 3D XRM

接触时间是评价吸附性能的另一个重要因素。为了确定金属离子的吸附速率和寻找平衡时间,他们测定了吸附效率与接触时间的关系。如图 10-10(a)所示,随着接触时间的延长,金属离子的去除率增加,72 h 内几乎达到准平衡状态,之后保持恒定。根据动力学曲线,在前 24 h 内,金属离子的吸收量迅速增加(达到总吸收量的 80%)。虽然吸附速率相当缓慢,但这一结果与典型的生物吸附过程相似,即金属离子通过物理/化学过程迅速结合到吸附剂表面。随后,由于活性位的饱和,金属离子缓慢转移到隐藏位点并达到平衡。他们采用 PU/CMCNF-4,通过改变金属离子浓度为 25~200 $mg \cdot L^{-1}$,考察了初始浓度对吸附容量的影响,结果如图 10-10(b)所示,金属离子的去除率随初始浓度的升高而降低。他们认为,在低浓度下几乎所有的金属离子都迅速吸附在表面,而在高浓度下,由于活性吸附剂表面的饱和,溶液中存在的金属离子不能与吸附剂的活性结合位点相互作用。

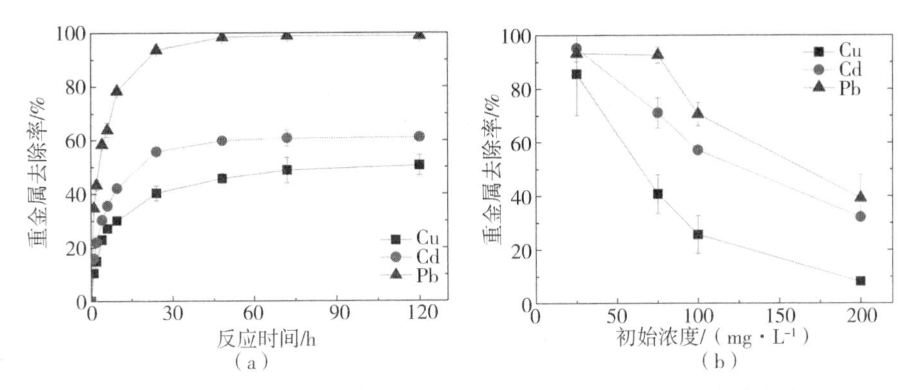

图 10－10　反应时间(a)和初始浓度(b)对 CMCNF/PU－4 复合材料去除重金属的影响

10.4　电磁屏蔽材料

Zeng 等人以纤维素纳米纤维和银纳米线形成的仿生细胞微结构为部件，通过方便且简便的冷冻铸造方法组装而成了超轻且高度柔韧的生物聚合物气凝胶(图 10－11)。他们通过调整冷冻方法来调节微观结构与宏观机械和电磁干扰(EMI)屏蔽性能之间的关系，成功地实现了层状、蜂窝状和随机多孔支架。结合原位压缩产生的屏蔽转换和可控的构建单元含量，优化的层状多孔生物聚合物气凝胶可以表现出非常高的 EMI 屏蔽效率(SE)。在混合气凝胶中，他们通过在冷冻浇铸前调整混合分散体中 Ag NW 与 CNF 的比例，可以很容易地调整气凝胶中 Ag NW 的质量比。随着 Ag NW 含量的增加，固定密度为 6.2 $mg \cdot cm^{-3}$的层状多孔支架显示出类似的细胞壁厚度和相邻细胞壁之间的间隙，如图 10－11(a) ~(f) 所示。在细胞壁中，当含量为 10% 时，很难观察到分散的 Ag NW；在 30% 和 50% 的含量下，均匀分布的 Ag NW 导电网络清晰可见。由于多孔支架中的纤维素含量低，气凝胶的 Ag NW 含量的进一步增加会损害细胞壁的完整性产生看起来不规则的多孔，如图 10－11(g) 和图 10－11(h) 所示。

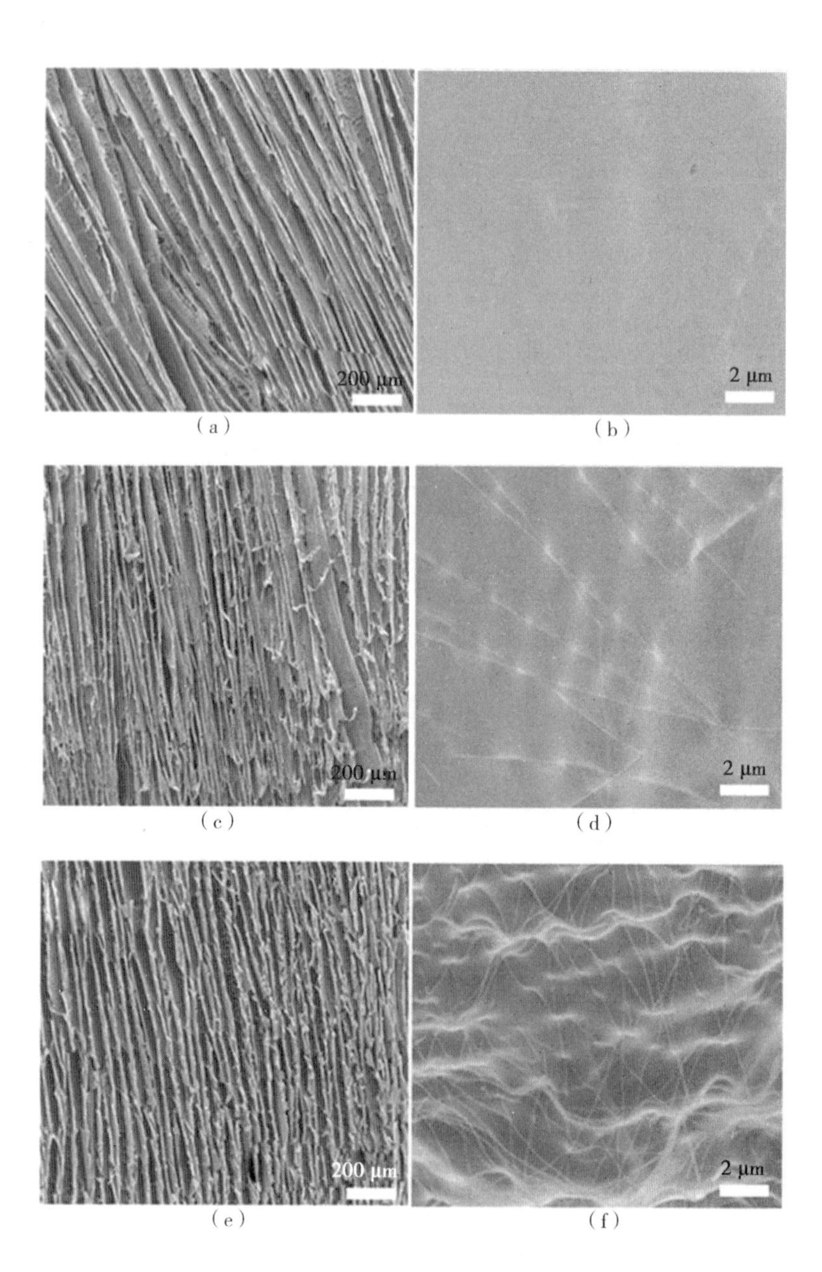
200 μm
2 μm
(a)
(b)
200 μm
2 μm
(c)
(d)
200 μm
2 μm
(e)
(f)

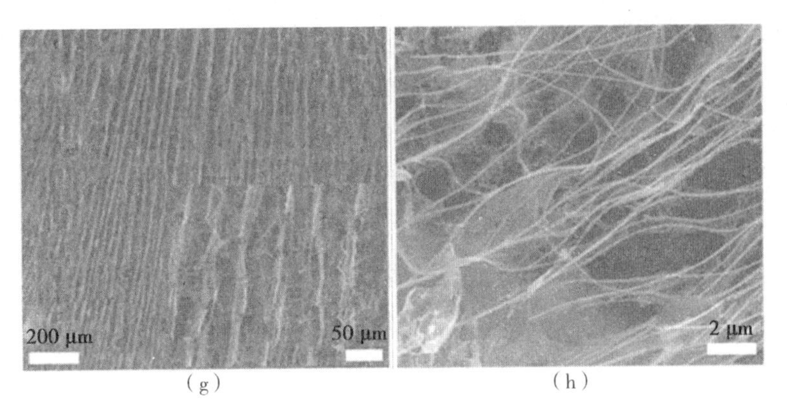

图10-11　片状多孔CNF/Ag NW气凝胶的孔隙和细胞壁的SEM图

(a)、(b)10%;(c)、(d)30%;(e)、(f)50%(g)、(h)75%

如图10-12所示,他们在y方向测量了X波段的EMI SE以有效利用这些层状多孔支架。在6.2 mg·cm^{-3}的固定密度和2.0 mm的厚度下,由于反射损失(SE_R)和吸收损失(SE_A)的增加,气凝胶的SE会随着Ag NW含量的增加而增加,最高可达50%。

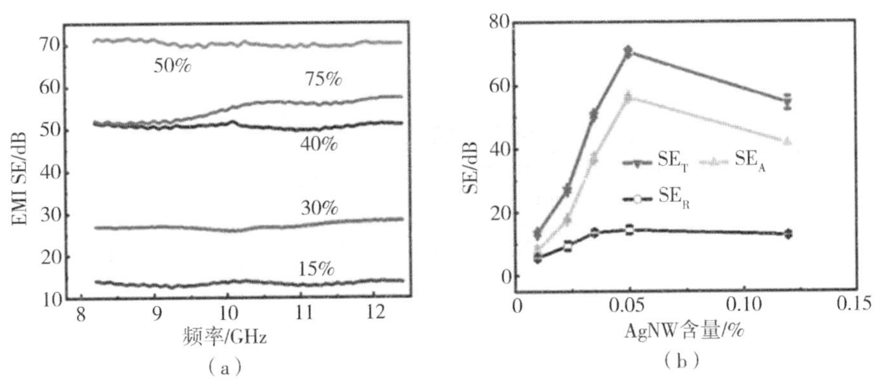

图10-12　密度为6.2 mg·cm^{-3}的CNF/Ag NW气凝胶的(a)y向EMI SE和(b)屏蔽性能与Ag NW含量的关系

10.5　空气过滤材料

空气传播病原体可能导致流行病,这表明需要低成本的空气过滤器,这种过滤器应该可以通过焚烧安全地处理。目前,大多数空气过滤器是由聚丙烯或再生纤维素等合成聚合物制成的。Macfarlane 等人采用湿打浆和冷冻干燥的方法,从原纤化的纸浆纤维中制备了高效的空气过滤器,以捕获亚微米颗粒。在适当的条件下,可以达到满足 N95 标准的透气性和颗粒捕集效率。他们考察了纸浆类型、打浆时间和冷冻过程。颗粒捕集效率随着打浆量的增加而提高,但过度打浆导致低渗透层(LPL)的形成,这种低渗透层是冻结过程诱导的纤维网络压缩的结果。因此,他们在造纸中添加一种常用的成型助剂,防止了纤维网的压缩,从而得到了更高质量的过滤器。

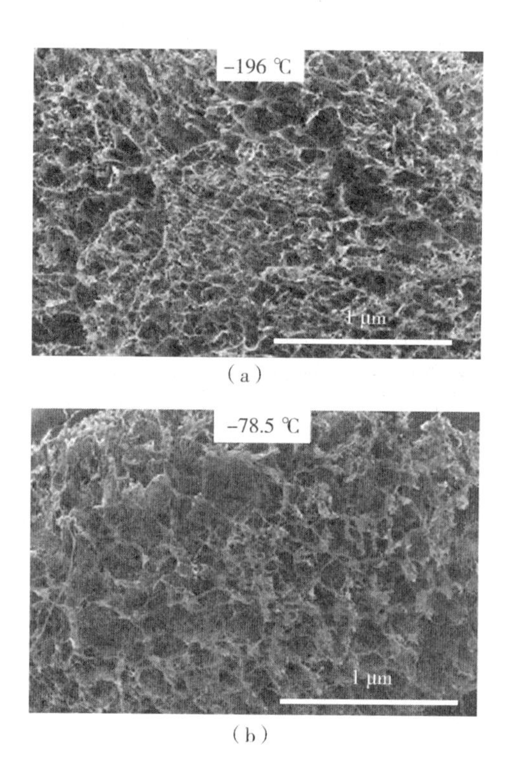

(a)

(b)

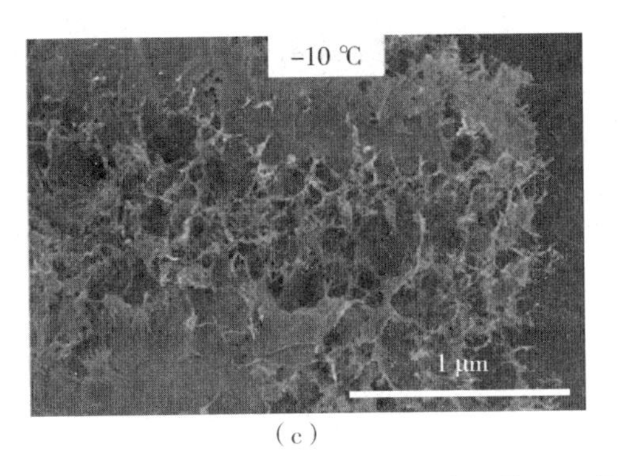

(c)

图 10－13　冷冻过程中与冷板接触表面的 SEM 图

(a) －196 ℃；(b) －78.5 ℃；(c) －10 ℃

图 10－13 为冻结过程中最靠近冷板的滤镜表面的 SEM 图。如图 10－13(c)所示，在－10 ℃板上缓慢冷冻会产生两种形态。

图 10－14 比较了有无阴离子聚丙烯酰胺(A－PAM)制作的空气过滤器的性能。两组过滤器均已将上半部去除。A－PAM 在保持高品质因数的同时提高了捕获效率。因此，A－PAM 改善了 HPL(离冷却板近一半)，阻止了 LPL 的形成。

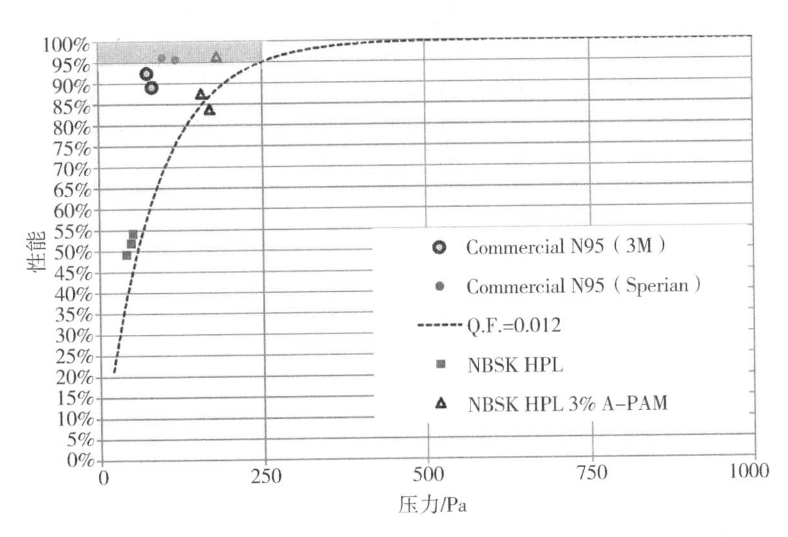

图 10－14　A－PAM 对由 NBSK 制成的过滤器的高渗透性的影响

Nemoto 等人将 TEMPO 氧化 TOCN 分散体在水/叔丁醇(TBA)混合物中进行简单冷冻干燥,制备出了 TOCN 气凝胶作为高性能空气过滤器部件。他们研究了 TOCN 在水/TBA 混合物中的分散性,以及生成的 TOCN 气凝胶的比表面积(SSA)与混合物中 TBA 浓度的关系。他们发现,当 TBA 浓度高达 40% 时,TOCN 可以均匀地分散在水/TBA 混合物中。当 TBA 浓度在 20%~50% 范围内时,TOCN 气凝胶的 SSA 超过 300 $m^2 \cdot g^{-1}$。他们将市购的高效微粒空气(HEPA)过滤器与 30% TBA 制备的 TOCN/水/TBA 分散体结合后进行冻干,得到的含 TOCN 气凝胶过滤器具有良好的过滤性能。他们认为,这是因为在过滤器内形成了纳米级、带有大 SSA 的 TOCN 蜘蛛网状网络。考虑到纳米材料在溶剂中的个体分散性,他们分别对添加和不添加偏振器的 TOCN/水/TBA 分散体进行了拍照,以评价 TBA 浓度的上限,即 TOCN 在混合物中的纳米分散性可以不发生团聚(图 10-15)。

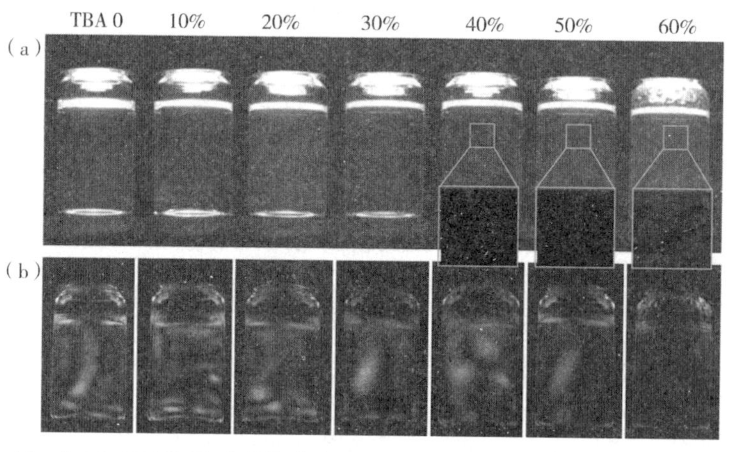

图 10-15 (a)0.1% TOCN 分散体在含 0 ~ 60% TBA 的水/TBA 混合物中的照片(a),以及(b)在交叉偏振器之间拍摄的相应照片

图 10-16 显示了使用 TOCN/水分散体和含有 30% TBA 的 TOCN/水/TBA 分散体制备的基础过滤器和含有 TOCN 气凝胶的过滤器的 SEM 图。在两种含有 TOCN 气凝胶的过滤器中,TOCN 含量均为 0.03 $g \cdot m^{-2}$。他们发现,TOCN/水分散体导致在玻璃纤维之间形成薄膜状 TOCN 团聚体,导致品质因子(QF)值没有明显改善。相比之下,当使用 TOCN/水/TBA 时,玻璃纤维中保留了精细的

蜘蛛网状网络结构。然而，在图 10 - 16(c)中也观察到了直径大于 1 μm 的相对较大的孔，表明玻璃纤维与 TOCN 网络的覆盖并不完美。因此，他们认为仍有机会进一步提高含有 TOCN 气凝胶的过滤器的过滤效率。

(a)

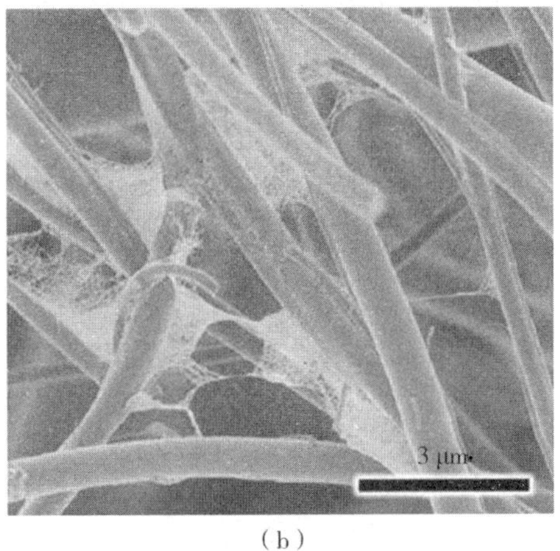

(b)

(c)

图 10-16 基础过滤器(a)、用 TOCN/水分散体(b)和 TOCN/水/TBA 分散体(c)制备的含有 TOCN 气凝胶的过滤器表面的 SEM 图

图 10-17 中的结果进一步说明了含 TOCN 气凝胶的过滤器具有较低压降的另一个优势,这从 QF 数据通过计算得到了证明。例如,通过向基础过滤器添加 0.031 $g \cdot m^{-2}$ TOCN 气凝胶,压降可以从 300 Pa 降低到 219 Pa,同时保持基础过滤器对颗粒的渗透率为 0.0401%,平均尺寸为 0.125 μm。因此,由于压降较低,含有 TOCN 气凝胶的过滤器具有降低空气过滤系统能耗的潜力。他们认为,TOCN 气凝胶是空气过滤器的优良材料,可以显著提高空气过滤器的性能。

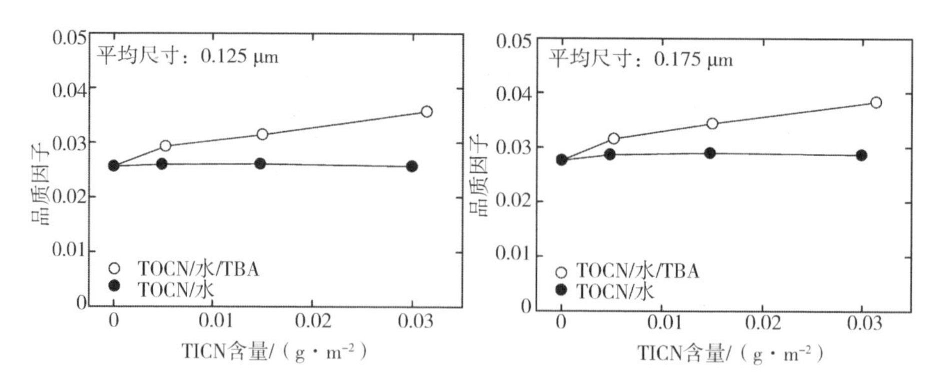

图 10-17 TOCN 气凝胶过滤器的品质因子与 TOCN 含量的函数关系,表现为不同平均粒径

10.6　二氧化碳捕获材料

从大气中捕获二氧化碳通常称为“空气捕获”，可以与地质构造中的二氧化碳封存相结合，以减少大气中的二氧化碳的含量，或者与使用可再生能源转化为二氧化碳中性液态烃燃料相结合。最近有研究关注了可用于空气捕获的基于胺的吸附剂，其二氧化碳容量可与在烟道气条件下获得的吸附量相媲美。用于空气捕获的化学系统包括基于氧化钙和氢氧化物、氢氧化钠、氢氧化钾、固定在二氧化硅纳米颗粒上的胺、胺改性介孔二氧化硅、胺浸渍天然纤维和碱性离子交换树脂的化学系统。通过氨基硅烷的接枝可以在 NFC 上引入胺官能团，氨基硅烷是将胺共价键合到介孔二氧化硅、纤维素纤维和 NFC 的首选化合物。然而，具有三个烷氧基的氨基硅烷的水解和自缩合速度很快，并导致三维硅氧烷网络的建立。这种特性不利于空气捕获，因为功能性胺位点和孔很可能被硅氧烷网络堵塞。这个问题可以通过使用无水有机溶剂来克服。

Gebald 等人开发了一种用于从空气中捕获 CO_2 的新型氨基吸附剂，该吸附剂使用生物原料和无有机溶剂的环境友好型合成路线。吸附剂是通过冷冻干燥 NFC 和 AEAPMDS 的水悬浮液合成的。NFC 冷冻干燥前后的 SEM 分别如图 10－18(a)和图 10－18(b)所示。在冷冻干燥之前，NFC 水凝胶形态由亚微米直径的缠结纤维素纳米纤丝组成。冷冻干燥后，NFC－FD 形态由纤维素片结构组成，单个不规则分布的纤维素纳米纤丝附着在纤维素片上。先前观察到纤维素纳米纤丝在冷冻和干燥后聚集形成薄片。他们认为，纤维素片的形成是通过冷冻过程中冰晶的生长来解释的，它以纤维素片的形式挤压冰晶周围的纤维素纳米纤丝。NFC 悬浮液中 AEAPMDS 的存在进一步增加了片材形成趋势并消除了单个纤维素纳米纤丝，如图 10－18(c)所示。他们提出，冰晶生长可能导致纤维素纳米纤丝聚集，而溶液中水解的硅烷分子被推入冰晶之间的空间，形成致密的纤维素－硅烷聚集体。对比图 10－18(a)图 10－18(c)可以看出 AEAPDMS－NFC－FD 的潜力：通过寻找在胺修饰和干燥后保持纳米纤维结构完整的方法，可以获得更多的氨基与 CO_2 进行表面反应，这将提高吸附剂的 CO_2 吸收率。

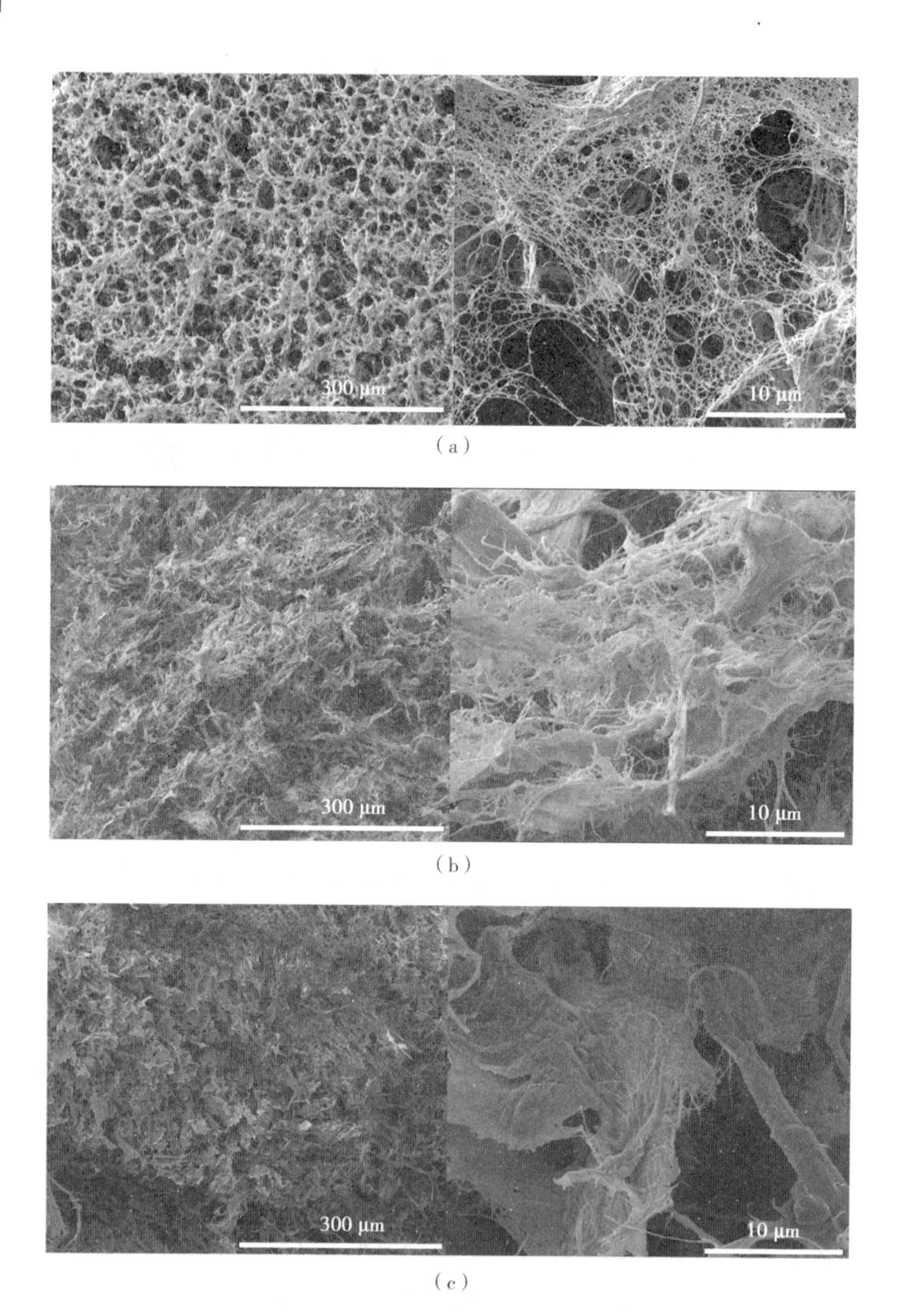

(a)

(b)

(c)

图 10-16 (a)NFC 水凝胶、(b)NFC-FD、(c)AEAPDMSNFC-FD 的 SEM 图

在制备用于 CO_2 捕获的氨基吸附剂的过程中，聚乙烯亚胺(PEI)似乎是氨

基硅烷的一个有前途的替代品，可用于不同类型底物的功能化。一种基于 PEI 和 NFC 模板结合的全聚合物吸附剂似乎是无机/PEI 或碳/PEI 材料的，Sehaqui 等人基于 PEI 与 TEMPO 氧化 NFC 的强关联，引入了一种新型的 CO_2 DAC 冻干吸附剂。他们同时考虑了吸附剂制备的重要参数，如 PEI 含量、DAC 操作参数、空气含水量，对 CO_2吸附容量和吸附剂稳定性的影响。此外，他们还研究了吸附剂再生的可能性。这些新型吸附剂在连续 5 次吸附/脱附循环中所登记的性能使其成为直接空气捕获（DAC）应用的最佳材料。

不同吸附剂获得的 SEM 图如图 10－19 所示。由于冷冻干燥过程的影响，原料 NFC 和 PEI/NFC 吸附剂均呈薄片状排列。当冰晶形成并将纤维推入冰晶间的间隙区域时，悬浮体在冻结过程中形成片状结构。他们认为，升华步骤去掉了冰晶模板，提供了由薄片包围的孔隙组成的多孔结构。所有材料均可观察到孔隙，孔径在微米范围内。对于较高的 PEI 负载量（PEI－52 和 PEI－62），孔径似乎更小。他们发现，尽管 PEI 含量较高，但所有吸附剂都保持了较高的孔隙率（≥97.3%），有利于空气通过材料的良好渗透性。

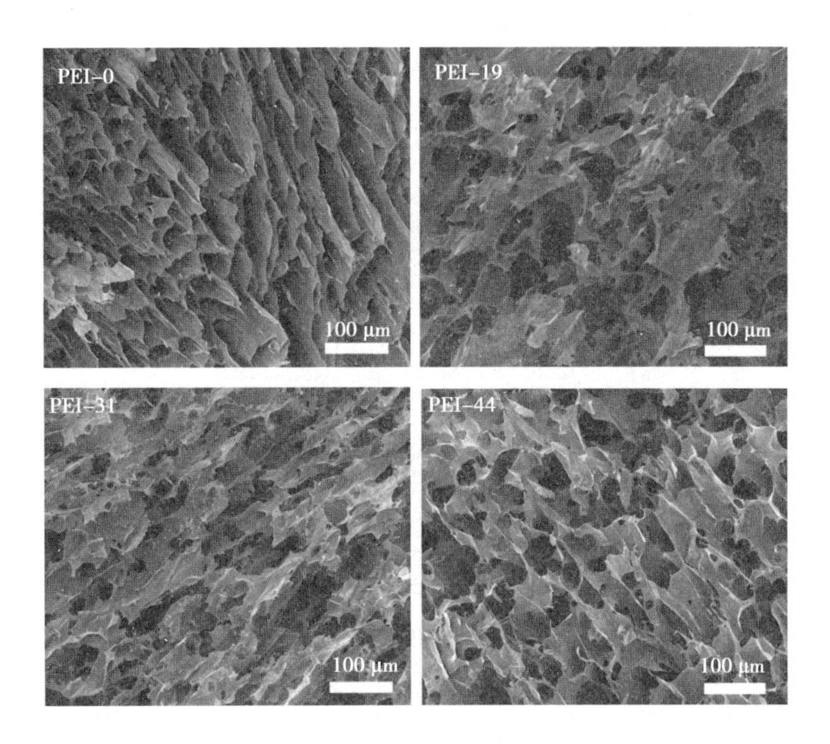

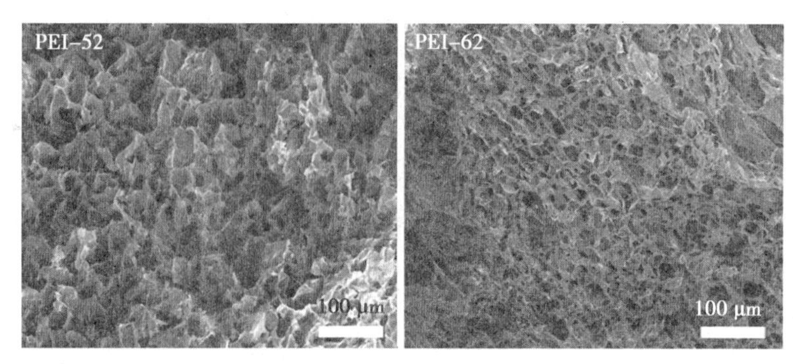

图 10 - 19 参考 NFC(PEI - 0)和具有不同 PEI 含量的 PEI/NFC 吸附剂的 SEM 图

图 10 - 20 显示了在 80% RH 的 DAC 循环期间测得的 PEI/NFC 吸附剂的 CO_2平衡吸附容量。正如他们预期的那样,原始 NFC 吸附剂不吸附任何 CO_2,因为其表面没有胺官能团。在将 PEI 添加到 NFC 后,PEI 含量在 19% ~44% 之间时 CO_2容量呈线性增加,PEI - 44 样品的 CO_2容量达到最大值 2.2 mmol · g^{-1}。他们发现,在此 PEI 浓度范围内,聚合物有望很好地分散并稳定在 NFC 表面上,从而更容易接触进入空气的胺基团。PEI 含量的进一步增加导致 CO_2吸附能力降低,他们认为这可能是由于在组分广泛聚集时,胺部分对 CO_2分子的可及性降低。

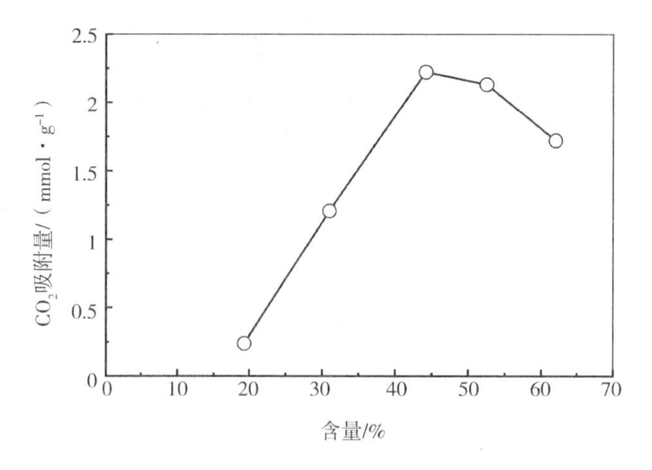

图 10 - 20 DAC 对 CO_2平衡吸附量随吸附剂中 PEI 含量的变化

参考文献

[1]YADAV C, SAINI A, ZHANG W B, et al. Plant – based nanocellulose: A review of routine and recent preparation methods with current progress in its applications as rheology modifier and 3D bioprinting[J]. Int J Biol Macromol, 2021, 166: 1586 – 1616.

[2]KAUSHIK M, PUTAUX J L, FRASCHINI C, et al. Transmission Electron Microscopy for the Characterization of Cellulose Nanocrystals. In The Transmission Electron Microscope: Theory and Applications; Maaz, K., Ed.; Intech Open: 2015.

[3]FRATZL P, WEINKAMER R. Nature's hierarchical materials[J]. Prog Mater Sci, 2007, 52: 1263 – 1334.

[4]THOMAS B, RAJ M C, ATHIRA K B, et al. Nanocellulose, a Versatile Green Platform: From Biosources to Materials and Their Applications[J]. Chem Rev, 2018, 118: 11575 – 11625.

[5]Isogai A. Cellulose Nanofibers: Recent Progress and Future Prospects[J]. J Fiber Sci Technol, 2020, 76: 310 – 326.

[6]FORTUNATI E, LUZI F, JIMENEZ A, et al. Revalorization of Sunflower Stalks as Novel Sources of Cellulose Nanofibrils and Nanocrystals and their Effect on Wheat Gluten Bionanocomposite Properties[J]. Carbohydr. Polym., 2016, 149: 357 – 368.

[7]SEHAQUI H, MAUTNER A, PEREZ D L, et al. Cationic Cellulose Nanofibers

from Waste Pulp Residues and their Nitrate, Fluoride, Sulphate and Phosphate Adsorption Properties[J]. Carbohydr. Polym., 2016, 135: 334-340.

[8]KANG Y J, CHUN S, LEE S, et al. All-Solid-State Flexible Supercapacitors Fabricated with Bacterial Nanocellulose Papers, Carbon Nanotubes, and Triblock-Copolymer Ion Gels[J]. ACS Nano, 2012, 6: 6400-6406.

[9]TRACHE D, HAZWAN H M, MOHAMAD M K, et al. Recent progress in cellulose nanocrystals: sources and production[J]. Nanoscale, 2017, 9: 1763-1786.

[10]TANG J T, SISLER J, GRISHKEWICH N, et al. Functionalization of cellulose nanocrystals for advanced applications[J]. J Colloid Interface Sci, 2017, 494: 397-409.

[11]LIU P, GUO X, NAN F C, et al. Modifying mechanical, optical properties and thermal processability of iridescent cellulose nanocrystal films using ionic liquid[J]. ACS Appl Mater Interfaces, 2017, 9(3):3085-3092.

[12]KARGARZADEH H, SHELTAMI R M, AHMAD I, et al. Cellulose nanocrystal reinforced liquid natural rubber toughened unsaturated polyester: Effects of filler content and surface treatment on its morphological, thermal, mechanical, and viscoelastic properties[J]. Polymer, 2015, 71(10): 51-59.

[13]IWAMOTO S, KAI W H, ISOGAI A, et al. Elastic Modulus of Single Cellulose Microfibrils from Tunicate Measured by Atomic Force Microscopy[J]. Biomacromolecules, 2009, 10(9): 2571-2576.

[14]LAHIJI R R, XU X, REIFENBERGER R, et al. Atomic Force Microscopy Characterization of Cellulose Nanocrystals[J]. Langmuir, 2010, 26(6): 4480-4488.

[15]REVOL J F, BRADFORD H, GIASSON J, et al. Helicoidal self-ordering of cellulose microfibrils in aqueous suspension[J]. Int J Biol Macromol., 1992, 14(3): 170-172.

[16]ORTS W J, GODBOUT L, MARCHESSAULT R H, et al. Enhanced ordering of liquid crystalline suspensions of cellulose microfibrils: A small angle neutron

scattering study[J]. Macromol., 1998, 31: 5717-5725.

[17]ARAKI J, WADA M, KUGA S, et al. Influence of surface charge on viscosity behavior of cellulose microcrystal suspension[J]. J Wood Sci., 1999, 45(3): 258-261.

[18]Li M C, Wu Q L, Song K L, et al. Cellulose Nanocrystals and Polyanionic Cellulose as Additives in Bentonite Water-Based Drilling Fluids: Rheological Modeling and Filtration Mechanisms[J]. Ind. Eng. Chem. Res., 2015, 55(1): 133-143.

[19]WANG W X, SABO R C, MOZUCH M D, et al. Physical and Mechanical Properties of Cellulose Nanofibril Films from Bleached Eucalyptus Pulp by Endoglucanase Treatment and Microfluidization[J]. J Polym Environ, 2015, 23(4): 551-558.

[20]TROVATTI E, TANG H, HAJIAN A, et al. Enhancing strength and toughness of cellulose nanofibril network structures with an adhesive peptide[J]. Carbohydr. Polym., 2018, 181: 256-263.

[21]NECHYPORCHUK O, BELGACEM M N, PIGNON F. Rheological properties of micro-/nanofibrillated cellulose suspensions: Wall-slip and shear banding phenomena[J]. Carbohydr. Polym., 2014, 112: 432-439.

[22] GOURLAY K, ZWAN T, SHOURAV M, et al. The potential of endoglucanases to rapidly and specifically enhance the rheological properties of micro/nanofibrillated cellulose[J]. Cellulose, 2018, 25: 977-986.

[23] FUKUZUMI H, SAITO T, ISOGAI A. Influence of TEMPO-oxidized cellulose nanofibril length on film properties[J]. Carbohydr. Polym., 2013, 9: 172-177.

[24]AULIN C, GALLSTEDT M, LINDSTROM T. Oxygen and oil barrier properties of microfibrillated cellulose films and coatings[J]. Cellulose, 2010, 17: 559-574.

[25]DEDERKO P, MALINOWSKA-PAÑCZYK E, STAROSZCZYK H, et al. In vitro biodegradation of bacterial nanocellulose under conditions simulating human plasma in the presence of selected pathogenic microorganisms[J].

Polimery, 2018, 63(5): 372 - 380.

[26] BENAVIDES S, ARMANASCO F, CERRUTTI P, et al. Nanostructured rigid polyurethane foams with improved specific thermo - mechanical properties using bacterial nanocellulose as a hard segment[J]. J Appl Polym Sci., 2021, 138: 50520.

[27] ÁVILA H M, SCHWARZ S, FELDMANN E, et al. Biocompatibility evaluation of densified bacterial nanocellulose hydrogel as an implant material for auricular cartilage regeneration[J]. Appl Microbiol Biotechnol, 2014, 98: 7423 - 7435.

[28] OSORIO M, CAÑAS A, PUERTA J, et al. Ex Vivo and In Vivo Biocompatibility Assessment (Blood and tissue) of three - Dimensional Bacterial Nanocellulose Biomaterials for soft tissue Implants[J]. Sci Rep, 2019, 9(1), 10553.

[29] DAI H, OU S, HUANG Y, et al. Utilization of pineapple peel for production of nanocellulose and film application[J]. Cellulose, 2018, 25: 1 - 14.

[30] MUJTABA M, SALABERRIA A M, ANDRES M A, et al. Utilization of flax (Linum usitatissimum) cellulose nanocrystals as reinforcing material for chitosan films[J]. Int J Biol Macromol, 2017, 104: 944 - 952.

[31] ESPINOSA S C, KUHNT T, FOSTER E J, et al. Isolation of Thermally Stable Cellulose Nanocrystals by Phosphoric Acid Hydrolysis[J]. Biomacromolecules, 2013, 14: 1223 - 1230.

[32] JIA W, LIU Y. Two characteristic cellulose nanocrystals (CNCs) obtained from oxalic acid and sulfuric acid processing[J]. Cellulose, 2019, 26: 8351 - 8365.

[33] LIU Y F, WANG H S, YU G, et al. A novel approach for the preparation of nanocrystalline cellulose by using phosphotungstic acid[J]. Carbohydr. Polym., 2014, 110: 415 - 422.

[34] CARLSSON D O, LINDH J, NYHOLM L, et al. Cooxidant - free TEMPO - mediated oxidation of highly crystalline nanocellulose in water[J]. Rsc Adv., 2014, 4: 52289 - 52298.

[35] IWAMOTO S, KAI W H, ISOGAI T, et al. Comparison study of TEMPO – analogous compounds on oxidation efficiency of wood cellulose for preparation of cellulose nanofibrils[J]. Polym Degrad Stab, 2010, 95(8): 1394 – 1398.

[36] OUN A A, RHIM J W. Characterization of carboxymethyl cellulose – based nanocomposite films reinforced with oxidized nanocellulose isolated using ammonium persulfate method [J]. Carbohydr. Polym., 2017, 174: 484 – 492.

[37] HU Y, TANG L R, LU Q L, et al. Preparation of cellulose nanocrystals and carboxylated cellulose nanocrystals from borer powder of bamboo [J]. Cellulose, 2014, 21(3): 1611 – 1618.

[38] AGO M, ENDO T, OKAJIMA K. Effect of solvent on morphological and structural change of cellulose under ball – milling[J]. Polym. J., 2007, 39 (5):

[39] WANG H Q, ZUO M, DING N, et al. Preparation of Nanocellulose with High – Pressure Homogenization from Pretreated Biomass with Cooking with Active Oxygen and Solid Alkali[J]. ACS Sustainable Chem. Eng., 2019, 7: 9378 – 9386.

[40] WU C L, MCCLEMENTS D J, HE M Y, ET AL. Preparation and characterization of okara nanocellulose fabricated using sonication or high – pressure homogenization treatments [J]. Carbohydr. Polym., 2021, 255: 117364.

[41] ZHOU Y X, ONO Y, TAKEUCHI M, et al. Changes to the Contour Length, Molecular Chain Length, and SolidState Structures of Nanocellulose Resulting from Sonication in Water [J]. Biomacromolecules, 2020, 21 (6): 2346 – 2355.

[42] ASROFI M, ABRAL H, KASIM A, et al. Isolation of Nanocellulose from Water Hyacinth Fiber (WHF) Produced via Digester – Sonication and Its Characterization[J]. Fiber Polym, 2018, 19: 1618 – 1625.

[43] ALEMDAR A, SAIN M. Isolation and characterization of nanofibers from agricultural residues – Wheat straw and soy hulls[J]. Bioresource Technol,

2007, 99: 1664 - 1671.

[44] KAUSHIK A, SINGH M. Isolation and characterization of cellulose nanofibrils from wheat straw using steam explosion coupled with high shear homogenization [J]. Carbohyd Res, 2011, 346(1): 76 - 85.

[45] MANHA N, BALASUBRAMANIAN K, PRAJITH P, et al. PCL/PVA nanoencapsulated reinforcing fillers of steam exploded/autoclaved cellulose nanofibrils for tissue engineering applications[J]. RSC Adv., 2015, 5(31): 23999 - 24008.

[46] QING Y, SABO R, ZHU J Y, et al. A comparative study of cellulose nanofibrils disintegrated via multiple processing approaches[J]. Carbohydr. Polym., 2013, 97(1): 226 - 234.

[47] CARRILLO C A, LAINE J, ROJAS O J. Microemulsion Systems for Fiber Deconstruction into Cellulose Nanofibrils[J]. ACS Appl. Mater. Interfaces 2014, 6: 22622 - 22627.

[48] ROL F, KARAKASHOV B, NECHYPORCHUK O, et al. Pilot - Scale Twin Screw Extrusion and Chemical Pretreatment as an Energy - Efficient Method for the Production of Nanofibrillated Cellulose at High Solid Content[J]. ACS Sustainable Chem. Eng., 2017, 5(8): 6524 - 6531.

[49] HO T T T, KENTARO ABE K, ZIMMERMANN T, et al. Nanofibrillation of pulp fibers by twin - screw extrusion[J]. Cellulose, 2015, 22: 421 - 433.

[50] KOSE R, MITANI I, KASAI W, et al. "Nanocellulose" As a Single Nanofiber Prepared from Pellicle Secreted by Gluconacetobacter xylinus Using Aqueous Counter Collision[J]. Biomacromolecules, 2011, 12: 716 - 720.

[51] SIQUEIRA G A, DIAS I K R, ARANTES V. Exploring the action of endoglucanases on bleached eucalyptus kraft pulp as potential catalyst for isolation of cellulose nanocrystals[J]. Int. J. Biol. Macromol., 2019, 133: 1249 - 1259.

[52] CZAJA W, ROMANOVICZ D, BROWN R M. Structural investigations of microbial cellulose produced in stationary and agitated culture[J]. Cellulose, 2004, 11: 403 - 411.

[53] RODRIGUEZ K, GATENHOLM P, RENNECKAR S. Electrospinning cellulosic nanofibers for biomedical applications: structure and in vitro biocompatibility[J]. Cellulose, 2012, 19: 1583 - 1598.

[54] SIRVIÖ J A, VISANKO M, LIIMATAINEN H. Acidic Deep Eutectic Solvents As Hydrolytic Media for Cellulose Nanocrystal Production [J]. Biomacromolecules, 2016, 17: 3025 - 3032.

[55] 朱亚崇，吴朝军，于冬梅，等. 纳米纤维素制备方法的研究现状[J]. 中国造纸，2020，39：74 - 83.

[56] KYLE S, JESSOP Z M, AL - SABAH A, et al. Characterization of pulp derived nanocellulose hydrogels using AVAP® technology [J]. Carbohydr. Polym., 2018, 198: 270 - 280.

[57] TAN X Y, HAMID S B A, LAI C W. Preparation of high crystallinity cellulose nanocrystals (CNCs) by ionic liquid solvolysis[J]. Biomass Bioenergy, 2015, 81:

[58] BESBES I, ALILA S, BOUFI S. Nanofibrillated cellulose from TEMPO - oxidized eucalyptus fibres: Effect of the carboxyl content [J]. Carbohydr. Polym., 2011, 84: 975 - 983.

[59] LIIMATAINEN H, VISANKO M, SIRVIO J A, et al. Enhancement of the Nanofibrillation of Wood Cellulose through Sequential Periodate - Chlorite Oxidation[J]. Biomacromolecules, 2012, 13: 1592 - 1597.

[60] GRANJA P L, POUYSEGU L, PETRAUD M, et al. Cellulose Phosphates as Biomaterials. I. Synthesis and Characterization of Highly Phosphorylated Cellulose Gels[J]. J. Appl. Polym. Sci., 2001, 82: 3341 - 3353.

[61] OSHIMA T, TAGUCHI S, OHE K, et al. Phosphorylated bacterial cellulose for adsorption of proteins[J]. Carbohydr. Polym., 2011, 83: 953 - 958.

[62] LIIMATAINEN H, VISANKO M, SIRVIO J, et al. Sulfonated cellulose nanofibrils obtained from wood pulp through regioselective oxidative bisulfite pre - treatment[J]. Cellulose, 2013, 20: 741 - 749.

[63] SANTOS D M D, BUKZEM A D L, ASCHERI D P R, et al. Microwave - assisted carboxymethylation of cellulose extracted from brewer's spent grain

[J]. Carbohydr. Polym., 2015, 131: 125-133.

[64] BULOTA M, KREITSMANN K, HUGHES M, et al. Acetylated Microfibrillated Cellulose as a Toughening Agent in Poly(lactic acid)[J]. J Appl Polym Sci, 2012, 126: 449-458.

[65] HASANI M, CRANSTON E D, WESTMAN G, et al. Cationic surface functionalization of cellulose nanocrystals [J]. Soft Matter, 2008, 4: 2238-2244.

[66] ZAMAN M, XIAO H, CHIBANTE F, et al. Synthesis and characterization of cationically modified nanocrystalline cellulose[J]. Carbohydr. Polym., 2012, 89: 163-170.

[67] ZHU W K, JI M X, ZHANG Y, et al. Synthesis and Characterization of Aminosilane Grafted Cellulose Nanocrystal Modified Formaldehyde-Free

[68] NAVARRO J R G, BERGSTROM L. Labelling of N-hydroxysuccinimide-modified rhodamine B on cellulose nanofibrils by the amidation reaction[J]. RSC Adv., 2014, 4: 60757-60761.

[69] FILPPONEN I, ARGYROPOULOS D S. Regular Linking of Cellulose Nanocrystals via Click Chemistry: Synthesis and Formation of Cellulose Nanoplatelet Gels[J]. Biomacromolecules, 2010, 11: 1060-1066.

[70] 王凌媛, 惠岚峰. 纳米纤维素疏水改性的研究进展[J]. 林产化学与工业, 2021, 41: 125-133.

[71] HANSSON S, OSTMARK E, CARLMARK A, et al. ARGET ATRP for Versatile Grafting of Cellulose Using Various Monomers[J]. ACS Appl Mater Interfaces, 2009, 1: 2651-2659.

[72] HANSSON S, CARLMARK A, MALMSTROM E, et al. Toward Industrial Grafting of Cellulosic Substrates via ARGET ATRP[J]. J. APPL. POLYM. SCI., 2015, 132: 41434.

[73] ROY D, GUTHRIE J T, PERRIER S. Synthesis of natural-synthetic hybrid materials from cellulose via the RAFT process[J]. Soft Matter, 2008, 4: 145-155.

[74] Roy D, Guthrie J T, Perrier S. Graft Polymerization: Grafting Poly(styrene)

from Cellulose via Reversible Addition - Fragmentation Chain Transfer (RAFT) Polymerization[J]. Macromolecules, 2005, 38: 10363 - 10372.

[75]LARSSON E, BOUJEMAOUI A, MALMSTROM E, et al. Thermoresponsive cryogels reinforced with cellulose nanocrystals[J]. RSC Adv., 2015, 5: 77643 - 77650.

[76] HAFREN J, CORDOVA A. Direct Organocatalytic Polymerization from Cellulose Fibers[J]. Macromol. Rapid Commun., 2005, 26: 82 - 86.

[77] LONNBERG H, LARSSON K, LINDSTROM T, et al. Synthesis of Polycaprolactone - Grafted Microfibrillated Cellulose for Use in Novel Bionanocomposites - Influence of the Graft Length on the Mechanical Properties [J]. ACS Appl. Mater. Interfaces, 2011, 3: 1426 - 1433.

[78]HUNTLEY C J, CREWS K D, ABDALLA M A, et al. Influence of Strong Acid Hydrolysis Processing on the Thermal Stability and Crystallinity of Cellulose Isolated from Wheat Straw[J]. International Journal of Chemical Engineering, 2015: 658163.

[79] RUSLI R, EICHHORN S J. Interfacial energy dissipation in a cellulose nanowhisker composite[J]. Nanotechnology, 2011, 22: 325706.

[80]JONOOBI M, HARUN J, MATHEW A P, et al. Preparation of cellulose nanofibers with hydrophobic surface characteristics[J]. Cellulose, 2010, 17: 299 - 307.

[81]SIQUEIRA G, BRAS J, DUFRESNE A. New Process of Chemical Grafting of Cellulose Nanoparticles with a Long Chain Isocyanate[J]. Langmuir, 2010, 26: 402 - 411.

[82]YIN Y, TIAN X, JIANG X, et al. Modification of cellulose nanocrystal via SI - ATRP of styrene and the mechanism of its reinforcement of polymethylmethacrylate[J]. Carbohydr. Polym., 2016, 142: 206 - 212.

[83] MANDAL A, CHAKRABARTY D. Isolation of nanocellulose from waste sugarcane bagasse (SCB) and its characterization[J]. Carbohydr. Polym., 2011, 86: 1291 - 1299.

[84]SAVADEKAR N R, MHASKE S T. Synthesis of nano cellulose fibers and

effect on thermoplastics starch based films[J]. Carbohydr. Polym., 2012, 89: 146-151.

[85] MORAN J I, ALVAREZ V A, CYRAS V P, et al. Extraction of cellulose and preparation of nanocellulose from sisal fibers[J]. Cellulose, 2008, 15: 149-159.

[86] CHANDRA C S J, GEORGE N, NARAYANANKUTTY S K. Isolation and characterization of cellulose nanofibrils from arecanut husk fibre[J]. Carbohydr. Polym., 2016, 142: 158-166.

[87] WANG Q Q, ZHU J Y, GLEISNER R, et al. Morphological development of cellulose fibrils of a bleached eucalyptus pulp by mechanical fibrillation[J]. Cellulose, 2012, 19: 1631-1643.

[88] SHAHEEN T I, HEMAM H E. Sono-chemical synthesis of cellulose nanocrystals from wood sawdust using Acid hydrolysis[J]. Int J Biol Macromol, 2018, 107: 1599-1606.

[89] QUA E H, HORNSBY P R, SHARMA H S S, et al. Preparation and characterisation of cellulose nanofibres[J]. J Mater Sci, 2011, 46: 6029-6045.

[90] PENG Y, GARDNER D J, HAN Y S. Drying cellulose nanofibrils: in search of a suitable method[J]. Cellulose, 2012, 19: 91-102.

[91] BECK S, BOUCHARD J, BERRY R. Dispersibility in Water of Dried Nanocrystalline Cellulose[J]. Biomacromolecules, 2012, 13: 1486-1494.

[92] PARKER R M, FRKA-PETESIC B, GUIDETTI G, et al. Hierarchical Self-Assembly of Cellulose Nanocrystals in a Confined Geometry[J]. ACS Nano, 2016, 10: 8443-8449.

[93] LEVIN D, SAEM S, OSORIO D A, et al. Green Templating of Ultraporous Cross-Linked Cellulose Nanocrystal Microparticles[J]. Chem. Mater., 2018, 30: 8040-8051.

[94] ERLANDSSON J, DURÁN V L, GRANBERG H, et al. Macro- and mesoporous nanocellulose beads for use in energy storage devices[J]. Appl Mater Today, 2016, 5: 246-254.

[95] SUPRAMANIAM J, ADNAN R, KAUS N H M, et al. Magnetic nanocellulose alginate hydrogel beads as potential drug delivery system[J]. Int J Biol Macromol, 2018, 118: 640 - 648.

[96] SVAGAN A J, MUSYANOVYCH A, KAPPL M, et al. Cellulose Nanofiber/Nanocrystal Reinforced Capsules: A Fast and Facile Approach Toward Assembly of Liquid - Core Capsules with High Mechanical Stability[J]. Biomacromolecules, 2014, 15: 1852 - 1859.

[97] LEMAHIEU L, BRAS J, TIQUET P, et al. Extrusion of Nanocellulose - Reinforced Nanocomposites Using the Dispersed Nano - Objects Protective Encapsulation (DOPE) Process[J]. Macromol. Mater. Eng., 2011, 296: 984 - 991.

[98] WALTHER A, TIMONEN J V I, DÍEZ I, et al. Multifunctional High - Performance Biofibers Based on Wet - Extrusion of Renewable Native Cellulose Nanofibrils[J]. Adv. Mater., 2011, 23: 2924 - 2928.

[99] HOOSHMAND S, AITOMAKI Y, NORBERG N, et al. Dry - Spun Single - Filament Fibers Comprising Solely Cellulose Nanofibers from Bioresidue[J]. ACS Appl. Mater. Interfaces, 2015, 7: 13022 - 13028.

[100] OR T, SAEM S, ESTEVE A, et al. Patterned Cellulose Nanocrystal Aerogel Films with Tunable Dimensions and Morphologies as Ultra - Porous Scaffolds for Cell Culture[J]. ACS Appl. Nano Mater. 2019, 2, 4169 - 4179.

[101] UETANI K, YANO H. Self - organizing capacity of nanocelluloses via droplet evaporation[J]. Soft Matter, 2013, 9: 3396 - 3401.

[102] NOGI M, IWAMOTO S, NAKAGAITO A N, et al. Optically Transparent Nanofiber Paper[J]. Adv. Mater., 2009, 21: 1595 - 1598.

[103] RAJALA S, SIPONKOSK T, SARLIN E, et al. Cellulose Nanofibril Film as a Piezoelectric Sensor Material[J]. ACS Appl. Mater. Interfaces, 2016, 8: 15607 - 15614.

[104] ABITBOL T, JOHNSTONE T, QUINN T M, et al. Reinforcement with cellulose nanocrystals of poly(vinyl alcohol) hydrogels prepared by cyclic freezing and thawing[J]. Soft Matter, 2011, 7: 2373 - 2379.

[105] FALL A B, LINDSTROM S B, SUNDMAN O, et al. Colloidal Stability of Aqueous Nanofibrillated Cellulose Dispersions[J]. Langmuir, 2011, 27: 11332 - 11338.

[106] CHAU M, DE FRANCE K J, KOPERA B, et al. Composite Hydrogels with Tunable Anisotropic Morphologies and Mechanical Properties[J]. Chem. Mater., 2016, 28: 3406 - 3415.

[107] EISA W H, ABDELGAWAD A M, ROJAS O J. Solid - State Synthesis of Metal Nanoparticles Supported on Cellulose Nanocrystals and Their Catalytic Activity[J]. ACS Sustainable Chem. Eng., 2018, 6: 3974 - 3983.

[108] HOENG F, BRAS J, GICQUEL E, et al. Inkjet printing of nanocellulose - silver ink onto nanocellulose coated cardboard[J]. RSC Adv., 2017, 7: 15372 - 15381.

[109] GOSWAMI M, DAS A M. Synthesis of cellulose impregnated copper nanoparticles as an efficient heterogeneous catalyst for C - N coupling reactions under mild conditions[J]. Carbohydr. Polym., 2018, 195: 189 - 198.

[110] SHIN Y, BAE I, AREY B W, et al. Simple preparation and stabilization of nickel nanocrystals on cellulose nanocrystal[J]. Materials Letters, 2007, 61: 3215 - 3217.

[111] GARUSINGHE U M, VARANASI S, GARNIER G, et al. Strong cellulose nanofibre - nanosilica composites with controllable pore structure[J]. Cellulose, 2017, 24: 2511 - 2521.

[112] MAHMOUD K A, LAM E, HRAPOVIC S, et al. Preparation of Well - Dispersed Gold/Magnetite Nanoparticles Embedded on Cellulose Nanocrystals for Efficient Immobilization of Papain Enzyme[J]. ACS Appl. Mater. Interfaces, 2013, 5: 4978 - 4985.

[113] CHOI H Y, JEONG Y G. Microstructures and piezoelectric performance of eco - friendly composite films based on nanocellulose and barium titanate nanoparticle[J]. Composites Part B, 2019, 168: 58 - 65.

[114] WERRETT M V, HERDMAN M E, BRAMMANANTH R, et al. Bismuth

Phosphinates in Bi – Nanocellulose Composites and their Efficacy towards Multi – Drug Resistant Bacteria [J]. Chem. Eur. J., 2018, 24: 12938 – 12949.

[115] JUNKA K, GUO J, FILPPONEN I, et al. Modification of Cellulose Nanofibrils with Luminescent Carbon Dots [J]. Biomacromolecules, 2014, 15: 876 – 881.

[116] FARJANA S, TOOMADJ F, LUNDGREN P, et al. Conductivity – Dependent Strain Response of Carbon Nanotube Treated Bacterial Nanocellulose [J]. Journal of Sensors, 2013 741248.

[117] LAAKSONEN P, WALTHER A, MALHO J M, et al. Genetic Engineering of Biomimetic Nanocomposites: Diblock Proteins, Graphene, and Nanofibrillated Cellulose[J]. Angew. Chem. Int. Ed., 2011, 50: 8688 – 8691.

[118] ASMAT S, HUSAIN Q. Exquisite stability and catalytic performance of immobilized lipase on novel fabricated nanocellulose fused polypyrrole/graphene oxide nanocomposite: Characterization and application [J]. Int J Biol Macromol, 2018, 117: 331 – 341.

[119] PARK M, LEE D J, SHIN S, et al. Flexible conductive nanocellulose combined with silicon nanoparticles and polyaniline[J]. Carbohydr. Polym., 2016, 140: 43 – 50.

[120] SHIN Y, BLACKWOOD J M, BAE I T, et al. Synthesis and stabilization of selenium nanoparticles on cellulose nanocrystal[J]. Mater Lett, 2007, 61: 4297 – 4300.

[121] CHOI K H, YOO J T, LEE C K, et al. All – inkjet – printed, solid – state flexible supercapacitors on paper [J]. Energy Environ. Sci., 2016, 9: 2812 – 2821.

[122] ZHENG Q F, CAI Z Y, MA Z Q, et al. Cellulose Nanofibril/Reduced Graphene Oxide/Carbon Nanotube Hybrid Aerogels for Highly Flexible and All – Solid – State Supercapacitors[J]. ACS Appl. Mater. Interfaces, 2015, 7: 3263 – 3271.

[123] YANG X, KSHI K Y, ZHITOMIRSKY I, et al. Cellulose Nanocrystal

Aerogels as Universal 3D Lightweight Substrates for Supercapacitor Materials [J]. Adv. Mater. 2015, 27, 6104 -6109.

[124] HAMEDI M, KARABULUT E, MARAIS A, et al. Nanocellulose Aerogels Functionalized by Rapid Layer - by - Layer Assembly for High Charge Storage and Beyond[J]. Angew. Chem. Int. Ed. 2013, 52: 12038 - 12042.

[125] WU X Y, SHI Z Q, TJANDRA R, et al. Nitrogen - enriched porous carbon nanorods templated by cellulose nanocrystals as high performance supercapacitor electrodes [J]. J. Mater. Chem. A, 2015, 3: 23768 -23777.

[126] XU X Z, ZHOU J, NAGARAJU D H, et al. Flexible, Highly Graphitized Carbon Aerogels Based on Bacterial Cellulose/Lignin: Catalyst - Free Synthesis and its Application in Energy Storage Devices[J]. Adv. Funct. Mater., 2015, 25: 3193 -3202.

[127] KIM J H, GU M, LEE D H, et al. Functionalized Nanocellulose - Integrated Heterolayered Nanomats toward Smart Battery Separators[J]. Nano Lett., 2016, 16: 5533 -5541.

[128] CHIAPPONE A, NAIR J R, GERBALDI C, et al. Microfibrillated cellulose as reinforcement for Li - ion battery polymer electrolytes with excellent mechanical stability[J]. J Power Sources, 2011, 196: 10280 - 10288.

[129] LEIJONMARCK S, CORNELL A, LINDBERGH G, et al. Single - paper flexible Li - ion battery cells through a paper - making process based on nano - fibrillated cellulose[J]. J. Mater. Chem. A, 2013, 1: 4671 -4677.

[130] JABBOUR L, GERBALDI C, CHAUSSY D, et al. Microfibrillated cellulose - graphite nanocomposites for highly flexible paper - like Li - ion battery electrodes[J]. J. Mater. Chem., 2010, 20: 7344 -7347.

[131] HENRY A, PLUMEJEAU S, HEUX L, et al. Conversion of Nanocellulose Aerogel into TiO_2 and TiO_2 @ C Nanothorns by Direct Anhydrous Mineralization with $TiCl_4$. Evaluation of Electrochemical Properties in Li Batteries[J]. ACS Appl. Mater. Interfaces, 2015, 7: 14584 - 14592.

[132] KIM J H, LEE Y H, CHO S J, et al. Nanomat Li - S batteries based on

all - fibrous cathode/separator assemblies and reinforced Li metal anodes: towards ultrahigh energy density and flexibility[J]. Energy Environ. Sci., 2019, 12: 177 - 186.

[133]LUO W, SCHARDT J, BOMMIER C, et al. Carbon nanofibers derived from cellulose nanofibers as a long - life anode material for rechargeable sodium - ion batteries[J]. J. Mater. Chem. A, 2013, 1: 10662 - 10666.

[134]MARTINS N C T, FREIRE C S R, PINTO R J B, et al. Electrostatic assembly of Ag nanoparticles onto nanofibrillated cellulose for antibacterial paper products[J]. Cellulose, 2012, 19: 1425 - 1436.

[135]MATHEW A P, OKSMAN K, PIERRON D, et al. Fibrous cellulose nanocomposite scaffolds prepared by partial dissolution for potential use as ligament or tendon substitutes[J]. Carbohydr. Polym., 2012, 87: 2291 - 2298.

[136]MAHMOUD K A, MALE K B, HRAPOVIC S, et al. Cellulose Nanocrystal/Gold Nanoparticle Composite as a Matrix for Enzyme Immobilization[J]. ACS Appl. Mater. Interfaces, 2009, 1: 1383 - 1386.

[137]ANIRUDHAN T S, MANJUSHA V, SEKHAR V C. A new biodegradable nano cellulose - based drug delivery system for pH - controlled delivery of curcumin[J]. Int J Biol Macromol, 2021, 183: 2044 - 2054.

[138]WINUPRASITH T, SUPHANTHARIKA M. Properties and stability of oil - in - water emulsions stabilized by microfibrillated cellulose from mangosteen rind[J]. Food Hydrocoll, 2015, 43: 690 - 699.

[139]CUNHA A G, MOUGEL J B, CATHALA B, et al. Preparation of Double Pickering Emulsions Stabilized by Chemically Tailored Nanocelluloses[J]. Langmuir, 2014, 30: 9327 - 9335.

[140]ANDRADE D R M, MÁRCIA HELENA MENDONÇA M H, HELM C V. Assessment of Nano Cellulose from Peach Palm Residue as Potential Food Additive: Part II: Preliminary Studies[J]. J Food Sci Technol, 2015, 52: 5641 - 5650.

[141]LIN S B, CHEN L C, CHEN H H. Physical Characteristics of Surimi and

Bacterial Cellulose Composite Gel[J]. J Food Process Eng, 2011, 34: 1363 - 1379.

[142] SVAGAN A J, KOCH C B, HEDENQVIST M S, et al. Liquid - core nanocellulose - shell capsules with tunable oxygen permeability [J]. Carbohydr. Polym., 2016, 136: 292 - 299.

[143] LAITINEN O, SUOPAJARVI T, ÖSTERBERG M, et al. Hydrophobic, Superabsorbing Aerogels from Choline Chloride - Based Deep Eutectic Solvent Pretreated and Silylated Cellulose Nanofibrils for Selective Oil Removal[J]. ACS Appl. Mater. Interfaces, 2017, 9: 25029 - 25037.

[144] MULYADI A, ZHANG Z, DENG Y L. Fluorine - Free Oil Absorbents Made from Cellulose Nanofibril Aerogels[J]. ACS Appl. Mater. Interfaces 2016, 8, 2732 - 2740.

[145] AZETSU A, KOGA H, ISOGAI A, ET AL. Synthesis and Catalytic Features of Hybrid Metal Nanoparticles Supported on Cellulose Nanofibers [J]. Catalysts 2011, 1: 83 - 96.

[146] MAATAR W, BOUFI S. Poly(methacylic acid - co - maleic acid) grafted nanofibrillated cellulose as a reusable novel heavy metal ions adsorbent[J]. Carbohydr. Polym., 2015, 126: 199 - 207.

[147] HONG H J, LIM J S, HWANG J Y, et al. Carboxymethlyated cellulose nanofibrils(CMCNFs) embedded in polyurethane foam as a modular adsorbent of heavy metal ions[J]. Carbohydr. Polym., 2018, 195, 136 - 142.

[148] ZENG Z H, WU T T, HAN D X, et al. Ultralight, Flexible, and Biomimetic Nanocellulose/Silver Nanowire Aerogels for Electromagnetic Interference Shielding[J]. ACS Nano 2020, 14: 2927 - 2938.

[149] ZENG Z H, WANG C X, WU T T, et al. Nanocellulose assisted preparation of ambient dried, large - scale and mechanically robust carbon nanotube foams for electromagnetic interference shielding[J]. J. Mater. Chem. A, 2020, 8: 17969 - 17979.

[150] MACFARLANE A L, KADLA J F, KEREKES R J. High Performance Air Filters Produced from Freeze - Dried Fibrillated Wood Pulp: Fiber Network

Compression Due to the Freezing Process [J]. Ind. Eng. Chem. Res., 2012, 51: 10702 - 10711.

[151] NEMOTO J, SAITO T, ISOGAI A. Simple Freeze - Drying Procedure for Producing Nanocellulose Aerogel - Containing, High - Performance Air Filters [J]. ACS Appl. Mater. Interfaces, 2015, 7: 19809 - 19815.

[152] GEBALD C G, WURZBACHER JA, TINGAUT P, et al. Amine - Based Nanofibrillated Cellulose As Adsorbent for CO2 Capture from Air [J]. Environ. Sci. Technol. 2011, 45: 9101 - 9108.

[180] ZHANG Y, WEI L, LIU X J, et al. Tromethamine functionalized nanocellulose/reduced graphene oxide composite hydrogels with ultrahigh gravimetric and volumetric performance for symmetric supercapacitors [J]. J Power Sources, 2022, 543: 231851.

[153] ZHANG Y, LIU K G, LIU X J, et al. Nanocellulose/Reduced Graphene Oxide Composite Hydrogels for High - Volumetric Performance Symmetric Supercapacitors [J]. Energy Fuels, 2022, 36: 8506 - 8514.

[154] 魏良，王健恺，张永，等. 纳米纤维素的制备及其在储能领域的应用[J]. 化工新型材料，2022，50：43 - 46.

[155] WANG Y Z, MA D, YUE C E, et al. Study on the Graft Copolymerization of AN onto PP by Using Supercritical Carbon Dioxide [J]. Adv. Mat. Res., 2013, 815: 717 - 721.

[156] 王雅珍，马迪，贾伟男，等. PP - g - AN 对聚丙烯抗老化性能的影响[J]. 中国塑料，2013，27：36 - 39.

[157] 王雅珍，马迪，岳成娥，等. PP/PP - g - AN/纳米 TiO_2 的制备及抗老化性能研究[J]. 中国塑料，2014，28：47 - 51.